高职高专计算机类专业教材·软件开发系列

C语言程序设计基础教程
（慕课版）

王海宾　刘　霞　主　编

钱孟杰　霍艳玲　王　刚　罗志华　危　珊　副主编

褚建立　刘彦舫　主　审

電子工業出版社

Publishing House of Electronics Industry

北京·BEIJING

内 容 简 介

本书以计算机语言的学习与认知过程为主线，以实践为主导，按照程序设计与编写的思路进行讲解，尽量使用通俗易懂的语言描述，避免空洞难懂的理论。首先让读者对语言、C 语言、程序设计、C 语言程序设计进行整体认知；随后为了养成良好的编程习惯，学习编程逻辑与规则；而后在实践中积累程序设计的基本元素——数据类型、常量、变量、运算符和表达式；在具备基本知识的过程中，逐渐在实践中感受程序的编写思路，并逐渐引入三大结构——顺序、分支和循环；在能够编写一些小程序后，引入数组存储批量数据；为了实现程序的模块化引入函数；为了存储复杂数据类型引入结构体；为了优化程序性能在实践中引入指针；为了改进程序运行环境，提高程序效率，引入预处理；最终为了完成数据的永久存储，引入文件的操作。

本书精选大量实例贯穿知识点的讲解，并在每个章节末配有实训任务和精选习题，突出了 C 语言程序设计学习的实用性与可操作性。顺应“互联网+”教材趋势，本书提供了大量配套资源：微课视频、源代码、实训任务、PPT 课件、课程大纲、题库等。

本书适合作为高职院校计算机相关专业的教材；适合作为高职院校理工科公共课“C 语言程序设计”的教材；也可作为计算机编程爱好者的入门必备书籍；同时还可作为计算机培训机构的培训教材。

图书在版编目（CIP）数据

C 语言程序设计基础教程：慕课版/王海宾，刘霞主编. —北京：电子工业出版社，2018.7
ISBN 978-7-121-32948-7

Ⅰ. ①C… Ⅱ. ①王… ②刘… Ⅲ. ①C 语言－程序设计－高等学校－教材 Ⅳ. ①TP312.8

中国版本图书馆 CIP 数据核字（2017）第 260350 号

策划编辑：左　雅
责任编辑：左　雅　　特约编辑：朱英兰
印　　刷：三河市良远印务有限公司
装　　订：三河市良远印务有限公司
出版发行：电子工业出版社
　　　　　北京市海淀区万寿路 173 信箱　邮编　100036
开　　本：787×1 092　1/16　印张：16.5　字数：422.4 千字
版　　次：2018 年 7 月第 1 版
印　　次：2020 年 8 月第 4 次印刷
定　　价：42.00 元

凡所购买电子工业出版社图书有缺损问题，请向购买书店调换。若书店售缺，请与本社发行部联系，联系及邮购电话：（010）88254888，88258888。

质量投诉请发邮件至 zlts@phei.com.cn，盗版侵权举报请发邮件至 dbqq@phei.com.cn。

本书咨询联系方式：（010）88254580，zuoya@phei.com.cn。

前　　言

C 语言是一门通用的计算机编程语言，自诞生起已经有近 50 年的历史，但仍然热度不减。在每年的计算机语言排行榜中，C 语言的排名均位列前三。目前，不但计算机相关专业开设 C 语言程序设计的课程，所有的理工类本科都将 C 语言作为其必修课程。C 语言之所以经久不衰，不是因为所有人将来都会去从事 C 语言开发，而是因为 C 语言是计算机学科的基础，是整个理工学科的基石。

1．写作背景

当前 C 语言程序设计的教材层出不穷，纵观这些教材，大部分都是以专业术语的方式去讲解知识，并且很多内容东拼西凑，思路不够清晰，缺乏从程序设计与开发整个流程去讲解的模式。本书按照软件工程的设计开发思路，设计安排教材章节，每个知识点的讲解尽量做到通俗易懂。

随着“互联网+”不断向纵深发展，任何传统行业都离不开互联网，都要与互联网结合。教材也不例外，虽然现在市场上存在一些慕课、微课版的教程，但 C 语言程序设计类的教程尚不存在“互联网+”的模式。

鉴于上述两个原因，编者萌发了写一本使用最通俗易懂的自然语言，清晰透彻地讲解相对深奥的专业知识，同时还配有大量微课视频、程序源代码的教材的想法。

2．写作目的

本书的编者是一名具有 15 年程序设计与开发经验的程序设计界的老兵，同时还是一名潜心教学改革与创新的高校教师。编者一直致力于将自己的经验或者教训通过书的形式呈现给读者，通过最通俗易懂的语言与实例来把复杂抽象的程序设计讲给业界的新人们。编者认为，不管编写的教材采用什么方式去讲解，最关键的是要把问题描述清楚，把要讲解的东西，以最直接、最直白的形式传达给读者。

3．教材特色

随着国家建设“应用型大学”步伐的不断加快，大学的教育正在逐渐变得“注重实践”。本书顺应了这一趋势，书中理论知识在够用的前提下，更加注重与强调实践。本书以实例与实训贯穿，通俗易懂。本书特色主要体现在以下几个方面。

● 通俗易懂

本书尽量摒弃过于深奥的专业术语，采用最通俗易懂的语言去描述程序设计开发的过程，运用类比的方法，将程序设计与现实生活相结合，既有利于教学，又非常适合自学，让程序设计更加简单易懂，零基础也能无障碍阅读与学习。

● 注重实践

本书以实践为主线，每一个知识点都附以实例，每个章节后配有实训任务和精选习题。所有实践与实例，编者都经过认真调试并给出了详细的操作步骤，读者按照步骤操作百分百可以得到正确结果。

● 慕课视频知识点全覆盖

顺应“互联网+”教材新模式，编者在 SPOC 等平台均开设了慕课课程，基于本书知识点，由有多年软件设计与开发经验的教师录制了 70 多段微课视频，实现了 C 语言程序设计知识点全覆盖。慕课及微课可扫描封面及书中二维码观看学习，其余教学资源，如源代码、PPT 课件、习题答案等，请登录华信教育资源网（www.hxedu.com.cn）免费注册后下载。

● 基于 Dev-C++环境

随着信息技术的发展，操作系统的主流已经是 Windows 10、Windows Server 2012，Visual Studio C++ 6.0 在主流的操作系统下安装、使用或多或少都暴露出了兼容性问题。Dev-C++是开源的轻量级开发工具，安装方便，使用简单。

4．主要内容

本书以计算机语言的学习与认知过程为主线，以实践为主导，按照程序设计与编写的思路进行讲解，尽量使用通俗易懂的语言描述，避免空洞难懂的理论。首先让读者对语言、C 语言、程序设计、C 语言程序设计进行整体认知；随后为了养成良好的编程习惯，学习编程逻辑与规则；而后在实践中积累程序设计的基本元素——数据类型、常量、变量、运算符和表达式；在具备基本知识的过程中，逐渐在实践中感受程序的编写思路，并逐渐引入三大结构——顺序、分支和循环；在能够编写一些小程序后，引入数组存储批量数据；为了实现程序的模块化引入函数；为了存储复杂数据类型引入结构体；为了优化程序性能在实践中引入指针；为了改进程序运行环境，提高程序效率，引入预处理；最终为了完成数据的永久存储，引入文件的操作。

5．适用范围

本书适合作为高职院校计算机相关专业的教材；适合作为高职院校理工科公共课“C 语言程序设计”的教材；也可作为计算机编程爱好者的入门必备书籍；同时还可作为计算机培训机构的培训教材。

6．编写情况

全书由王海宾进行整体规划与内容组织；王海宾与刘霞负责内容统稿并任主编，钱孟杰、霍艳玲、王刚、罗志华、危珊任副主编。

本书第 1、4、5 章由王海宾编写；第 2 章由张静和丁莉共同编写；第 3 章由刘霞编写；第 6 章由高娟娟、宋亚青共同编写；第 7 章由钱孟杰编写；第 8 章由王刚编写；第 9 章由罗志华和危珊共同编写；第 10 章由霍艳玲和赵美枝共同编写；程序源代码、PPT、实训任务与课后习题由王海宾编写；微课视频由王海宾、高娟娟、宋亚青共同录制。在本书的编写过程中得到很多业界同仁的支持，在此一并表示感谢。

尽管编者认真、仔细，并尽量做到最好，但书中难免有疏忽、遗漏之处，恳请读者提出宝贵意见和建议，以便今后改进和修正。编者 E-mail 地址为 seashorewang@qq.com。

编　者

目　录

第 1 章　认知 C 语言程序设计

C 语言是一门有近 50 年历史，面向过程的，在国际上广泛流行，甚至可以说是永不过时的语言。每个程序员在他们的编程生涯之初都应该学习 C 语言，这不仅因为 C 语言是目前市面上流行的大多高级语言的根基，更重要的是学习 C 语言能够学习很多计算机相关知识，更好地了解计算机，养成严谨的逻辑思维习惯，从而获得更多的工作机会。

“C 语言程序设计”是大学计算机相关专业的必修课程，同时也是理工类本科的必修课程。C 语言程序设计对于初学者来说总有一种云山雾罩的感觉，甚至很多人在学习过程中还心存恐惧。但是当您打开这本教材，并试图要学习掌握这门课程的时候，坦白的告诉您，C 语言程序设计并没有那么神秘与不可掌握，付出一定的努力再加上合理的方法，了解、学会、掌握并最终玩转 C 语言程序将不再是梦。好了，千里之行，始于足下，摆正您的心态，跟随本书的思路，在通俗易懂的知识点阐述模式下，来学习这个永不过时的经典，但对您来说又是全新的学科吧，让我们一起掀开 C 的神秘面纱。

本章将从以下几个方面进行详细阐述：①认知 C 语言程序设计；②为什么要学习 C 语言程序设计；③环境搭建与实践步骤；④第一个 C 语言程序。

1.1 整体认知

微课

1.1.1 什么是语言

百度百科中对语言的定义如下：语言是人类最重要的交际工具，是人们进行沟通交流的主要表达方式。人们借助语言保存和传递人类文明的成果。语言是民族的重要特征之一。

在当今的世界上语言工具不止一种，最为流行的是英美人说的英语；我们中国人说的汉语；法国人说的法语；日本人说的日语；韩国人说的韩语等。这些语言虽然不一样，但是却存在很多相同之处，比如都有自己的字词，都有基本的语法，甚至可以说都符合“主谓宾”的结构。因此可以说学习语言是有据可循的。

简单说，语言就是“人与人之间沟通与交流的工具”。比如在外交场合，一般情况下不同国家的领导人身后专门有人做翻译。两国领导人交流，为什么需要翻译，是因为他们说的是不同的语言，通俗的话说就是两个人语言不通，需要有人负责语言的转换。

1.1.2 什么是 C 语言

前面已经谈到语言是沟通与交流的工具，C 语言首先也是语言，它也是沟通与交流的工具，只不过不是人与人之间，而是人与计算机之间。目前，计算机已经走进了千家万户，人们已经离不开计算机，例如经常使用计算机听歌、看电影、玩游戏、浏览网页等，如图

1.1 所示。但是了解计算机的人知道，计算机只能识别“0”和“1”两个数字，而人们在使用计算机的过程中从来没有使用这两个符号与计算机交流，而是使用人类的自然语言，那么是什么来完成人与计算机之间的沟通与交流的呢？答案是程序设计语言，在人们使用计算机过程中所用到的应用软件，或者访问的网站都是使用计算机语言编写的。C 语言就是一种能够起到人与计算机沟通与交流的计算机语言工具。

图 1.1　人与计算机沟通交流

C 语言既然是语言，那自然也应该有自己的组成元素、语法规范、编写流程等。本书就来详细解读这些元素、规范与流程，并使用 C 语言编写应用程序。C 语言是人与计算机之间沟通与交流的工具之一。

1.1.3　什么是程序设计

1. 生活中的程序

从通俗的角度解释，程序就是做事情的先后次序，或者说是做事情的某种规范或者套路。也许很多读者都看过赵本山和范伟在春节联欢晚会中演的一个小品《功夫》，其中在赵本山直接给范伟出了脑筋急转弯之后，范伟说了一句话叫做：“你这个人不讲究啊，不按套路出牌啊!”，如图 1.2 所示。其实这里的套路就是生活中的程序，就是做事情的顺序。

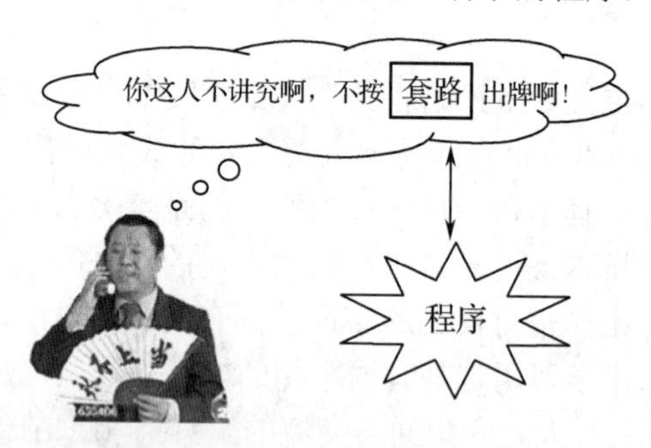

图 1.2　套路就是生活中的程序

例如：日常生活中我们经常去银行取钱，现在有一位老大爷，钱存在存折上，请按照程序的思路描述整个过程。

解答：

（1）带上存折去银行；

（2）在银行大厅叫号；

（3）填写取款单，并到对应窗口排队；

（4）将存折和填写的单子递给银行职员；

（5）银行职员为老大爷办理取款事宜；

（6）拿钱走人。

说明：这是使用折子的用户去银行取钱的基本流程，也可以称为生活中的程序。如果不按照这个流程做，比如什么也不拿，也不叫号，也不排队，直接去银行柜台，拍着桌子说“给我钱”，那不是取钱，是抢钱了，后果当然很严重。

2. 计算机中的程序

计算机程序（Computer Program），也称为软件（Software），简称程序（Program），是指一组指示计算机或其他具有信息处理能力装置每一步动作的指令，通常用某种程序设计语言编写，运行于某种目标体系结构上。

计算机的发明是为了帮助人类解决很多工作与生活中烦琐的问题，简化很多人为的操作。比如在一个大型的企业，老板一般会配备一名或者多名秘书，如图 1.3 所示。老板经常会给秘书交代一些事情，当老板交代的事情是一件、两件，甚至十件八件的时候，秘书都会把这些事情干净利落地完成，否则可能会被老板炒鱿鱼。

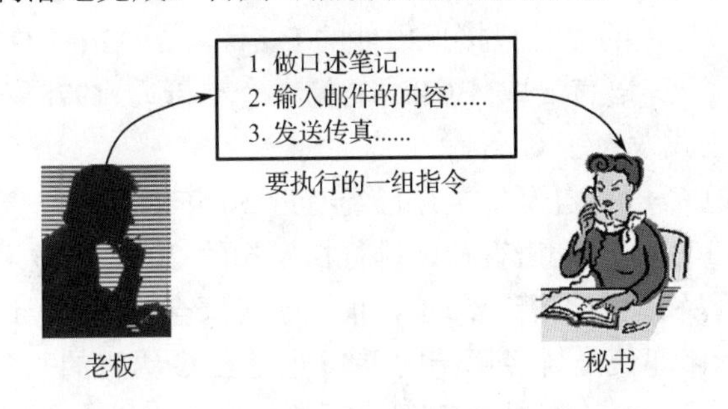

图 1.3　老板与秘书

由于公司规模的扩大，老板的事情越来越多，当老板交代的事情不是十件八件，而是一千件、一万件的时候，秘书是不可能独立完成的，或者说是非人力能为的。于是这时候老板想到了用计算机来解决问题，图 1.3 的情景变成了如图 1.4 所示。老板把自己的想法或者说要求告诉了一个人，他叫做“程序员”，程序员按照老板的要求或者说是指令，将其转化为计算机能识别的指令，这就是程序。其实上述场景也就是人们常说的办公自动化。

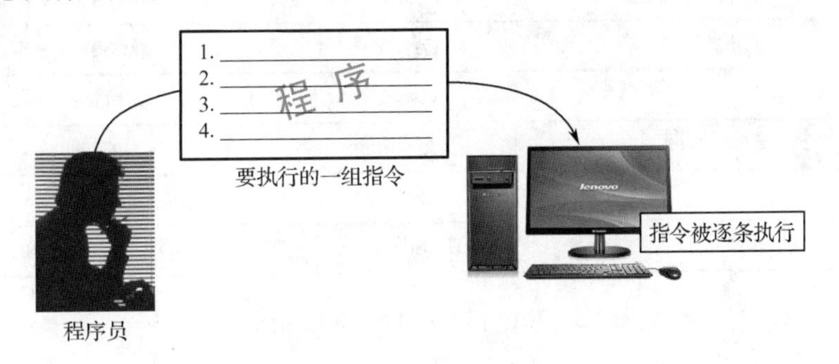

图 1.4　程序员与计算机

计算机中的程序是为了使用计算机解决现实中的某些问题而编写的一系列有序指令的集合。

说明：上述有三层意思：第一，程序是为了解决现实中的问题而编写的；第二，是一系列有序的指令；第三，是指令的集合。

1.1.4 什么是 C 语言程序设计

在了解了什么是语言，什么是 C 语言，什么是程序，什么是计算机中的程序之后，对 C 语言程序设计的认知就变得非常简单。C 语言程序设计就是用 C 语言来写程序，用编写的程序解决现实中的问题。

1.2 为什么学习 C 语言程序设计

微课

微课

1.2.1 C 语言的发展与趋势

C 语言是在 B 语言的基础上发展起来的，它的根源可以追溯到 ALGOL60。1963 年英国剑桥大学在 ALGOL60 的基础上推出了 CPL。1967 年英国剑桥大学的 Matin Richards 对 CPL 语言作了简化，推出 BCPL。1970 年美国贝尔实验室以 BCPL 语言为基础又作了进一步的简化，设计出了很简单的而且很接近硬件的 B 语言。1972～1973 年间，贝尔实验室在 B 语言的基础上设计了 C 语言（取 BCPL 的第二个字母）。1978 年由美国电话电报公司（AT&T）贝尔实验室正式发表了 C 语言。

诚如本章开头所说 C 语言自诞生至今已经有近 50 年的历史，但是 C 语言的使用与学习依然非常的火热。TIOBE 编程语言社区排行榜发布的 2017 年 6 月的全世界所有编程语言的排行榜中 C 语言稳稳地占据着第二位，仅次于风靡全球的 Java 语言，占据着 6.848% 的份额，如图 1.5 所示。即使是排名第一的 Java 也是在 C 语言的基础上发展而来的，学习 C 语言有助于更好地学习 Java、C++、C#等高级语言。

Jun 2017	Jun 2016	Change	Programming Language	Ratings	Change
1	1		Java	14.493%	-6.30%
2	2		C	6.848%	-5.53%
3	3		C++	5.723%	-0.48%
4	4		Python	4.333%	+0.43%
5	5		C#	3.530%	-0.26%
6	9	^	Visual Basic.NET	3.111%	+0.76%
7	7		JavaScript	3.025%	+0.44%
8	6	v	PHP	2.774%	-0.45%
9	8	v	Perl	2.309%	-0.09%

图 1.5 2017 年 6 月 TIOBE 语言排行榜

1.2.2 C 语言的重要性

计算机语言是计算机编程的根基所在，C 语言是目前流行的计算机语言的根基。我们熟知的 Java、C++、C#等都是在 C 语言的基础上发展而来的，C 语言是整个程序设计的根基，如果把软件开发相关的知识比作一座大楼的话，那么 C 语言就是这座大楼的根基，如果根基不够扎实那么这座大楼很可能盖不起来，即使能盖起来也是豆腐渣工程。学习 C 语言不在于学好它能够编出什么样的程序，而在于通过对它的学习能使您具备程序编写的基本思想；掌握程序设计与编写的基本方法与理念；同时还学习编程语言的基本知识和技能，这些技能是所有高级语言共通的，比如程序的三大流程结构、变量的使用、数组的使用等。也许控制台下的黑色窗口让您学习半年下来毫无成就感可言，但是 C 语言的学习对您将来作为一名程序员的影响是潜移默化的。

学习 C 语言的重要性可以从以下几个方面来说明。

（1）现在流行的高级语言，比如 Java、C#、C++等，都衍生自 C 语言，C 语言是这些语言的根基，只要熟练掌握了 C 语言，这些高级语言学习起来事半功倍。

（2）C 语言语法结构简洁、明了，经常用于描述算法，比如很多数据结构与操作系统的算法编程都是用 C 语言编写的。

（3）一名合格的程序员应该更好地了解系统底层，C 语言比其他语言更加注重系统底层。操作系统的底层（系统内核）基本都是采用 C 语言编写的。

（4）从应用的角度讲，不管是在考本科、考研究生的升学考试中，还是在现在的公司招聘中（程序员招聘），C 语言都是必考科目。

总而言之，要加入 IT 行业，要做一名合格的程序员，C 语言的学习都非常重要。对 C 语言的学习应该分为三个境界：“了解”“熟悉”“精通”。要想在 IT 届混出个名堂，C 语言的掌握程度至少应该在“熟悉”的层次。

1.3 环境搭建与实践步骤

微课

C 语言的集成开发环境非常多，目前使用较多的有 Turbo C、Dev-C++、Microsoft Visual C++等。Dev-C++是一款免费、轻量级、易安装、易操作且功能强大的可视化开发工具，是 C 语言初学者最佳的学习环境。本书选择 Dev-C++ 5.7.1 作为 C 语言学习的环境，这里要说明的是，C 语言是一种标准且和开发环境无关，因此使用该环境编写的代码可以不加修改地移植到 Microsoft Visual C++等环境。下面在搭建该环境的基础上介绍 C 语言程序设计的实践步骤。

1.3.1 环境搭建

Dev-C++ 5.7.1 是一款轻量级的集成环境，大小仅有 60MB 左右，安装仅需不到一分钟的时间，且安装使用非常简单。Dev-C++ 5.7.1 是开源免费的，在互联网上可以很简单地得到其安装包。下面简单描述一下 Dev-C++ 5.7.1 的安装步骤。

步骤 1：双击下载的安装包 Dev-Cpp 5.7.1，在出现的界面中使用默认语言“English”，单击“OK”按钮，如图 1.6 所示。

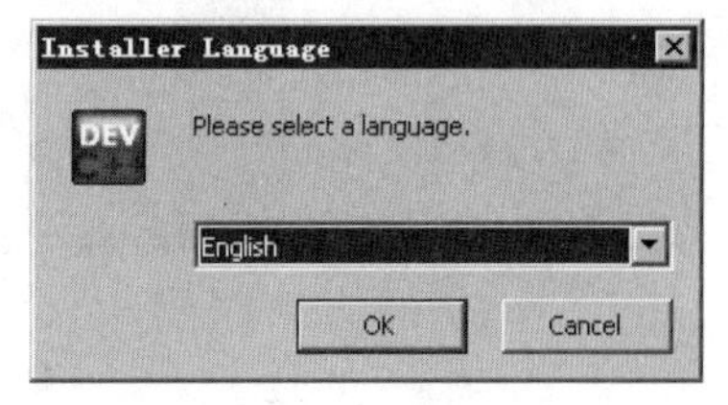

图 1.6　语言选择界面

步骤 2：在如图 1.7 所示界面中单击“I Agree”按钮，在如图 1.8 所示界面中使用默认设置，单击“Next”按钮。

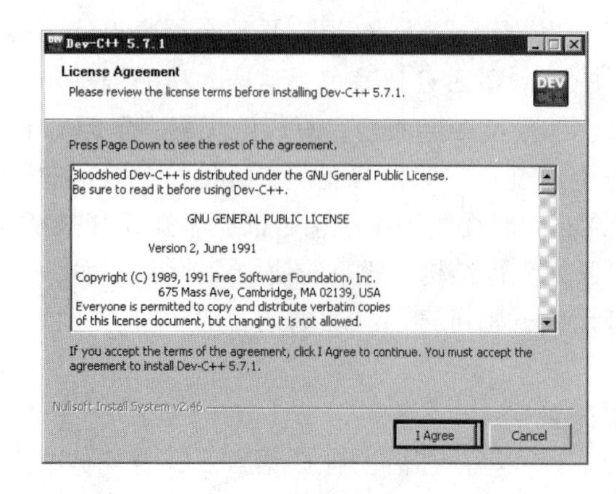

图 1.7　接受协议

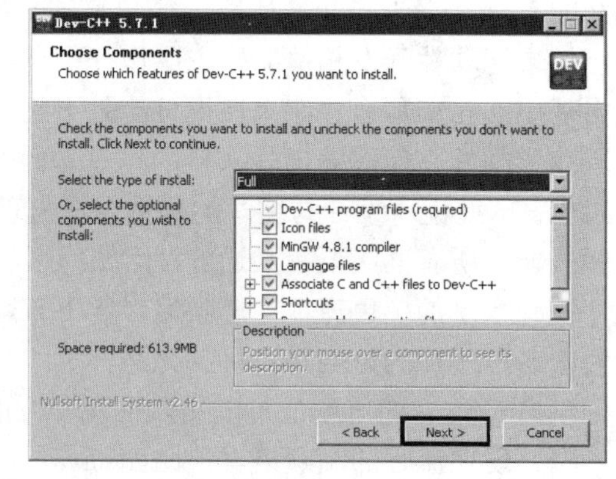

图 1.8　安装选项选择

步骤 3：在如图 1.9 所示界面中可以单击“Browse”按钮，选择安装位置，并单击“Install”按钮进行安装，出现如图 1.10 所示界面则软件安装成功。

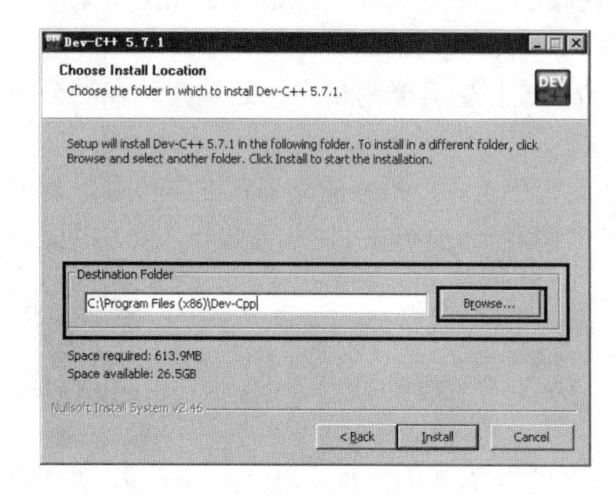

图 1.9　安装位置选择

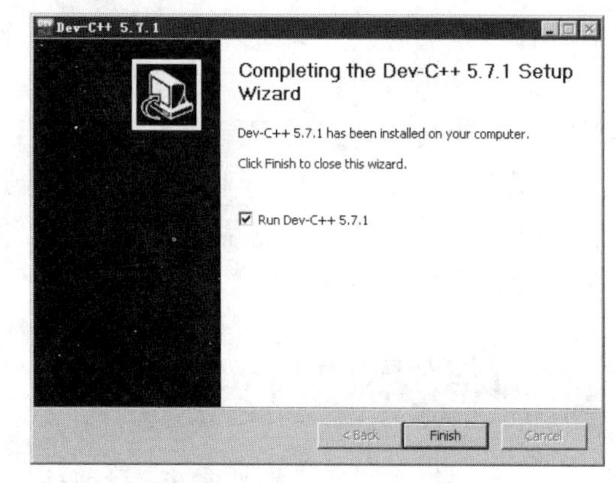

图 1.10　安装完成

步骤 4：安装完成后单击“Finish”按钮，软件会自动启动，并进入简单的设置界面，如图 1.11 所示，选择“简体中文”，然后单击“Next”按钮。

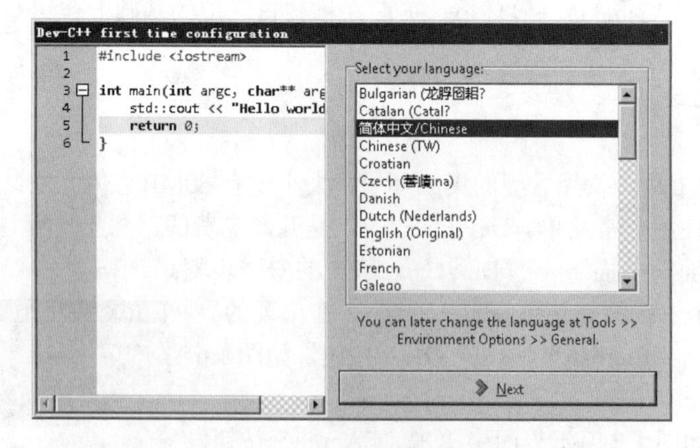

图 1.11　语言选择

步骤 5：在如图 1.12 所示界面进行字体、背景颜色及图标的选择，然后单击“Next”按钮。

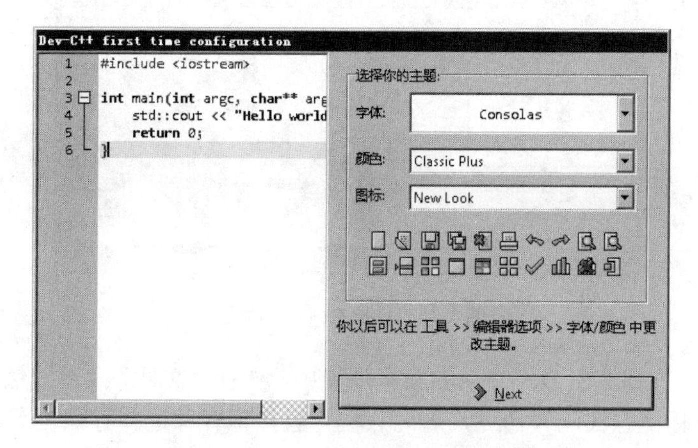

图 1.12　字体、背景颜色、图标的选择

步骤 6：在如图 1.13 所示界面选择加载的头文件，也可以选择全部加载，当然全部加载需要一点时间，在这里不用做任何修改，默认加载的头文件已经足够初学者使用。至此，基于 Dev-C++的 C 语言程序开发环境已经搭建与设置完毕。

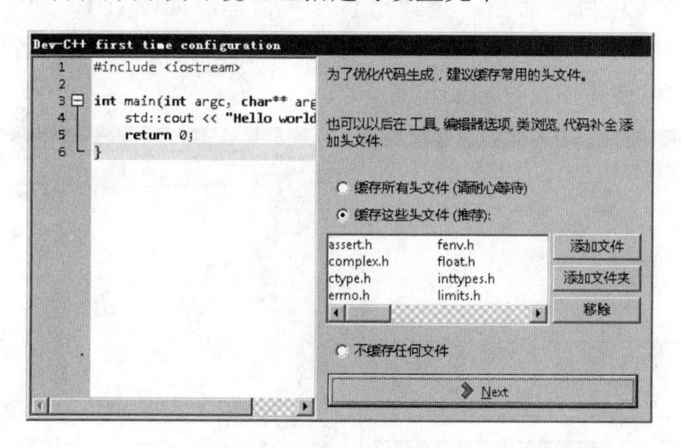

图 1.13　选择头文件

1.3.2　开发步骤

Dev-C++中的开发可以分为两种，第一种是对于新手而言的，不需要新建项目，直接新建一个.c 文件即可；第二种对于实际项目需要，需要新建一个项目，在项目中开发若干个.c 文件。

1. 新建.c 文件

步骤 1：启动 Dev-C++ 5.7.1。在“开始”菜单中选择“所有程序”，然后选择“Bloodshed Dev-C++”菜单下的“Dev-C++”命令，启动之后的界面如图 1.14 所示。

说明：在图 1.14 中，左侧停靠窗口包括项目管理器、查看类和调试窗口，用于从不同角度对工程资源进行查看和快速定位，下侧为信息输出窗口，调试信息、查找信息等都会从该窗口输出，主要显示区显示程序代码或者资源。

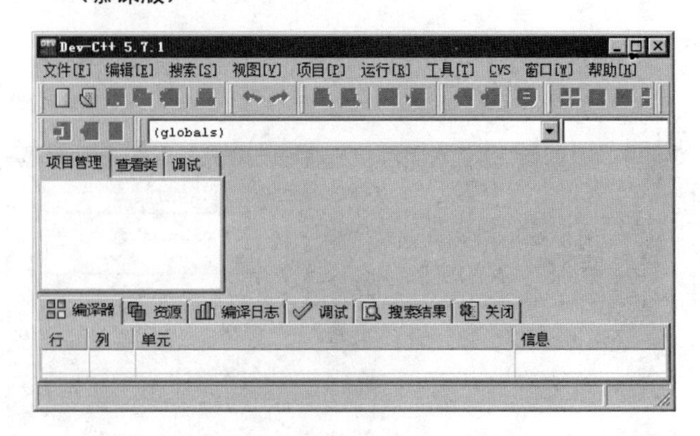

图 1.14　Dev-C++启动界面

步骤 2：新建文件。在 Dev-C++的集成环境中，选择“文件”菜单，然后选择“新建”，在级联菜单中选择“源代码”命令，编写代码，直接保存并选择存储位置，将文件扩展名改为“.c”，并且给文件命名即可。

2. 新建项目

步骤 1：和新建.c 文件的第一个步骤一样。

步骤 2：新建项目。在 Dev-C++的集成环境中，选择“文件”菜单，然后选择“新建”，在级联菜单中选择“项目”命令，将弹出新建对话框，如图 1.15 所示。选择“Console Application”同时选择“C 项目”，在名称下面的编辑框中输入项目的名称，然后单击“确定”按钮，将会出现选择项目存储的位置。

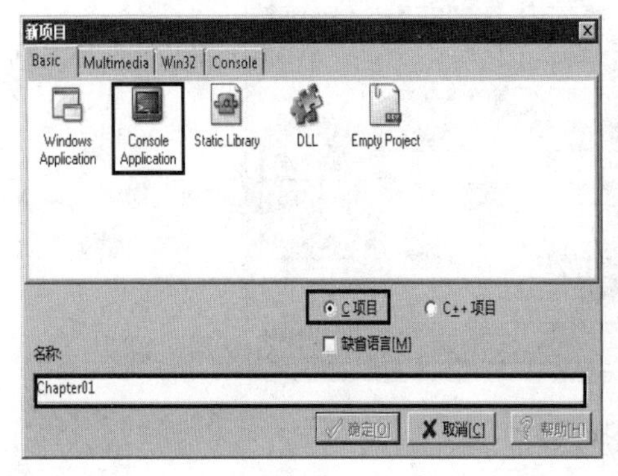

图 1.15　新建项目

说明：Chapter01 为项目的名称，扩展名为 dev，其实这里的项目和生活中的项目类似，比如在一个建筑项目中可以有多个楼同时在施工，在程序的项目中也可以同时包含多个程序的源文件，也就是后面要说的“.c”文件。

步骤 3：在选择保存位置之后，将出现如图 1.16 所示界面，也就是默认的 C 语言程序项目。

说明：新产生的 C 语言程序并没有保存，main.c 只是系统默认的预设名称，前面的[*]代表还没有保存，这里可以单击▢，或者按“Ctrl+S”组合键进行保存，保存时可以选择保存位置，并修改.c 文件的名称。

步骤 4：编译和运行。单击面板上工具栏中的▢，进行程序的编译，单击▢可以运行程序。如图 1.17 所示。如果程序没有错误，则会在控制台中输出相应的结果。如果编译或者连接过程中出现错误，底部信息输出窗口会提示错误所在行及错误的类型，可以根据错误提示进行代码修改。

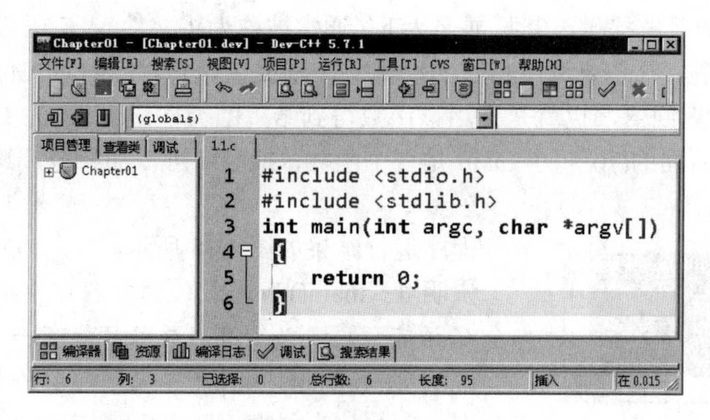

图 1.16　默认项目

```
编译日志 | 调试 | 搜索结果 | 关闭
gcc.exe 1.1.o -o Chapter01.exe -L"C:/Program Files (x86)/Dev-Cpp/

Compilation results...
--------
- Errors: 0
- Warnings: 0
- Output Filename: D:\C语言程序设计\第一章\Chapter01.exe
- Output Size: 87.779296875 KiB
- Compilation Time: 8.75s
```

图 1.17　输出窗口

说明： 如果编译错误，系统会自动对应找到源程序中出错的起始位置。

以上为在 Dev-C++的集成环境中开发 C 语言程序项目的实践步骤。在整个过程中可以发现不是程序编写完成就能直接去运行的，在这之前还需要编译。这是因为一台计算机只能识别和执行由 0 和 1 组成的二进制的指令，而不能识别和执行用高级语言编写的程序。为了使计算机能执行高级语言所写的程序，必须先用一种称为“编译程序”（扩展名为.c）的软件，把程序翻译成二进制形式的“目标程序”（扩展名为.o)，然后将该目标程序与系统的函数和其他的目标程序连接起来，形成可执行的目标程序才能被计算机所执行。相对于目标程序，用高级语言编写的程序被称为“源程序”。

1.4　第一个 C 语言程序

微课

【实例 1.1】 编写程序输出“这是我人生中的第一个程序!”。

程序代码：

```
#include "stdio.h"
void main()    //main()为主函数，void 为返回值
{
   printf("这是我人生中的第一个程序!\n"); //使用 printf 函数将""中的数据原样输出
}
```

程序解读：

实例 1.1 中程序的功能是在计算机的屏幕上输出一段话，主函数之前的#include

"stdio.h"被称为预处理命令，当然预处理除了#include 之外还有其他方式，#include 称为包含，其意义是把其后""或者<>中的文件包含到程序中来，和编写的代码组成一个整体，被包含的文件一般由系统提供，其扩展名为.h（通常被称为头文件），C 语言的头文件中包含了大量的函数原型，凡是要调用相应的库函数，就要包含其对应的头文件。void main()中的 void 为函数的返回值，也就是调用该函数得到结果的类型，main()为主函数，是整个函数的入口，main 后面的()说明了 main 是一个函数，括号中可以加参数，其后的{}表示函数的界定范围。

图 1.18　实例 1.1 的运行结果

程序运行结果如图 1.18 所示。

说明 1：main()函数在 C 语言程序中被称为主函数，每一个 C 语言程序都必须有，并且只能有一个主函数。

说明 2：#include "stdio.h"，表示在 C 语言程序中包含一个名称为 stdio.h 的头文件，#include 表示包含，C 语言程序是以函数来组织管理的，只有包含了拥有该函数声明的“.h”文件，才能使用其中的函数。比如包含了 stdio.h 文件就可以使用其中的 printf()函数与 scanf()函数。

说明 3：{}表示函数的界定，也就是函数的有效范围。{}内部的代码被称为函数体，函数的函数体必须用{}将函数的整体括起来。

说明 4：printf("这是我人生中的第一个程序!\n");的功能是把引号中的内容“这是我人生中的第一个程序!”原样输出到显示器，printf()是系统提供的库函数，其功能是格式化输出，printf 中的\n 是转义字符，代表换行的意思。

说明 5：语句后面有一个分号“;”，这是语句结束符，是 C 语言语句结束标志，C 语言程序中的每句话的末尾必须以分号结束，但预处理命令、函数头和花括号“}”之后不能加分号。

说明 6：//表示注释，其后的内容是给程序员看的，程序在编译和执行的过程中不做处理。另外 C 语言中的注释还可以使用“/* · · · */”，将注释写到中间。

提示　在 Dev-C++环境下，在没有包含 stdio.h 文件时，默认也可以使用 printf()函数与 scanf()函数，这是系统预设，有些书上使用输入输出时并没有包含 stdio.h，这是不严谨的。

1.5 程序案例

【程序案例 1.1】 编写程序输出一句话“我喜欢 C 语言程序设计”。

程序代码：

```
#include "stdio.h"   //包含 stdio.h 头文件
void main()          //主函数
{
   printf("我喜欢 C 语言程序设计\n");
}
```

说明：printf()函数双引号中的内容会原样输出，\n 是转义字符代表换行。

输出结果：如图 1.19 所示。

图 1.19　程序案例 1.1 运行结果

【程序案例 1.2】 编写程序输出以下图案。

```
  *
 ***
*****
 ***
  *
```

程序代码：

```
#include "stdio.h"
main()
{
    printf("    *\n");
    printf("   ***\n");
    printf("  *****\n");
    printf("   ***\n");
    printf("    *\n");
}
```

说明 1：printf()函数双引号中的内容会原样输出，这里为了完成输出程序案例 1.2 中的图案，采用的方法是用空格去对齐。\n 在这里起到换行的作用。

说明 2：输出要求的图案有更便捷的方法，读者可以在学完第 4 章后，回过头来再重新构思本例的设计实现思路。

输出结果：如图 1.20 所示。

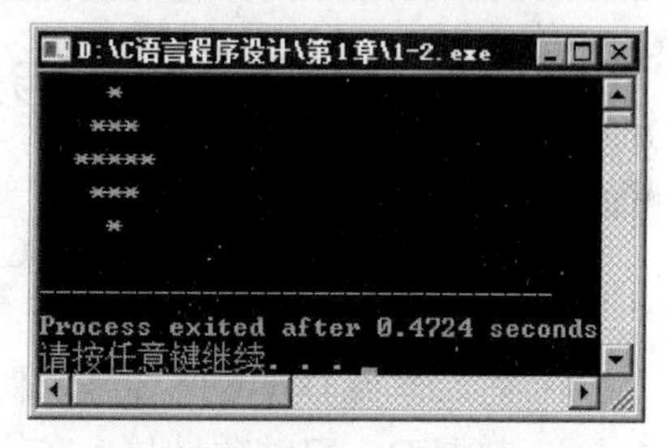

图 1.20　程序案例 1.2 运行结果

1.6 本章小结

- 语言是人与人之间沟通与交流的工具，计算机语言是人与计算机之间交流与沟通的工具。
- 生活中的程序就是做事情的顺序或者叫做流程，也就是人们常说的套路。
- 计算机中的程序是为了使用计算机解决现实中的某些问题而编写的一系列有序指令的集合。
- C 语言程序设计就是用 C 语言来写程序，用编写的程序解决现实中的问题。C 语言程序指的是使用 C 语言编写的程序源代码。
- C 语言是目前流行的计算机语言的根基。Java、C++、C#等都是在 C 语言的基础上发展而来的。
- C语言的集成开发环境非常多，目前使用较多的为Turbo C、Dev-C++、Microsoft Visual C++等。
- 一个 C 语言程序一般会由一个或者若干个函数组成。函数通俗地说就是具有一定功能的代码段，或者称为模块。
- C 语言的源程序以一个名字为 main()的函数作为入口，整个程序是从 main()函数开始执行的。

- 主函数之前的#include "stdio.h"被称为预处理命令，当然预处理除了#include 之外还有其他方式，#include 称为包含，其意义是把其后""或者<>中的文件包含到程序中来，和编写的代码组成一个整体，被包含的文件一般由系统提供，其扩展名为.h（通常被称为头文件），C 语言的头文件中包含了大量的函数原型，凡是要调用相应的库函数，就要包含其对应的头文件。
- main 后面的()说明了 main()是一个函数，括号中可以加参数，其后的{}表示函数的界定范围。
- main()函数在 C 语言程序中被称为主函数，每一个 C 语言程序都必须有，并且只能有一个主函数。
- printf()是系统提供的库函数，其功能就是格式化输出。
- C 语句后面有一个分号“;”，这是语句结束符，是 C 语言语句结束标志，C 语言程序中的每句话的末尾都必须以分号结束，但预处理命令、函数头和花括号“}”之后不能加分号。
- //表示注释，其后的内容是给程序员看的，程序在编译和执行的过程中不做处理。另外 C 语言中的注释还可以使用“/* ••• */”，将注释写到中间。

实训任务一　环境搭建与第一个 C 语言程序

1. 实训目的

- 了解什么是语言，什么是 C 语言，什么是程序，什么是计算机程序，什么是 C 语言程序设计。
- 熟练掌握 Dev-C++环境的使用。
- 掌握 Dev-C++项目与.c 文件的创建过程。
- 熟练掌握 C 语言程序的基本框架与调试过程。

2. 项目背景

小菜上大学了，读的是计算机专业。令小菜异常兴奋的是他要学习编写程序了，学校开设的程序设计的基础课程是“C 语言程序设计”。在第一节课上小菜了解了什么是语言，什么是 C 语言，什么是程序，什么是计算机程序，什么是 C 语言程序设计。大鸟老师布置的课下自学任务是了解 Dev-C++，自己安装该软件，搭建 C 语言的开发环境，并试着在该环境下编写简单的程序。

3. 实训内容

任务 1：通过教材研读与查阅资料完成。

（1）什么是语言？什么是 C 语言？

（2）什么是程序？什么是计算机程序？

（3）什么是 C 语言程序设计？

（4）C 语言的发展与趋势。

任务 2：安装 Dev-C++集成环境。

任务 3：实现 Dev-C++环境下简单程序的编写。

在 Dev-C++环境中新建项目 myproject，并在其中创建名称为 test.c 的文档，编写程序输出下面的结果，完成程序的编写、调试与运行。

程序的基本框架结构如下：

```
***************************
    变量定义
    数据输入
    编写算法
    数据输出
***************************
```

习题 1

一、选择题

1．下列关于 C 语言程序的描述正确的是（　　）。

A．程序的执行总是从 main()函数开始，在 main()函数结束的

B．程序的执行总是从程序的第一个函数开始，在 main()函数结束的

C．程序的执行总是从 main()函数开始，在程序的最后一个函数中结束的

D．程序的执行总是从程序的第一个函数开始，在程序的最后一个函数中结束的

2．以下叙述正确的是（　　）。

A．在 C 语言程序中，main()函数必须位于程序的最前面

B．C 语言程序的每行中只能写 1 条语句

C．C 语言本身没有输入输出语句

D．在对 1 个 C 语言程序进行编译的过程中，可发现注释中的拼写错误

3．以下叙述中正确的是（　　）。

A．每个 C 语言程序文件中都必须有一个 main()函数

B．在 C 语言程序中 main()函数的位置是固定的

C．C 语言程序可以由一个或多个函数组成

D．在 C 语言程序的函数中不能定义另一个函数

4．以下叙述中错误的是（　　）。

A．计算机不能直接执行用 C 语言编写的源程序

B．C 语言程序经编译后，生成后缀为.obj（.o）的文件是一个二进制文件

C．后缀为.obj（.o）的文件，经连接程序生成后缀为.exe 的文件是一个二进制文件

D．后缀为.obj（.o）和.exe 的二进制文件都可以直接运行

5．C 语言程序的基本单位是（　　）。

A．程序行　　B．语句　　C．函数　　D．字符

6．以下关于函数的叙述中正确的是（　　）。

A．每个函数都可以被其他函数调用（包括 main()函数）

B．每个函数都可以被单独编译

C．每个函数都可以单独运行

D．在一个函数内部可以定义另一个函数

7．以下叙述不正确的是（　　）。

A．在 C 语言程序中，语句结束标记为";"

B. C 语言程序的语句结束标记为"."

C. //后面的内容，C 语言不编译、不运行

D. C 语言是一种面向过程的编程语言

8. C 语言程序的注释是（　　）。

A. 以/*开始，以*/结束　　B. 以/*开始，以/*结束

C. 以//开头，以//结束　　D. 以/*开始，以//结束

9. 一个 C 语言程序是由（　　）构成的。

A. 一个主程序和若干个子程序　　B. 一个或多个函数

C. 若干过程　　D. 若干子程序

10. 用 C 语言编写的代码程序（　　）。

A. 可立即执行　　B. 是一个源程序

C. 经过编译即可执行　　D. 经过编译解释才能执行

二、简答题

1. 什么是语言？什么是 C 语言？

2. 简述新建一个 C 语言项目的步骤。

3. 请描述 C 语言程序的基本组成部分。

4. 请描述 C 语言程序的执行过程。

5. 简述 C 语言的特点都有哪些。

6. 通过第 1 章的学习，谈谈您对 C 语言程序设计的理解。

三、编程题

1. 编写程序，在屏幕上输出“我爱你，伟大的祖国！”。

2. 编写程序，在屏幕上输出一个由“*”组成的三角形。

3. 编写程序，完成两个数值的互换，并完成程序的编写、编译、调试与运行。

4. 编写程序，实现求两个值的最大值，并完成程序的编写、编译、调试与运行。

第 2 章　C 语言程序开发前的准备

在对 C 语言有了整体的认知之后，大多读者开始跃跃欲试地急于去编写一段程序，求知的欲望值得赞扬，但方法不太可取。C 语言程序的语法只要肯努力是肯定能够掌握的，但如何设计程序的思路才是最关键的，在这一点上可以说思想重于行动。这就像盖房子一样，一栋大楼没经过任何设计就盲目地去盖，难说楼不会倒，或者盖到一半不知道如何继续进行下去。因此，在正式学习 C 语言的语法规范和程序编写之前先为 C 语言的开发做一些必要的准备。

本章所讲解的内容对很多初学者可能有些难以理解或者说一时难以掌握，但是只要学习完本章就会知道写程序不是噼里啪啦地敲键盘，还需要进行设计，并且编写的时候要按照规范去做就够了。随着学习的深入，当学习完本书之后，大家回过头再来读一下本章，肯定会有种醍醐灌顶、茅塞顿开的感觉。

本章将从以下几个方面进行详细阐述：①项目开发的流程；②C 语言程序的开发流程；③C 语言程序的基本结构；④C 语言程序编写的规范；⑤算法基础与 C 语言实现；⑥使用流程图描述程序思路。

2.1 项目的开发流程

计算机中的程序是为了解决现实中的某些问题而编写的一系列有序的指令的集合。既然是要解决问题，那么程序设计与编写人员一定要充分了解这些问题的来龙去脉，分析清楚解决方法与思路，并且熟悉计算机的编程，才能使用计算机语言来解决这些问题。

笔者经常对学生说："编程虽然算是一个技术工作，更是一个逻辑思维的工作，因为只要肯努力，不管哪种语言的语法都是肯定能学会的，但是程序的设计思想并不是所有人都能掌握的。因此，在学习程序设计之初，更重要的不是语法，而是培养程序设计的思想"。既然程序的思想这么重要，那么如何运用程序的思想，使用计算机语言来解决生活中的问题呢？笔者是一名具有十几年程序设计与开发经验的程序员，下面就笔者的认知来简单描述程序设计与开发的基本步骤。

步骤 1：需求分析。需求分析也叫作用户需求分析，一般来说设计与开发一个软件不是为了秀一下掌握的技术，而是为了解决现实中的某些问题，更直接地说是给一个特定的用户开发的，是为了获取一定劳动报酬的。既然是给用户开发的，那么客户的需求就一定要详细了解，并且在详细地调研与调查的基础上将相应的信息进行整理，然后对所获取的信息进行分析，并在此基础上设计软件的框架，建立相应的解决问题的模型，并最终形成解决方案。

说明：当然对于初学者来说，要编程解决的问题可能很简单，可能不会直接遇到一些复杂的问题，但是根据具体的问题进行详细的需求分析也是非常必要的环节。笔者经常对学生说:“做程序不是直接打开环境就去敲代码,而是首先要搞清楚解决问题的流程与方法,这样才能做到事半功倍。”

步骤 2：可行性分析。可行性分析就是在对问题进行分析的基础上判断是否可行。主要考虑使用目前拥有或者说掌握的技术能否完成这个问题。比如，笔者有个朋友曾经开玩笑说：“你不是程序设计很牛吗？你啥也别用，现在写个程序，把办公室的灯关掉。”编写一个程序去关掉办公室的灯，如果在提供某些硬件支持的基础上去编程是一件非常简单的事情，但是诚如朋友所说不提供任何硬件支持，只靠软件程序去关灯这当然是不可行的。

步骤 3：概要与详细设计。在确定了需要解决的问题是可行的之后，还要进行概要和详细设计，将通过需求分析了解的需求，转化成计算机能够识别的设计思路。在这个环节往往要确认解决问题的具体方案，详细规划解决问题的具体步骤。

说明：对于初学者来说，这一步是根据要解决的问题绘制出相应的流程图，搞清楚要解决的问题的具体思路。

步骤 4：编写程序。根据概要和详细设计对问题具体分析与设计，选择熟悉的编程语言，将对应的设计或者算法通过计算机语言描述出来。

说明：对于初学者来说，这一步是将流程图或者设计思路转化成程序代码。

步骤 5：程序调试与运行。在程序编写完成后需要进行程序的调试，在程序发行之前尽可能多地找出程序中可能存在的错误，也就是人们常说的 Bug。尽量将错误消灭在萌芽状态。

说明：对于初学者来说，这一步就是找找编写的程序有没有逻辑错误。

步骤 6：程序的推广运营。一个大型的程序需要有该步骤，而对于初学者作为测试的普通程序则不需要。

2.2 C 语言程序的开发流程

项目是一个大型的程序，在 2.1 节中对一个大型的项目的开发流程的讲解对于初学者似乎一时接触不到也难以理解，但学习程序设计的最终目的肯定是通过 C 语言的学习去解决现实中的某些问题，也就构成了项目。在具备项目开发流程思想的基础上，在 C 语言程序设计学习的过程中没有必要每个小程序都完全照搬上面的步骤。

程序设计就是针对给定的问题进行设计、编写代码、调试代码的过程。因此，程序设计者必须先充分了解给定的问题，才能写出合适的应用程序。程序的开发步骤如下。

步骤 1：问题分析。这个过程基本就是问题的拆解与分析的过程，有些像高中解数学题时对问题的分析过程。

步骤 2：算法设计。根据分析的结果建立数学模型和确定解决方案，详细规划解决问题的步骤，根据规划的步骤，绘制流程图。

说明：流程图将在本章最后进行详细介绍。

步骤 3：程序编写。根据确定的算法，选择合适的语言（我们的选择当然是 C 语言），将算法所描述的步骤用 C 语言描述出来，形成 C 语言的源程序。程序编写的过程尽量采用模块化编程，加上适量的注释，因为一个复杂的程序如果没有合适的注释，不但别人看不懂，时间长了自己也未必能够看懂。对于小程序这一步可以理解为将流程图转换为 C 语言的程序。

步骤 4：调试运行。谁写的程序也不可能保证没有任何错误，程序的调试是必须的，是排除错误与解决问题的过程。调试过程也不止是为了改错，还要针对不同的条件给出不同的数据输入，针对不同的情况进行测试与检验，因为程序没错不代表程序最终的运行结果是正确的。

微课

2.3 C 语言程序的结构

C 语言程序指的是使用 C 语言编写的程序的源代码。C 语言是一种面向过程的编程语言，采用函数的结构对程序进行管理，一个 C 语言程序一般会由一个或者若干个函数组成。通俗来讲，函数就是具有一定功能的代码段，或者称为模块。C 语言的源程序以一个名字为 main()的函数作为入口，整个程序是从 main()函数开始执行的。

说明：源程序中凡是在一个名字后面跟一对括号的这种形式都是函数，函数的具体功能与语法将在后续的内容中进行详细的讲解。

为了更好地描述程序结构，这里先通过两个小程序来分析与总结程序的结构，虽然有些内容还没讲到，但是从这两个例子可以了解 C 语言程序的基本组成和程序结构。

【实例 2.1】 编写程序求两个数的和，并输出结果。

程序代码：

```
#include "stdio.h"              //预处理命令导入头文件
void main()                     //没有返回值的主函数
{
    //定义三个变量，用来存储两个加数与和
    int num1,num2,sum;
    //给两个参数赋值
    num1=100;
    num2=200;
    //算法逻辑
    sum=num1+num2;
    //输出结果
    printf("%d 与%d 的和是%d\n",num1,num1,sum);
}
```

程序解读：本例的程序功能是计算两个数 100 和 200 的和。#include "stdio.h"为预处理命令，stdio.h 表示标准输入输出的库函数的头文件；void main()为主函数的头；num1、num2 是定义的两个变量，用来在计算机的内存中存储 100 和 200；sum 用来存储计算的和；num1=100;和 num2=200;分别表示在变量 num1 的内存空间中存储一个数 100，在变量 num2 的内存空间中存储 200；sum = num1+ num2;表示计算 num1+ num2，并将结果存储到 sum 之中，“=”在这里是赋值的意思；printf("%d 与%d 的和是%d\n", num1, num2, sum);用来输出结果，三个%d 对应后面三个变量，C 语言中采用的是格式化输出，也就是要在双引号里面用%加上一个字母指定后面要输出的变量的类型并同时指定输出格式。

程序归纳：除了程序的基本框架外，上述代码可以归结为四个部分：①变量定义；②变量赋值；③算法逻辑；④输出结果。

程序运行结果如图 2.1 所示。

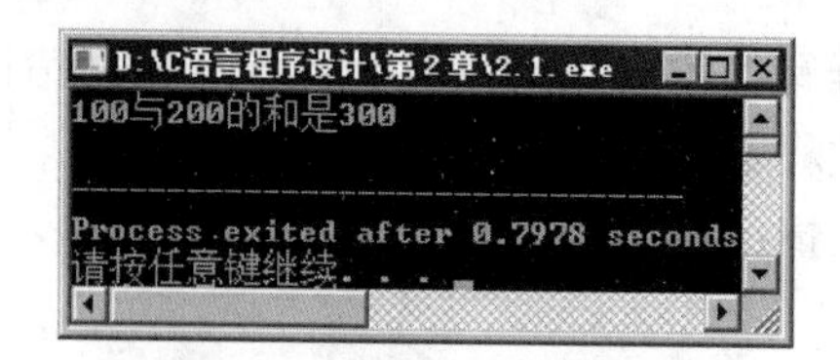

图 2.1　实例 2.1 运行结果

【实例 2.2】 计算两个整数的平均值，并输出结果。

程序代码：

```
#include "stdio.h"          //预处理命令导入头文件
void main()                 //没有返回值的主函数
{
    //定义两个整型变量，用来存储两个整数
    int num1,num2;
    //定义一个浮点数类型变量，存储平均值
    float average;
    //给两个参数赋值
    num1=100;
    num2=200;
    //算法逻辑
    average=(num1+num2)/2.0;
    //输出结果
    printf("%d 与%d 的平均数是%f\n",num1,num2,average);
}
```

程序解读：本例的程序功能是计算两个整数的平均值。和实例 2.1 的程序结构基本一样，区别的地方在于 float average 表示定义一个小数类型的变量用来存储平均值，average=(num1 + num2)/2.0 算法逻辑也不一样。

说明：程序中变量的命名规则需要简单、明了，并且有一定实际性意义。读者应在学习中逐渐养成良好习惯。

程序归纳：除了程序的基本框架外，上述代码可以归结为四个部分：①变量定义；②变量赋值；③算法逻辑；④输出结果。

程序运行结果如图 2.2 所示。

图 2.2　实例 2.2 运行结果

前面反复讲到，程序是为了解决现实生活中的某些问题，而编写的一系列有序的指令的集合。通过实例 2.1 和实例 2.2 两个例子的分析，可以将一个程序的构成划分为下面几个部分。

（1）程序的基本框架。这里指的是预处理命令和主函数。

（2）变量定义。要解决现实中的问题，就要从外界获取数据，首先要解决数据的存储。

（3）数据输入。从外界获取数据信息。

（4）编写算法。获取数据之后要根据用户的需要对数据进行加工处理，这就是算法。

（5）数据输出。数据加工处理之后要根据需要，将加工后的信息进行输出。

无论使用哪种语言进行程序编写，程序的主要框架的五部分都不会改变，只是在基本框架上有所区别而已。因此，程序的编写就是对这五部分进行填空，对于初学者来说熟知这五部分将会有助于对程序框架的理解和掌握。

通过前面的讲解，可以将C语言的程序结构的一般形式归纳如下：

```
预处理命令序列
type main ()
{
 变量定义
 数据输入
 算法逻辑
 数据输出
}
```

2.4 程序编写规范

任何语言编写的程序都有其语法规范，以及程序流程结构，为了让代码易于扩展与维护还应该让代码满足一定的规范。接下来介绍C语言的程序编写规范。

很多读者致力于将来成为一名程序员，希望去一些大的软件公司工作的，目前的软件越来越大，已经大到不是一个人的力量能够编写完成的，这就需要“团队合作”。团队合作的前提是整体规划，这种规划除了规划程序的框架结构之外就是建立“数据字典”。数据字典中约束了书写的代码满足某些规范，程序的编写不能按照个人的意愿随意去为文件、变量、数组等命名，而是要满足公司的编码规范，按照“数据字典”进行操作。除此之外，还会要求程序员在编写程序的时候加上大量的注释（一般注释在代码的 30%～50%为最佳），这是因为公司的人员流动是很正常的，当一个程序员离职之后，一定要保证其他的程序员能够顺利接管其工作。

对于大部分读者来说，学习C语言的目的并不是将来一定会从事C语言编程的工作，而是通过C语言的学习掌握程序设计的基本思想和编程流程，为面向对象的编程学习打基础，比如Java、C#等都是以C语言为基础的。因此，在学习C语言之初就要养成良好的编程习惯，并按照一定的规范去写代码。

一般的编码规范包括下面几个方面。

1. 代码格式

（1）一行只写一条语句，不允许把多条语句写在一行。

（2）关键词和操作符之间加适当的空格。

（3）相对独立的程序块与块之间加空行。

（4）新行要进行适当的缩进，使排版整齐，语句可读。

（5）分支与循环结构中的内容在“{”后另起一行，并且左侧缩进。

（6）循环、分支等语句中若有较长的表达式或语句，则要进行适当的划分。

（7）函数或过程的开始、结构的定义、循环、分支等语句中的代码都要采用缩进风格。

（8）程序块的界定符独占一行，其中的内容应另起一行，并且左侧缩进。

2. 注释

（1）注释一般占到代码的 30%～50%，注释写到必要的地方，量要适中，注意二义性。

（2）注释简单明了，能够清楚说明要表达的意思，一般注释的位置遵循就近原则。

（3）边写代码边注释，修改代码同时修改相应的注释，保证注释与代码的一致性。

（4）每个源文件的头部要有必要的注释信息，包括文件名、版本号、作者、编码日期。

（5）变量、常量的注释应放在其上方相邻位置或右方。

（6）在每个函数的前面要有必要的注释信息，包括函数名称、功能描述等。

3. 命名规范

（1）文件名、变量、数组等名称的定义简单、明了，但要有实际性意义，最好用英文缩写，实在是英语有困难时可以使用拼音，不可使用汉字。

（2）变量定义除了有意义外，最好可以直接看出变量的类型，比如整型变量以 int_开头。

（3）函数名称定义可以描述函数的功能，实参和形参有相应的对应关系。

2.5 程序与算法

微课

1. 程序与算法

程序是为了使用计算机解决现实中的某些问题而编写的一系列有序指令的集合。从程序设计的角度来看，每个问题都涉及两方面的内容——数据和操作。所谓“数据”泛指计算机要处理的对象，包括数据的类型、数据的组织形式和数据之间的相互关系，统称为“数据结构”；所谓“操作”是指处理的方法和步骤，也就是算法（Algorithm）；而编写程序所用的计算机语言称为“程序设计语言”。

一个程序应包括以下两个方面的内容。

（1）数据结构：对数据的描述，即在程序设计中指定的数据类型及组织形式。

（2）算法：对数据处理的描述，即解决问题采取的方法和步骤。

算法+数据结构=程序。

2. 算法的特性

（1）有穷性。一个算法应该包含有限个操作步骤，而不能是无限的。

（2）确定性。算法中的每一步都应当是确定的，有明确的含义的，不允许存在二义性。

（3）有效性，也叫可行性。算法中描述的每一步操作都应该能有效地执行，并得到确定的结果。

（4）输入。一个算法有 0 个或多个输入数据。

（5）输出。算法的目的是为了求解，而求出的“解”要输出。所以，一个算法应该有一个或多个输出。

算法的表示有多种不同的方法。最常用的方法有三种：自然语言、伪代码与流程图。自然语言就是采用人们日常使用的语言来描述解决一个问题的思路与步骤，这种方法通俗易懂，但由于自然语言过于灵活可能会存在二义性。伪代码是一种介于自然语言和计算机语言之间的文字和符号，自上而下，每行表示一个基本操作，该方法通俗易懂，并且和具体计算机语言无关，笔者在课堂教学中会经常使用伪代码的方式给学生讲解程序的流程。从专业的角度来讲，流程图在三者之间最为常用，直观并易于理解，并且可以依此为标准转换为计算机语言。

微课

2.6 流程图

流程图是用一组规定的图形符号、流程线和文字说明来表示各种操作与算法的方法，这种表示方法直观形象、易于理解。ANSI 规定了一些常用的流程图符号，如图 2.3 所示，图中的平行四边形表示输入输出；菱形表示对指定条件进行判断；长方形表示数据的处理等。比如，如图 2.4 所示是判断一个数是奇数还是偶数的流程图，它有一个入口和两个出口。流程图的绘制一般采用专业的流程图绘制工具 Microsoft Visio，该绘制工具简单易学、直观方便。

【实例 2.3】 以求 5 的阶乘为例，进行算法分析，并画出流程图。

传统算法：

步骤 1：先求 1×2，得到结果 2。

步骤 2：将步骤 1 得到的乘积 2 乘以 3，得到结果 6。

步骤 3：将 6 再乘以 4，得 24。

步骤 4：将 24 再乘以 5，得 120。

这样的算法虽然正确，但太烦琐。

改进算法：

假设使用 fac 表示阶乘的值，使用 i 表示被阶乘的那个数的变化，并将求阶乘的过程按步骤分解，步骤如下：

S1：使 fac=1。

S2：使 i=2。

S3：使 fac×i，乘积仍然放在变量 fac 中，可表示为 fac×i→fac。

S4：使 i 的值+1，即 i+1→i。

S5：如果 i≤5，返回重新执行步骤 S3 及其后的 S4 和 S5；否则，算法结束。

比如题目改为计算 100!，则只需将 S5：若 i≤5 改成 i≤100 即可。改进算法的流程图如图 2.5 所示。

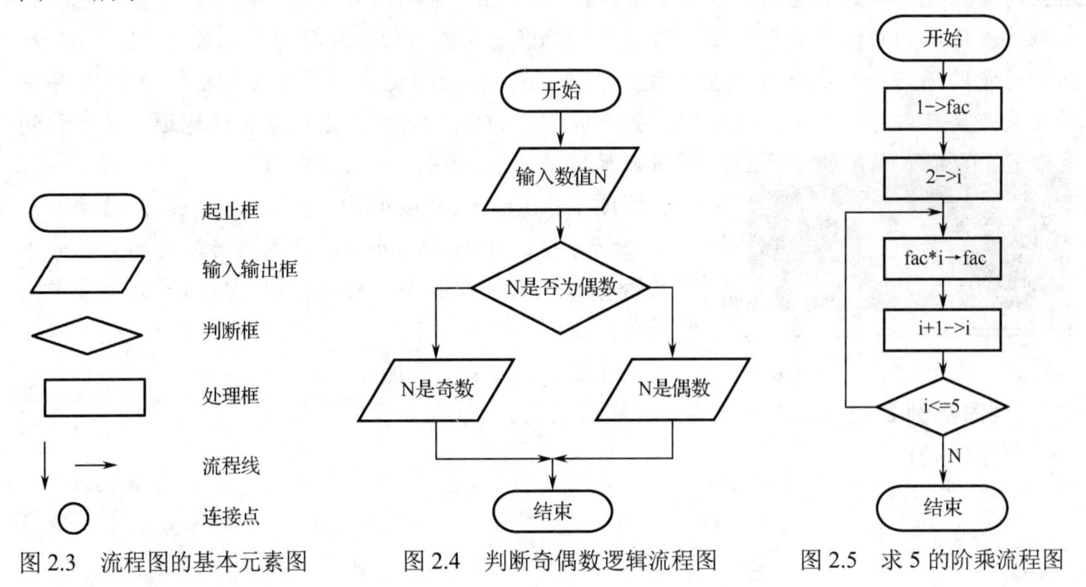

图 2.3　流程图的基本元素图　　图 2.4　判断奇偶数逻辑流程图　　图 2.5　求 5 的阶乘流程图

2.7 程序案例

【程序案例 2.1】 输入两个整数，输出两个数中的最大数。

程序代码：

```
#include "stdio.h"                              //包含 stdio.h 头文件
void main()                                     //主函数
{
    //变量定义
    int num1,num2,max;
    //数据输入
    printf("请输入两个整数\n");                 //提示用户输入
    scanf("%d,%d",&num1,&num2);
    //编写算法
    if(num1>=num2)                              //分支结构，也叫选择结构，if 是如果的意思
    {
      max=num1;
    }
    else
    {
     max=num2;
    }
    //数据输出
    printf("%d 与%d 中的最大值是%d\n",num1,num2,max);
}
```

程序解读：本例从输入终端得到两个数，通过两个数的比较获取最大值，并最终将两个数和其最大值输出。

说明 1：scanf()函数用来接受用户自输入终端中输入的数据，%d 代表输入的是整数，这里要重点说明，如果连续输入两个整数，“%d,%d” 中间的分隔符一定要看清楚，也就是当从终端输入的时候，两个数之间必须与 “%d,%d” 之间的分隔符完全一致。“%d,%d” 后面的变量顺序与个数也必须完全一致。“%d,%d” 后面的变量必须加上 “&”，因为程序中的变量是要在内存中开辟一块空间，去存储相应的值，“&” 用来取变量的地址，只有取到了对应的地址才能正确地输入相应的值。

说明 2：if(num1>=num2)中的 if 是如果的意思，表示如果小括号中的 num1>=num2 成立则执行其后的大括号中间的语句，如果条件不成立则执行 else 后面的大括号中间的语句。

```
D:\C语言程序设计\第2章\2-1.exe
请输入两个整数
20,30
20与30中的最大值是30

--------------------------------
Process exited after 6.423 seconds
请按任意键继续. . .
```

图 2.6 程序案例 2.1 输出结果

输出结果：如图 2.6 所示。

【程序案例 2.2】 求 5 的阶乘，并输出结果。

程序代码：

```
#include "stdio.h"
void main()
{
```

```
    int i,fac;
    fac=1;
    for(i=2;i<=5;i++)
    {
        fac=fac*i;
    }
    printf("%d\n",fac);
}
```

程序解读：通过循环的方式求一个数的阶乘，关于循环将会在第 4 章进行详细的介绍。

说明 1：本例是流程图图 2.5 算法流程的转化。

说明 2：这里使用了 for 语句，for 表示循环，后面小括号里面两个分号隔开三个部分，第一部分为起始条件；第二部分为终止条件；最后一部分为循环变量的变化；大括号里面的是循环体。整体的意思是从起始条件到终止条件，变化着去执行循环体。

输出结果：如图 2.7 所示。

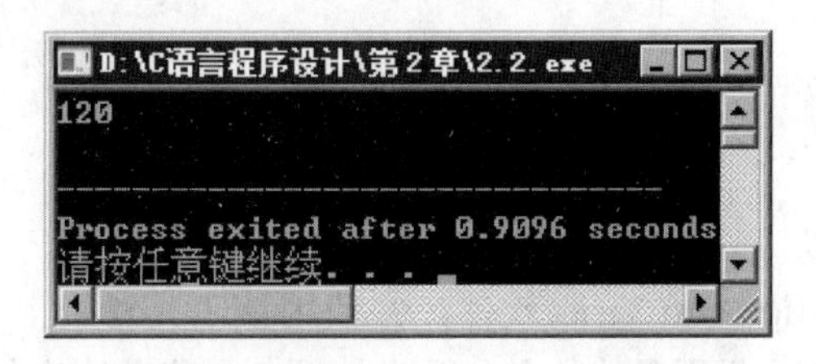

图 2.7　程序案例 2.2 输出结果

2.8 本章小结

- 项目开发的步骤：需求分析、可行性分析、概要与详细设计、编写程序、程序调试与运行、推广运营。
- C 语言程序编写的步骤：问题分析、算法设计、程序编写、调试运行。
- C 语言程序是采用函数的方式模块化管理程序代码的。C 语言程序是从 main()函数开始执行的，一个项目有且只有一个主函数。
- 任何程序开发的框架都可以总结为：变量定义、数据输入、算法逻辑、数据输出。
- 程序编写的过程中除了代码，还要加入大量的注释，一般要 30%以上，增加程序的可读性。
- 文件名、变量、数组等名称的定义简单、明了，但要有实际性意义。
- 一个程序应该包括：对数据的描述，在程序中要指定数据的类型和数据的组织形式。
- 解决一个问题的方法和步骤称为算法。
- 算法+数据结构=程序。
- 流程图是用一组规定的图形符号、流程线和文字说明来表示各种操作与算法的方法。

实训任务二　程序流程图的绘制

1. 实训目的

- 了解项目的开发流程，掌握 C 语言程序的开发流程。

- 熟练掌握 C 语言程序的基本结构，能够按照框架编写程序。
- 掌握程序的编写规范。
- 了解程序与算法，掌握流程图的绘制。

2. 项目背景

怀着对程序编写的浓厚兴趣，小菜对 C 语言程序设计这门课进行了整体了解。在学习完第一部分后，小菜迫不及待地想马上去编写程序。但大鸟老师给他的建议是先不要急于去编写程序，因为程序的编写思路比直接动手写代码更重要。带着大鸟老师的要求小菜学习了第 2 章 C 语言程序开发前的准备，整个章节学习下来小菜感觉很有道理，但似乎又有些懵懂，于是按照大鸟老师的要求开始对第二部分进行实践。

3. 实训内容

任务 1：编写程序，输出下面的信息。

人们解放军占领南京

作者：毛泽东

钟山风雨起苍黄

百万雄师过大江

虎踞龙盘今胜昔

天翻地覆慨而慷

任务 2：下载安装 Microsoft Visio 软件，并使用该工具绘制上面任务 1 的流程图。

任务 3：编写程序实现求两个数的差，要求按照 2.3 节中给出的程序框架进行设计与编码，写出程序算法的思想，并将算法转换为流程图。

任务 4：求 1+2+3+……+100，按照算法的思想进行分析，并将算法用流程图进行描述。

任务 5：按照算法的思想分析 1～100 之间所有 5 的倍数的设计思想与步骤，并将算法用流程图进行描述。

习题 2

一、选择题

1. 以下叙述中正确的是（　　）。

   A. 用 C 语言程序实现的算法必须要有输入和输出操作

   B. 用 C 语言程序实现的算法可以没有输出但必须要有输入

   C. 用 C 语言程序实现的算法可以没有输入但必须要有输出

   D. 用 C 语言程序实现的算法可以既没有输入也没有输出

2. 以下叙述中错误的是（　　）。

   A. 算法正确的程序最终一定会结束

   B. 算法正确的程序可以有零个输出

   C. 算法正确的程序可以有零个输入

   D. 算法正确的程序对于相同的输入一定有相同的结果

3. 算法具有 5 个特性，以下选项中不属于算法特性的是（　　）。

   A. 有穷性　　B. 简洁性　　C. 可行性　　D. 确定性

4．C 语言程序的基本单位是（　　）。

A．程序行　　B．语句　　C．函数　　D．字符

5．下列叙述中错误的是（　　）。

A．一个 C 语言程序只能实现一种算法

B．C 语言程序可以由多个程序文件组成

C．C 语言程序可以由一个或多个函数组成

D．一个 C 函数可以单独作为一个 C 语言程序文件存在

6．用 C 语言编写的代码（　　）。

A．可立即执行　　B．是一个源程序

C．经过编译即可执行　　D．经过编译解释才能执行

7．以下叙述中错误的是（　　）。

A．C 语言的可执行程序是由一系列机器指令构成的

B．用 C 语言编写的源程序不能直接在计算机上运行

C．通过编译得到的二进制目标程序需要连接才可以运行

D．在没有安装 C 语言集成开发环境的机器上不能运行 C 源程序生成的.exe 文件

二、简答题

1．什么是算法？请举例说明。

2．简述算法与程序的关系。

3．简述项目与 C 语言程序的开发流程。

4．简述 C 语言程序的基本结构。

5．简述算法的常用表示方法。

6．简述流程图基本组成的含义。

三、绘制流程图

1．从键盘输入两个数，完成两个数值的互换，请分析上述要求，画出流程图。

2．输入 3 个数值，求其最大值，请分析上述要求，画出流程图。

第 3 章　语言基础——数据与运算

计算机中的程序是为了使用计算机解决现实中的某些问题而编写的一系列有序指令的集合。从程序设计的角度来看，程序所解决的问题主要包括两个方面的内容：数据和操作。操作就是算法，是如何解决这个问题的逻辑，数据是用户具体需求的体现，贯穿整个程序。程序的主要职责是获取用户数据，经过算法的处理加工，产生有用信息，并进行输出。本章将介绍 C 语言程序设计中的数据及其运算。

自然语言的基本组成是字、词、句子及相应的语法。C 语言也有其基本组成，也有语法规范。本章将详细介绍：①如何实现数据的存储与管理；②如何处理各种类型的数据；③如何实现数据的管理与运算；④如何控制各种运算符的优先级；⑤如何实现数据类型的转换。

3.1　C 语言程序的基本元素

自然语言基本元素由字、词、句子、标点符号等组成，其中字、词、句子的组成规则称为语法。C 语言也有其组成部分与语法规范。C 语言的基本元素及组成如图 3.1 所示。

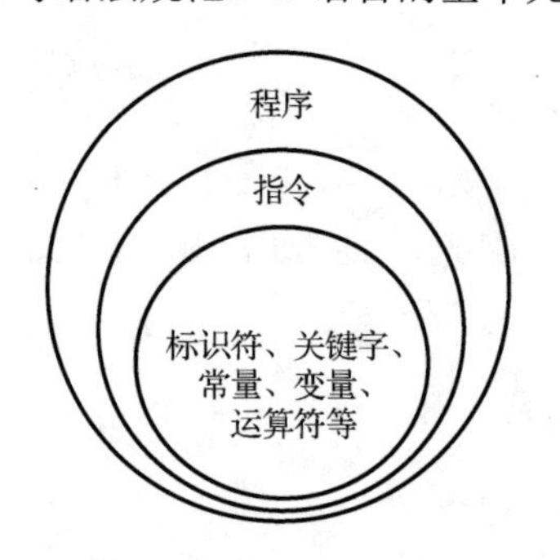

图 3.1　C 语言程序的基本元素

说明： 程序是一系列有序的指令的集合，指令的组成包括标识符、关键字、常量、变量、运算符等。指令的基本元素的组成规则称为 C 语言的语法。

3.2　标识符与关键字

微课

在现实世界中，为了更好地管理与认知周围的事物，人类采用的方法是起名。正因如此，我们每个人都有一个姓名，家养的宠物狗也有会起昵称，就是为了方便管理与识别。在计算机的程序世界同样采用起名字的方式来对程序涉及的元素，比如变量、常量、数组、函数等进行管理。

计算机程序世界起的名字有两种，在合法的范围内程序员自己定义并使用的名称称为标识符，程序开发语言本身预留使用的名称叫做关键字。

3.2.1　标识符

标识符（IDentifier）是指用来标识某个实体的一个符号，在不同的应用环境下有不同的含义。

对第 2 章 C 语言结构模板的变量定义和数据输入进行合并，可以称为输入。一个程序基本上包含输入、算法、输出三个部分，程序是在 CPU 中运行的，程序运行时计算机会把程序与数据都保存在计算机的内存中。那么，程序员如何告知 C 语言要把某个“东西”存储到计算机的内存中的某个位置呢？当程序需要的时候又是如何找回该内存中的数据的呢？这就需要在程序运行之初就给这个“东西”起一个名字，以便于计算机去识别。在计算机高级语言中，用来对变量、函数、数组等命名的有效字符序列称为“标识符”。

ANSI C（标准 C）不限制标识符的长度，但标识符的长度受各种版本的 C 语言编译系统限制，同时也受到具体计算机的限制。Dev-C++中支持的标识符的最大长度为 255 个字符，但是在实际编译时，只有前面 31 个字符能够被正确识别，这是因为标准 C 中还规定内部名必须至少能由前 31 个字符唯一地区分。其实，对于一般的应用程序而言 31 个字符已经足够用了。

说明： ANSI C 只规定了 C 语言的基本标准，很多规则都是由 C 语言的集成环境进行设置的。

C 语言中标识符的命名规则如下。

- 标识符严格区分大小写。
- 标识符由英文半角字母、数字（0～9）或下画线“_”组成，其他字符均不合法。
- 第一个字符必须是字母或下画线。
- 标识符不能是 C 语言中具有特殊意义的关键字。

说明： 通常以下画线开头的标识符是编译系统专用的，所以在编写 C 语言程序时，最好自定义标识符时不要以下画线开头。但是下画线可以用在第一个字符以后的任何位置，不作为开头，作为标识符组成的部分。

例如：判断下列标识符是否合法。

```
int_2          double        _123          1num
average        printf        a.b           student-name
good bye       StudentName
```

说明 1：（1）根据标识符的命名规则 3，1num 是不合法的，不能用数字开头。

（2）根据标识符的命名规则 2，a.b、student-name、good bye 是不合法的，因为标识符的组成不能有“.”“-”与空格。

（3）根据标识符命名规则 4，double 也是不合法的，因为 double 是关键字。

说明 2： 标识符的定义在实际应用中需尽量做到“见名知义”，比如 StudentName、average 的定义就是非常好的例子。

说明 3： printf 可以定义为用户标识符，如果后续过程没有使用标准输出函数 printf() 则不会报错，强烈建议不要定义和 C 语言库函数名称相同的用户标识符，因为这样具有二义性，一旦要使用库函数中的和用户标识符相同名字的库函数，程序编译将会出现错误。

程序员解读标识符定义：C 语言程序中的标识符命名应做到简洁明了、含义清晰。这样便于程序的阅读和维护。标识符命名的基本原则是：标识符名=属性+类型+对象描述，其中每一对象的名称都要求有明确含义，可以取对象名字全称或名字的一部分。命名要基于容易记忆、容易理解、富有一定含义的原则。保证名字的连贯性是非常重要的。

3.2.2 关键字

C 语言中的关键字是指在开发环境中预留使用，程序员编写程序时不能用其作为标识符的名称。换句话说关键字是 C 语言提供的供开发环境使用，具有特殊含义的符号。

ANSI C 中预留的关键字共有 32 个，如表 3.1 所示。这些关键字在 Xcode 中全部高亮显示，并且全部为小写。

表 3.1　C 语言中的关键字

auto	break	case	char	const	continue	default	do
double	else	enum	extern	float	for	goto	if
int	long	register	return	short	signed	sizeof	static
struct	switch	typedef	unsigned	union	void	volatile	while

说明 1：表 3.1 中列举的关键字在 C 语言程序设计中都有其特殊的意义与作用，这些关键字在后续的章节中大多都会讲到，自定义标识符不能使用这些关键字。

说明 2：这些关键字不须刻意去背诵，在 C 语言开发环境中关键字都用特殊的字体、字号、颜色等显示。凡是在开发中定义了自定义标识符，但发现标识符自己改变了字体、字号或者颜色，那应立刻修改这个标识符的名字，不要再使用了，因为它是系统预留的关键字。

微课

3.3 数据类型

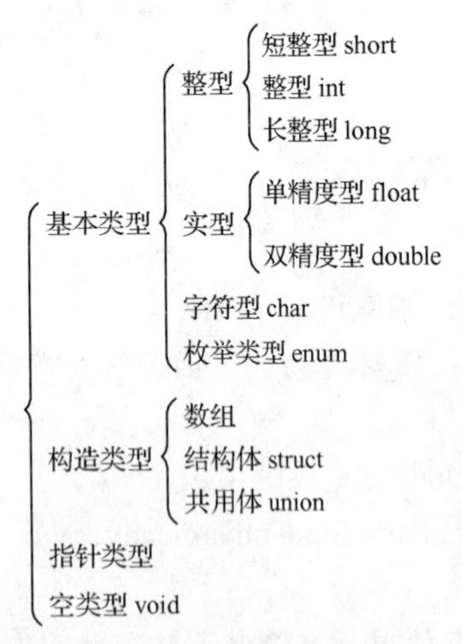

图 3.2　C 语言中的数据类型

在前两章的程序认知过程中，已经清晰地看到 C 语言程序中的各种数据的存储（变量）在使用前都必须先定义，在定义的过程中我们使用过 int 和 float，这些字符序列在 C 语言程序中称为数据类型。

不同数据类型的划分主要是按照其在数据存储的时候所占内存的容量不同进行的，不同的数据类型分配不同长度的内存空间，同时还考虑变量的性质、表现形式、构造特点等。数据存储单元是按照字节进行划分的，根据每个存储单元存放数据的范围分配不同的字节。在 C 语言中数据类型有很多，大致可分为四大类：基本数据类型、构造数据类型、指针类型和空类型，如图 3.2 所示。

1．基本类型

基本类型包括整型、实型、字符型与枚举类型，在很多书上把字符型也归结为整型，这也是合理的，因为在 C 语言中字符是以 ASCII 码进行存储的，不同字符对应的 ASCII 码请参看附录 1。基本类型的数据都是一个数值，不能再进行划分。

2. 构造类型

构造类型是根据已经定义的一个或者多个数据类型构造出的新的数据类型，通俗来讲，一个构造类型可以分解为若干个基本元素，每个元素都是一个基本数据类型或者构造类型。使用别的类型构造的类型称为构造类型。C 语言中构造类型包括数组、结构体与共用体。

3. 指针类型

指针类型是一种特殊的数据类型，其定义的变量存储的是内存中的地址，虽然指针变量定义的时候，前面也有一个类型，但其含义完全不同。

4. 空类型

空类型在 C 语言中用 void 表示，在程序设计中常用在函数的返回值上面，比如前面章节写的 main()函数，前面有个 void，表示主函数不对其调用者进行任何返回。

C 语言中的数据类型在不同的编译器下所占的字节数不完全相同，在 Bloodshed Dev-C++环境下 C 语言的数据类型与所占字节及取值范围如表 3.2 所示。

表 3.2　C 语言常用的基本数据类型占用空间及取值范围

数据类型	占用空间	取值范围
short[int]	16 位（2 个字节）	-32 768～32 767（-2^{15}～$2^{15}-1$）
int	32 位（4 个字节）	-2 147 483 648～2 147 483 647（-2^{31}～$2^{31}-1$）
long[int]	32 位（4 个字节）	-2 147 483 648～2 147 483 647（-2^{31}～$2^{31}-1$）
unsigned short[int]	16 位（2 个字节）	0～65 535（0～$2^{16}-1$）
unsigned int	32 位（4 个字节）	0～4 294 967 295（0～$2^{32}-1$）
unsigned long[int]	32 位（4 个字节）	0～4 294 967 295（0～$2^{32}-1$）
char	8 位（1 个字节）	-128～127（-2^{7}～$2^{7}-1$）
float	32 位（4 个字节）	1.2×10^{-38}～3.4×10^{38}
double	64 位（8 个字节）	2.3×10^{-308}～1.7×10^{308}

表 3.2 中详细描述了基本数据类型所占的字节数和对应的取值范围。测试不同数据类型在计算机内存中所占的字节数可以使用下面的程序段。

```
#include "stdio.h"
main()
{
    printf("%d",sizeof(datatype));
}
```

说明： datatype 代表数据类型，可以修改为您要测试的数据类型，同时支持对变量测试其对应的类型的长度。

3.4 常量

微课

在现实生活中经常用到诸如时间、金钱、年龄等数值，这些不可改变的值称为常量。C 语言程序中的常量就是在程序运行过程中保持不变的量。常量不需要类型说明就可以直接使用，常量的类型是由常量本身隐含决定的。

例如：

- 2010、11、20 表示整型常量；
- 0.422、1.015、11.20 为实型常量；
- "w"、"a"、"n"、"g"为字符常量。

常量分为符号常量与直接常量，符号常量是指使用 C 语言的标识符表示的常量，直接常量就是通常在数学中所讲的常数，直接常量是无须任何说明，就可以拿来直接使用的量。

3.4.1 直接常量

微课

1. 整型常量

整型常量是指直接使用的整型常数，C 语言中使用的整型常数有八进制、十六进制与十进制三种。

（1）八进制。八进制整数必须以 0 开头，即以 0 作为八进制数的前缀，后面跟上 2～3 位数字，数字取值范围为 0～7。

例如：012、0110、0777 都是合法的八进制数；123（开头没 0）、0185（不能出现 8）、-0127（8 进制数为无符号数）均是不合法的八进制数。

（2）十进制。十进制数就是最常用，人们最习惯的数值表示形式，不需要在其面前加前缀。十进制数中包含的数字由 0～9 组成。

（3）十六进制。十六进制数前面使用 0x 作为前缀，使用数字 0～9 和字母 a～f（或者 A～F）表示数值的组成。

例如：0x12、0xa10、0x18D 都是合法的十六进制数；0128（开头没 0x）、0x1H5（不能出现 H）均是不合法的十六进制数。

2. 实型常量

实型也称浮点型，就是数学中的实数或者浮点数。实型常量由整数和小数部分组成，其中用十进制的小数点隔开。实型常量有两种表示形式：十进制小数和指数。

（1）十进制小数。十进制小数由 0～9 和“.”组成。

例如：0.12、12.8、7.890、5.、-123.4546 都是合法的实数。

（2）指数形式。如果实数非常大或非常小，使用十进制小数不利于识别，此时可以使用指数形式。指数形式使用字母 e 或者 E 表示以 10 为底的指数。比如 18e2 表示 1800，而 18e-2 表示的是 0.18。使用指数表示数据 E（e）前不能为空，E（e）后的数字必须为整数。

例如：2.1e3（表示 2.1×10^{3}）、-312.18e-36（表示 -312.18×10^{-36}）、0.123E-8（表示 0.123×10^{-8}）的表示都是正确的。

3. 字符常量

字符常量指使用单引号括起一个字符。在 C 语言中使用字符常量需要注意以下几点。

（1）字符常量只能用单引号括起来，不能使用双引号或其他括号。

（2）字符常量中只能包括一个字符，不能是包含多个字符的字符串。

（3）字符常量是区分大小写的。

（4）单引号代表界定符，不属于字符常量中的一部分。

（5）单引号里面可以是数字、字母等 C 语言字符集中除“'”和“\”以外所有可显示的单个字符，但是数字被定义为字符之后则不能按照数值直接参与运算，而是使用其 ASCII 码进行运算。比如 1+'1'的结果不是 2，而是 50，因为字符 1 的 ASCII 码是 49。字符对应的

ASCII 码值请参照附录 1。

例如：'a'、'1'、'>'、'+'、'?'都是合法的字符常量。

4. 转义字符

转义字符也称特殊字符常量。转义字符是 C 语言中表示字符的一种特殊形式，用反斜杠“\”开头，后面跟一个或者几个字符，其含义是将反斜杠后面的字符转换成另外的意义。转义字符具有特定的含义，不同于字符原有的意义，故称“转义”字符。在单引号中，用反斜线引导的字符或数字来表示其他含义的字符常量，称为转义字符，如表 3.3 所示。

表 3.3　转义字符

转义字符	转义字符的含义	输出结果	ASCII 代码
\n	换行	当前输出位置换行	10
\t	制表符	横向跳到下一 tab 位置	9
\b	退格	当前位置后退一个字符	8
\r	回车	当前位置回到本行开头	13
\f	走纸换页	当前位置到下一页开头	12
\\	反斜线符“\”	输出反斜杠	92
\'	单引号符	输出单引号	39
\"	双引号符	输出双引号	34
\a	警告	产生警告信号	7
\d、\dd、\ddd	1～3 位八进制数所代表的字符	按照八进制输出	
xh 或\xhh	1～2 位十六进制数所代表的字符	按照十六进制输出	

说明： 表 3.3 中最后两行是用 ASCII 码（八进制或十六进制）表示一个字符。例如，\101 代表 ASCII 码为 65（十进制）的字符'A'，\061 代表 ASCII 码为 48（十进制）的字符'1'。“\xhh”中的每个 h 可以用 0 ~ f 中的一个代替，是十六进制，比如“\x41”也表示字符'A'。

例如：printf("我是一个好人\n");函数中使用的“\n”表示换行的意思。

【实例 3.1】 转义字符的输出。

程序代码：

```
#include "stdio.h"
void main()
{
    printf("\101\x42 C\n");
    printf("I say:\"How are you?\"\n");
    printf("\\C Program\\\n");
    printf("Bloodshed \'C\'");
}
```

运行结果如图 3.3 所示。

图 3.3　实例 3.1 运行结果

程序解析： 本例充分利用转义字符进行相关数据的输出。

说明： 实例 3.1 中其实就是利用转义字符进行输出。其中\101 代表八进制，\x42 代表十六进制；\n 代表换行；\"代表输出双引号；\\代表输出反斜杠\；\'代表输出单引号。

5. 字符串常量

字符串常量是用一对双引号引起来的若干字符序列。字符串中字符的个数称为字符串的长度，长度为 0 的字符串称为空串。C 语言中存储字符串常量时，系统会在字符串的末尾自动加一个'\0'作为字符串结束的标记。

例如："china"、"I love C program"、"seashorewang"等都是合法的字符串。

字符常量与字符串常量不同，二者的主要区别如下。

（1）字符常量用单引号引起来，字符串常量使用双引号。

（2）字符常量中只能有一个字符，字符串常量可以包含一个或者多个字符。

（3）字符常量的值可以赋给字符变量，但字符串不能，C 语言中没有办法直接存储字符串，需要借助于字符数组来实现。

（4）字符常量在内存中只占一个字节，字符串常量占用内存的大小是所有字符个数加 1，因为 C 语言为了方便在字符数组中存储字符串，规定增加一个字节存储'\0'作为字符串结束标记。

例如：'w'与"W"在 C 语言中是两个概念，前者是字符常量在内存中占 1 个字节，后者是字符串常量，在内存中占 2 个字节，因为在'W'后还有一个'\0'。

3.4.2　符号常量

1. 为什么使用符号常量

在 C 语言中，用一个标识符来表示一个常量，称为符号常量。其特点是编译后写在代码区，不可寻址，不可更改，属于指令的一部分。

常量是在程序运行过程中保持不变的量，既然值保持不变，可以使用直接常量表示，那么为什么还要有符号常量呢？下面通过一个例子来进行说明。

【实例 3.2】 计算圆的周长与面积，Π 的精确度保留到小数点后 2 位。

程序代码：

```
#include "stdio.h"
//函数——用于计算周长
double jisuanzhouchang(double r)
{
    return 2*3.14*r;
}
//函数——用于计算面积
```

```
double jisuanmianji(double r)
{
   return 3.14*r*r;
}
void main()
{
   double r,zhouchang,mianji;
   printf("请输入一个半径：");          //提示输入
   scanf("%lf",&r);                    //输入半径
   zhouchang=jisuanzhouchang(r);       //调用计算周长函数
   mianji=jisuanmianji(r);             //调用计算面积函数
   //输出周长和面积
   printf("半径是%lf 的圆的周长是%lf\n,面积是%lf\n",r,zhouchang,mianji);
}
```

程序运行结果如图 3.4 所示。

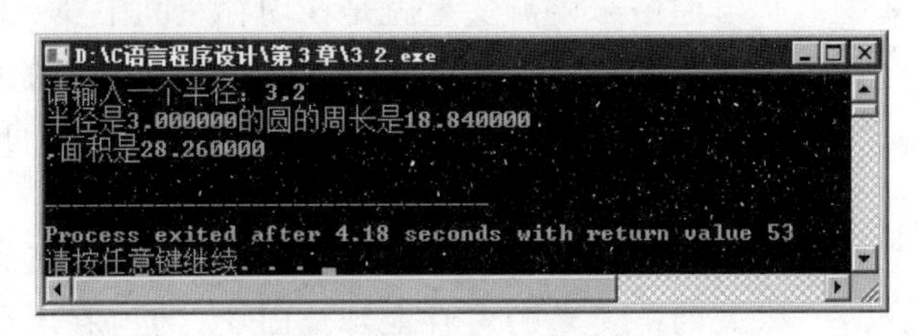

图 3.4　实例 3.2 运行结果

程序解析：本例封装了两个函数分别用来计算圆的周长和面积，通过主函数调用这两个函数来达到求周长与面积的目的。但是在这两个函数中使用的都是普通常量，如果多次用到普通常量，则在常量值发生变化的时候，程序的修改变得非常麻烦。

说明 1：double jisuanzhouchang(double r)与 double jisuanmianji(double r)是自己定义的两个函数，用来完成计算周长和面积，有关函数的具体内容将在后续的课程中详细讲解。

说明 2：这个程序中两次使用到了一个直接常量 3.14，如果用户的精确度需求发生改变，要求保留到小数点后面 4 位，可以修改两个直接常量变成 3.1415，如果程序中有 100 处甚至 1000 处用到了这个直接常量呢？难道当用户需求发生改变的时候要把这 100 处、1000 处，甚至更多的地方逐个修改吗？答案当然是否定的，这就需要用到符号常量。

2. 如何使用符号常量

```
#define 标识符 常量
```

说明：#define 为预处理的关键字，标识符的名称需要满足有关标识符名称的规定，后面的常量是前面讲到的直接常量，也就是一个常数。

使用标识符后，实例 3.2 的部分程序可以修改为：

```
#include "stdio.h"
#define PI 3.14
double jisuanzhouchang(double r)
{
   return 2*PI*r;
}
double jisuanmianji(double r)
```

```
    {
        return PI*r*r;
    }
```

说明1：和实例3.2中的程序相比，main()函数没有发生变化，因此这里只给出了预处理和2个自定义函数的代码。

说明2：使用符号常量时不管有多少处使用这个常量，如需修改常量的值，仅需修改一个地方就可以达到改变所有引用符号常量的目的。

3.5 变量

微课

变量是指在程序执行过程中，其值可以改变的量。一个变量应该有一个名字，在内存中占据一定的存储单元。变量定义必须放在变量使用之前，一般放在函数体的开头部分。要区分变量名和变量值是两个不同的概念。

通俗来讲，变量就是在内存空间中找一块地方，起一个名，存储一个值。比如定义一个整型变量，名称为num，其在内存分配的内存起始地址为EF01，该内存中存储的值为100，变量与内存的关系如图3.5所示。

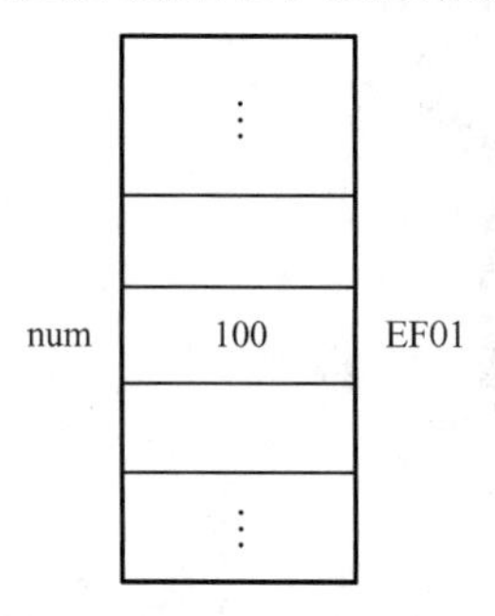

图3.5 变量与内存的关系

说明：num为变量的名称，在变量取值的过程中变量名实际代表的是变量的内存地址；EF01为内存地址的编号，内存地址采用4位16进制数表示；100为内存中存储的值。

变量的使用可以分为三个步骤：变量的定义、变量的赋值和变量的引用。

第一步：变量的定义

格式为：Datatype variablename;

说明1：Datatype表示数据类型，必须是C语言中支持的数据类型。

说明2：variablename为变量的名称，必须是合法的用户标识符。

第二步：变量的初始化

变量的初始化有两种方式：定义时直接初始化和定义后初始化。

（1）定义时初始化变量：

```
Datatype variablename = value;
```

（2）定义后初始化变量：

```
variablename = value;
```

说明1：在这里"="的作用不是判断是否相等，而是将后面的value的值存储到变量variablename的内存地址空间中。

说明2：在变量的定义过程中同时赋值不能使用a=b=c=100;这样不合法。

第三步：变量的引用

变量的引用非常简单，当变量定义、初始化后直接使用变量的名字便可以访问变量对应内存空间中的值。

3.6 运算符与表达式

程序编写的目的是解决现实中的某些问题，解决问题就涉及各种运算，C 语言的运算符非常丰富，除了控制语句和输入输出以外，几乎所有的基本操作都可以使用运算符处理。运算是对数据进行加工的过程，用来表示各种不同运算的符号称为运算符。参加运算的数据称为运算对象或操作数。用运算符将对象连接起来的式子称为表达式。表达式后面跟上分号，称为表达式语句。

3.6.1 运算符基础

微课

C 语言的运算符可以分为以下几类。

（1）算术运算符：用于各种数学运算，包括正（+）、负（-）、加（+）、减（-）、乘（*）、除（/）、求余（%）、自增（++）、自减（--），共 9 种。

（2）关系运算符：用于各种比较运算，包括大于（>）、小于（<）、大于等于（>=）、小于等于（<=）、等于（==）、不等于（!=），共 6 种。

（3）逻辑运算符：用于逻辑运算，包括与（&&）、或（||）、非（!），共 3 种。

（4）位运算符：用于按照二进制位的运算，包括按位与（&）、按位或（|）、按位非（~）、按位异或（^）、左移（<<）、右移（>>），共 6 种。

（5）赋值运算符：用于将表达式的值赋给变量，常用的赋值运算符有赋值（=）、加等于（+=）、减等于（-=）、乘等于（*=）、除等于（/=）、余等于（%=），共 6 种，除此之外还有由位运算符和赋值符号组合而成的赋值运算符。

（6）条件运算符：C 语言中唯一的三目运算符，功能等同于后面学到的双分支结构（if…else），用于按照条件求值（?:）。

（7）其他常用运算符：逗号运算符（,）用于将若干表达式组成一个表达式；指针运算符（*、&），其中*用于取指针的值，&用于取地址；求字节运算符（sizeof）；取下标运算符[]；成员运算符（. ->）；特殊运算符()。

说明：运算符中常用的有算术、逻辑、关系、赋值。

3.6.2 算术运算符与算术表达式

微课

1. 基本算术运算符

算术运算中的+、-、*、/不需要做详细的介绍，自小学就学过先算乘除，后算加减，有括号的先算括号，这里需要说明的是%求余运算的优先级和*、/一样，因此口诀修改为“先算乘除与求余，后算加减，有括号的先算括号”。当+、-作为正负去使用的时候优先级高于上面的 5 种运算，应该先去运算。使用算术运算符连接的数值或者表达式称为算术表达式。

【实例 3.3】 求-123 这个数各个位权上的数的和。

程序代码：

```
#include "stdio.h"                    //预处理文件
void main()                           //主函数
{
    //变量定义
```

```
    int num,gewei,shiwei,baiwei,he;
    //变量赋值
    num=-123;
    //算法逻辑
    gewei=num%10;                  //计算个位
    shiwei=num%100/10;             //计算十位
    baiwei=num/100;                //计算百位
    he=gewei+shiwei+baiwei;        //求各位之和
    //结果输出
    printf("%d 这个数各个位权的数的和为%d\n",num,he);
}
```

程序运行结果如图 3.6 所示。

图 3.6　实例 3.3 运行结果

程序解析：计算各个位权上的数值，充分利用了算术运算中的“/”和“%”。

说明 1：使用算术运算符连接的式子称为算术表达式。算术表达式后面跟上“;”就构成了算术表达式语句。

说明 2：本实例涵盖了负号“-”、除“/”、求余“%”、加“+”4 种运算。上述 4 种运算符中负号“-”的优先级最高，除“/”和求余“%”具有相同的优先级。

2. 自增、自减运算符

自增、自减运算符是单目运算符，其作用是使变量的值增 1 或减 1。

前置：++i, --i　　（先执行 i+1 或 i-1，再使用 i 值）。

后置：i++,i--　　（先使用 i 值，再执行 i+1 或 i-1）。

说明：自增、自减运算符，只能应用于变量，而不能应用于常量或表达式，因为变化后的值要有确定的地方可以存储。自增、自减运算符结合性为“自右向左”。

【实例 3.4】自增自减运算符的应用。

程序代码：

```
#include "stdio.h"          //预处理文件
void main()                 //主函数
{                           //定义变量并赋值
  int i=6;
  //算法与输出
  printf("%d\n",++i);
  printf("%d\n",--i);
  printf("%d\n",i++);
  printf("%d\n",i--);
  printf("%d\n",-i++);
  printf("%d\n",-i--);
}
```

程序运行结果如图 3.7 所示。

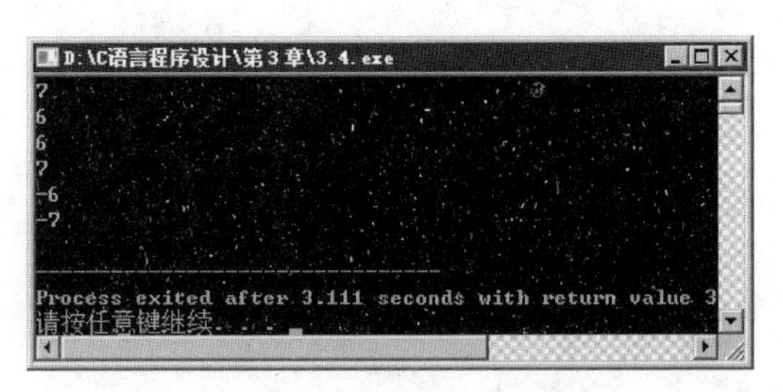

图 3.7　实例 3.4 运行结果

程序解析：实例中 i 的初始值为 6，当执行++i 时，先加 1 后再使用 i 值，因此输出 7；执行--i 时，在 7 的基础上先减 1 后再使用 i 值，因此输出 6；i++的执行是先使用后加 1，因此也输出 6；因为 i++下次使用的时候已经变成了 7，i--是先使用后减 1，因此输出 7；下次使用 i 变成了 6，-i++中的“-”符号和“++”的优先级一样，并且自右向左结合，因此先得到 i++为 6 后取-，因此输出-6。这里要说明的是，i 的内存空间中存储的仍然是 6 而不是-6；下次使用时由于上面的 i++，i 变成了 7，同时兼顾优先级和结合性，因此输出-7。

说明：本例中要充分考虑 i 值的延续，因为当++或者--之后，这个操作是将结果存储到 i 的内存空间之中，这样在后面的输出语句中是在内存空间中取出值去计算，因此延续了上次运算的值。

微课

3.6.3　关系运算符和关系表达式

1. 关系运算符

在程序中比较两个值的大小的运算称为关系运算。关系运算符包括大于(>)、小于(<)、大于等于（>=)、小于等于（<=)、等于（= =)、不等于（!=)。关系运算符都是双目运算，其结合性都是自左向右。在这 6 种运算符中，>、<、>=、<=运算符的优先级相同，= =与!=优先级相同，前 4 种运算符的优先级高于后 2 种。

关系运算符的优先级低于算术运算符，高于逻辑运算符中的与和或运算符。

2. 关系表达式

使用关系运算符将两个数值或者数值表达式连接起来称为关系表达式。关系表达式的值只有两种结果：真与假，一般在循环条件或者分支条件中使用。

【实例 3.5】 比较两个数的大小。

程序代码：

```
#include "stdio.h"          //预处理文件
void main()                 //主函数
{ //定义变量
  int num1,num2,max,min;
  //变量赋值
  printf("请输入两个整数以逗号隔开\n");
  scanf("%d,%d",&num1,&num2);
  //算法逻辑
  if(num1>=num2)//如果 num1 大于等于 num2 则将 num1 存到最大值
    {
```

```
        max= num1;
        min= num2;
        }
    if(num1<num2)//如果 num2 大于 num1 则将 num2 存到最大值
        {
        max= num2;
        min= num1;
        }
    //数据输出
    printf("两个数中的最大值是%d\n 最小值是%d\n",max,min);
}
```

程序运行结果如图 3.8 所示。

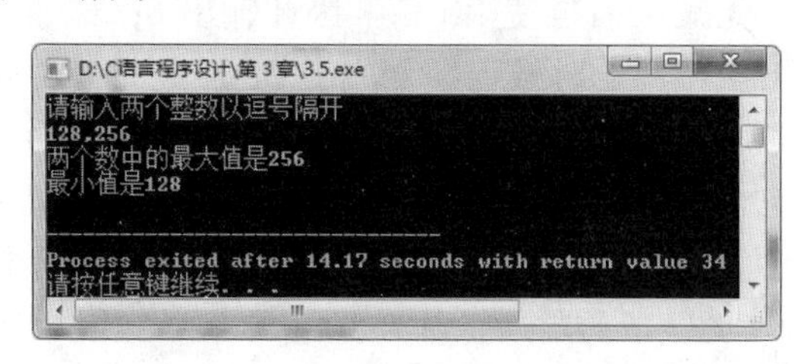

图 3.8　实例 3.5 运行结果

程序解读：实例中 if 是单分支语句，后面的章节将会详细介绍，用于根据条件真假选择性执行程序代码。在分支结构中使用了两个关系表达式 num1>=num2 与 num1<num2。if(num1>=num2)的意思是如果 num1>=num2 为真则执行 max=num1; min=num2;

说明：scanf("%d,%d",& num1,& num2);中 scanf()是输入函数，%d 表示输入的是整数，后面与%d 对应的变量必须在前面加上一个地址&符号。值得注意的是，两个格式符%d 之间的分隔符，在数据输入的时候必须按照这个分隔符进行分割。

3.6.4　逻辑运算符和逻辑表达式

微课

1. 逻辑运算符

C 语言中逻辑运算符有三种：与（&&）、或（||）、非（!）。与运算符和或运算符都是双目运算符，其结合性为自左向右。非运算符为单目运算符，其结合性为自右向左。这 3 个运算符的优先级分别是非（!）、与（&&）、或（||）。逻辑运算的真值表如表 3.4 所示。

表 3.4　逻辑运算真值表

a	b	!a	!b	a&&b	a||b
真	真	假	假	真	真
真	假	假	真	假	真
假	真	真	假	假	真
假	假	真	真	假	假

2. 逻辑表达式

使用逻辑运算符连接的式子称为逻辑表达式，逻辑表达式的值仅有两种“真”或者“假”。C 语言中用 1 代表真，0 代表假；但通常情况下 0 代表假，非 0 就代表真。逻辑表达式一般也应用于分支结构或者循环结构，作为判断的条件。

【实例 3.6】 输入 3 个数，如果 a>b>c 则输出 a 是最大值，c 是最小值。

程序代码：

```
#include "stdio.h"//预处理文件
void main()//主函数
{ //定义变量
  int a,b,c;
  //变量赋值
  printf("请输入两个整数以逗号隔开\n");
  scanf("%d,%d,%d",&a,&b,&c);
  //算法逻辑
  if(a>b&&b>c)
     { //数据输出
     printf("3 个数中的最大值是%d\n，最小值是%d\n",a,c);
     }
 }
```

程序运行结果如图 3.9 所示。

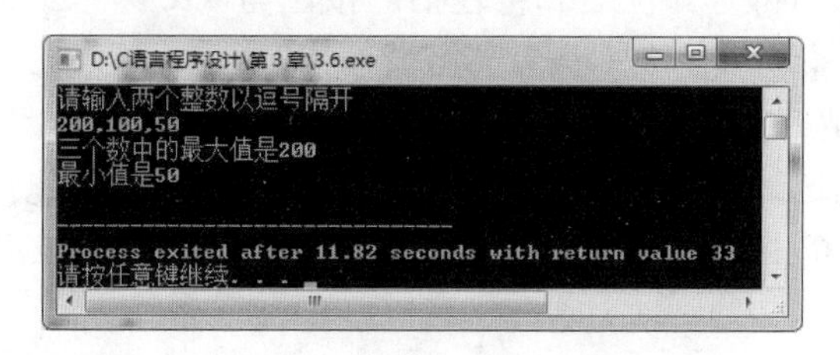

图 3.9　实例 3.6 运行结果

程序解析： 得到 3 个数后，将题目的要求 a>b>c 作为条件去判断，但是 C 语言中不支持这种直接的写法，于是引入关系表达式与逻辑表达式的结合来解决问题。

说明 1： 在逻辑表达式中，如果&&运算前面的表达式值为假则不用计算后面的表达式的值，如果||运算前面的表达式值为真，则不用计算后面的表达式的值。

说明 2： 表示 a 大于 b 并且 b 大于 c，在 C 语言程序设计中不能使用 a>b>c 表示，而要使用逻辑表达式 a>b&&b>c。

3.6.5　赋值运算符和赋值表达式

微课

赋值运算符可以分为基本和复合两种。

1. 基本赋值运算

“=”是 C 语言程序中最基本的赋值运算符。由“=”连接的式子称为基本赋值表达式，一般形式为：变量=表达式。

例如：

```
x=a+b
w=sin(a)+sin(b)
y=i+++--j;
a=b=c=5; /*可理解为 a=(b=(c=5))*/
```

说明： 赋值表达式的功能是计算表达式的值，并将计算的值存储到左边变量所对应的内存空间。赋值运算的结合性是自右向左。在赋值表达式的最后加上分号就构成了赋值表达式语句。

2. 复合的赋值运算

在赋值符“=”之前加上其他双目运算符可构成复合赋值符，如+=、-=、*=、/=、%=、<<=、>>=、&=、^=、|=等，使用这些运算符连接的式子称为复合赋值表达式。

赋值语句的表达形式为：变量=变量或运算符或表达式

例如：

```
a+=9 等价于 a=a+9
a*=b+3 等价于 a=a*(b+3)
a%=b 等价于 a=a%b
```

复合赋值运算符这种写法，对初学者可能不习惯，但十分有利于编译处理，能提高编译效率并产生质量较高的目标代码。

3.6.6 位运算符

微课

前面介绍的各种运算都是以字节作为基本单位进行的，位运算符是对二进制数的每一位进行运算的符号。位运算符包括：按位与（&）、按位或（|）、按位非（~）、按位异或（^）、左移（<<）、右移（>>），共六种。

说明：按位非（~）运算符是单目运算符，其余是双目运算符，要求符号左右两侧各有一个运算量；位运算的运算对象只能是整型或字符型数据，而不能是浮点型数据；位运算的优先级从高到低依次是按位非、移位、按位与、按位异或、按位或。

1. 按位与运算

按位与运算符“&”是双目运算符。其功能是参与运算的两个数各对应的二进位相与。只有对应的两个二进位均为1时，结果位才为1，否则为0。参与运算的数以补码方式出现。

例如：25&21可写成算式如下。

00011001　　　　（25的二进制补码）
& 00010101　　　　（21的二进制补码）
25&21= 00010001　　　　（17的二进制补码）

因此，25&21=17。

说明：这里有必要对补码简单介绍，源码就是把一个数转化为二进制（1个字节）；对于正数，补码与原码相同；对于负数，数值位的绝对值取反后在最低位加1，通俗来讲，就是将这个负数转换的二进制数，各位取反，末位加1。

2. 按位或运算

按位或运算符“|”是双目运算符。其功能是参与运算的两个数各对应的二进位相或。只要对应的两个二进位有一个为1，结果位就为1，只有两个都为0的时候才为0。参与运算的两个数均以补码出现。

例如：25|21可写成算式如下。

00011001
| 00010101
00011101　　　　（十进制为29）

因此，25|21=29。

3. 按位异或运算

按位异或运算符“^”是双目运算符。其功能是参与运算的两个数各对应的二进位相异或。当两个对应的二进位相异时，结果为1，相同则为0。参与运算数仍以补码出现。

例如：25^21 可写成算式如下。

```
    00011001
   ^00010101
--------------------------
    00001100          (十进制为12)
```

因此，25^21=12。

4. 左移运算

左移运算符“<<”是双目运算符。其功能是把“<<”左侧的运算数的各二进位全部左移若干位，由“<<”右侧的数指定移动的位数，高位丢弃，低位补0。

例如：

```
a=3;
a<<4;
```

表示把a的各二进位向左移动4位。如a=00000011，左移4位后为00110000（十进制为48）。

说明：需要指出的是，高位左移后溢出，舍弃不起作用。左移1位相当于该数乘以2，左移2位相当于该数乘以4，但此结论只适合该数左移时被溢出舍弃的高位中不包含1的情况。例如，假设一个字节存一个整数，若a为无符号整数，则a=64时，左移1位时溢出的是0，左移2位时，溢出的高位中包含1。如表3.5所示为移位结果的比较。

表3.5 移位结果比较

a的值	a的二进制形式	a<<1		a<<2	
64	01000000	0	10000000	01	00000000
127	01111111	0	11111110	01	11111100

由表3.5可以看出，若a=64，则左移1位后为128，左移2位后为0。

5. 右移运算

右移运算符“>>”是双目运算符。其功能是把“>>”左侧的运算数的各二进位全部右移若干位，“>>”右侧的数指定移动的位数。

例如：

```
a=15;
a>>2;
```

表示把000001111右移2位后为00000011（十进制为3）。

说明：对于有符号数，在右移时，符号位将随同移动。当为正数时，最高位补0，而为负数时，符号位为1，最高位是补0或是补1取决于编译系统的规定。

6. 按位非运算

按位非运算符“～”为单目运算符，具有右结合性。其功能是对参与运算的数的各二进位按位取反。

例如，～9的运算为：~(0000000000001001)结果为1111111111110110。

3.6.7　其他运算符

微课

1. 逗号运算符

在 C 语言中逗号“,”也是一种运算符，称为逗号运算符，又称顺序运算符，用于把若干表达式组合成一个表达式，称为逗号表达式或顺序表达式。

例如：3+5,7+9

其功能是把两个表达式连接起来组成一个表达式，称为逗号表达式。

逗号表达式的一般形式为：表达式 1,表达式 2,…,表达式 n（n 是任意自然数）。

其求值过程是从左向右依次求解表达式的值，并且以表达式 n 的值作为整个逗号表达式的值。如，a=3*5, a*6，表达式的值为 90。

【实例 3.7】 逗号表达式的应用。

程序代码：

```
#include "stdio.h"
void main()
{
  //变量定义与赋值
  int a=2,b=4,c=6,x,y;
  //算法逻辑
  y=((x=a+b),(b+c));
  //输出
  printf("y=%d,x=%d",y,x);
}
```

说明： y=((x=a+b),(b+c));表达式语句是计算后面逗号表达式的值，存储到 y 变量的内存空间之中。因此最终 y 的结果是 10，x 的值是 a+b 的值（是 6）。

程序运行结果如图 3.10 所示。

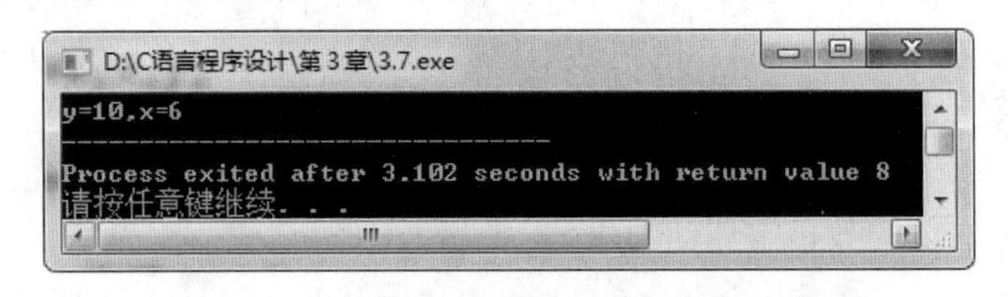

图 3.10　实例 3.7 运行结果

说明 1： 程序中使用逗号表达式，通常需要分别求逗号表达式内各表达式的值，并不一定要求整个逗号表达式的值。

说明 2： 并不是在所有出现逗号的地方都组成逗号表达式，如在变量说明中，函数参数表中逗号只是用作各变量之间的间隔符。

2. 问号运算符

“?:”在 C 语言中称为问号运算符，也称为条件运算符。问号运算符由两个符号“?:”组成，是 C 语言中唯一的三目运算，结合方向自右向左。

条件表达式的一般形式：表达式 1?表达式 2:表达式 3。

条件表达式求值过程如图 3.11 所示。

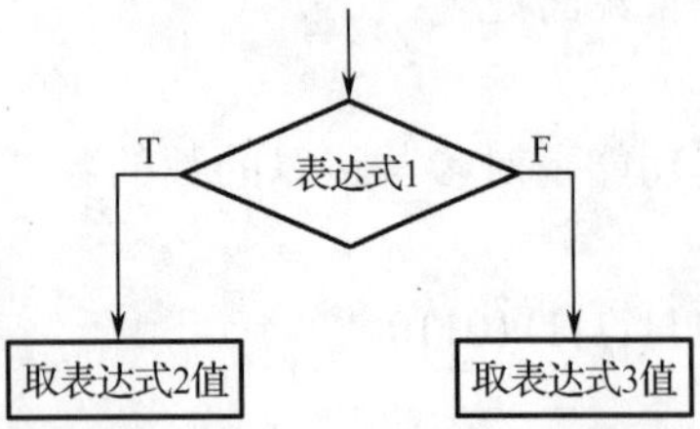

T　表达式1　F

取表达式2值　取表达式3值

图 3.11　问号表达式执行流程图

说明：3 个表达式的类型可以不同，表达式 1 要能得到逻辑值，整个表达式值类型取表达式 2 和表达式 3 中较高的类型。

3. 求字节长度

求字节长度的运算符为“sizeof”，其功能为求运算对象所占字节的长度。

格式：sizeof(数据类型)　或　sizeof(表达式)

例如：

```
sizeof(double)              值为 8
sizeof(char)                值为 1
float f;  int i, a;
i=sizeof(f);                     i 的值将为 4
i=sizeof(a);                i 的值将为 4
```

3.6.8　运算符的优先级

在复杂表达式的运算过程中，要充分考虑运算符的优先级。C 语言中运算符的优先级如表 3.6 所示。

表 3.6　C 语言中运算符的优先级

优先级	运算符
1	括号()　下表 []　取结构体元素 .　指向结构体元素 ->
2	非（! ）　按位非（~）　自加（++）　自减（--）　（类型）　负号（-）　指针（*）　地址（&）　sizeof
3	乘（*）　除（/）　求余（%）
4	加（+）　减（-）
5	左移（<<）　右移（>>）
6	小于（<）　大于（>）　小于等于（<=）　大于等于（>=）
7	等于（==）　不等于（!=）
8	按位与（&）
9	按位异或（^）
10	按位或（|）
11	逻辑与（&&）
12	逻辑或（||）
13	三目运算（?：）
14	=　+=　-=　*=　/=　%=　<<=　>>=　&=　|=　^=
15	逗号（,）

说明：从程序员的角度没有必要完全背诵运算符的优先级，只需要掌握基本的规律：先算算术运算，再算位运算的移位运算，再算关系运算，再算逻辑运算，最后算赋值运算即可，另外要充分利用括号即可合理、高效地运用好各种运算。

微课

3.7　数据类型的转换

C 语言程序中经常用到不同类型数据之间的混合运算，这就需要对数据类型进行转换。

数据类型的转换有两种方式：隐式转换和显式转换。

1. 隐式转换

隐式转换是指系统自动将占内存空间小的数据转换为占内存空间大的数值的类型，如图 3.12 所示。隐式转换由系统自动完成。

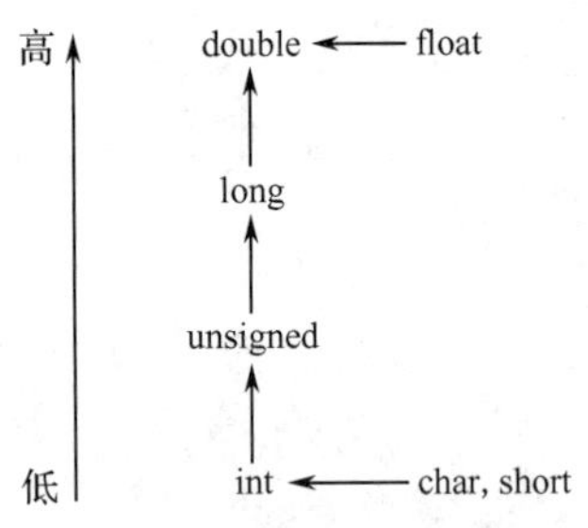

图 3.12　类型转换规则

在什么情况下需要隐式转换呢？

- 运算转换，不同类型数据混合运算时。
- 赋值转换，把一个值赋给与其类型不同的变量时。
- 输出转换，输出时转换成指定的输出格式。
- 函数调用转换，实参与形参类型不一致时转换。

说明：运算转换规则遵循不同类型数据运算时先自动转换成同一类型。

例如：

```
char c_num1='a';
int i_num2=100;
c_num1+i_num2;
```

说明：int 在 C 语言中占用的字节长度大于 char，因此 c_num1+i_num2，系统会自动将 c_num1 的数据类型转换为 int，然后再进行计算。

2. 显式转换

显式转换也称为强制转换，是指使用 C 语言提供的强制类型转换运算符，将一个变量或表达式的类型转换为所需要的数据类型。显式转换一般遵循将占字节少的类型转换为占字节多的类型，反之可能造成溢出。

一般格式为：(类型说明符) (表达式)

说明：转换格式中类型说明符与表达式都要使用括号括起来。其功能是把表达式的运算结果强制转换成类型说明符所表示的类型。

例如：

```
(float)a        把 a 转换为实型
(int)(x+y)      把 x+y 的结果转换为整型
```

说明：强制类型转换不会影响原变量类型。

3.8 程序案例

【程序案例 3.1】 关系表达式的验证。

程序代码：

```
#include "stdio.h"          //头文件
void main()                 //主函数
{   //第一步 变量定义
    int a,b,c,x,y;
    //第二步 变量赋值
    a=1,b=2,c=3;
    //第三步 算法逻辑
    x=a>b;
```

```
    y=a<b<c;
    //第四步 结果输出
    printf("%d,%d\n",x,y);
    printf("%d\n",a=b>=c);
    printf("%d\n",a>=b!=2);
    printf("%d\n",a+5<b+2);
    printf("%d\n",a!=b>4);
    printf("%d\n",a!=b!=c);
}
```

输出结果：如图 3.13 所示。

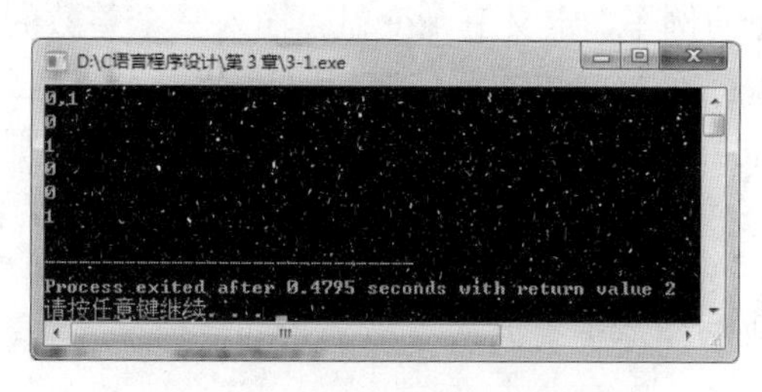

图 3.13　程序案例 3.1 输出结果

程序解析：printf("%d,%d\n",x,y);中因为 x=a>b;，a 的值为 1，b 的值为 2，a>b 不成立，在 C 语言中 0 表示假，因此 x=0；y=a<b<c;，考虑到<的结合性为自左向右，因此先算 a<b 为真，真在 C 语言的运算中为 1，因此计算 1<c，c 的值为 3，因此 y=1。同样的道理分析下面带有逻辑的输出，这里不再赘述。

说明：在 C 语言中 a<b<c 的写法是允许的，但是和通常的数学逻辑不一样，这里需要考虑运算符的优先级和结合性。

【程序案例 3.2】 输入三个整数，对这三个数进行从小到大排序。

程序代码：

```
#include "stdio.h"          //头文件
void main()                 //主函数
{    //第一步 变量定义
     int a,b,c,t;
    //第二步 变量赋值
     printf("请输入三个整数\n");
     scanf("%d,%d,%d",&a,&b,&c);
     printf("排序前的三个数是：a=%d,b=%d,c=%d\n",a,b,c);
    //第三步 算法逻辑
     if(a>b)
     {    t=a;a=b;b=t;     }
     if(a>c)
     {     t=a;a=c;c=t;     }
     if(b>c)
     {     t=b;b=c;c=t;     }
    //第四步 结果输出
     printf("排序后的三个数是：a=%d,b=%d,c=%d\n",a,b,c);
}
```

输出结果：如图 3.14 所示。

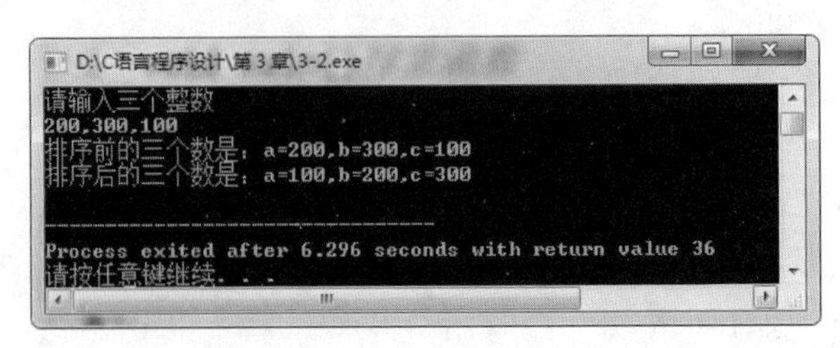

图 3.14 程序案例 3.2 输出结果

程序解析：经过前面的例子，定义三个变量，输入三个整数的逻辑已经不用多做解释，本例的关键在于如何实现三个数排序的算法逻辑。if 代表分支语句，后面的章节将会做详细介绍，if 表示判断小括号里的关系表达式是否成立，如果成立则执行大括号里面的逻辑。if(a>b) { t=a;a=b;b=t; }代表如果 a>b 则交换 a 与 b 两个变量里面的值；if(a>c) {t=a;a=c;c=t; }代表如果 a>c 则交换两个变量的值；if(b>c) {t=b;b=c;c=t; }代表如果 b>c 则交换两个变量的值；这个算法的逻辑是典型的将大数向后交换的冒泡排序的思想，经过三次交换后，自然实现了三个数的排序。

说明：本案例主要验证了关系运算的应用，其实关系表达式主要的应用就是作为判断条件。

【程序案例 3.3】输入三个整数，判断如果这三个整数作为三个边长，能否构成三角形。

程序代码：

```
#include "stdio.h"        //头文件
void main()               //主函数
{   //第一步 变量定义
     int a,b,c;
    //第二步 变量赋值
     printf("请输入三条边\n");
     scanf("%d,%d,%d",&a,&b,&c);
    //第三步算法逻辑与第四步输出结果
    if((a>=0||b>=0||c>=0)&&(a+b>c&&a+c>b&&b+c>a))
    {  printf("可以构成三角形\n"); }
    else
    {
        printf("不可构成三角形\n");
    }
}
```

输出结果：如图 3.15 所示。

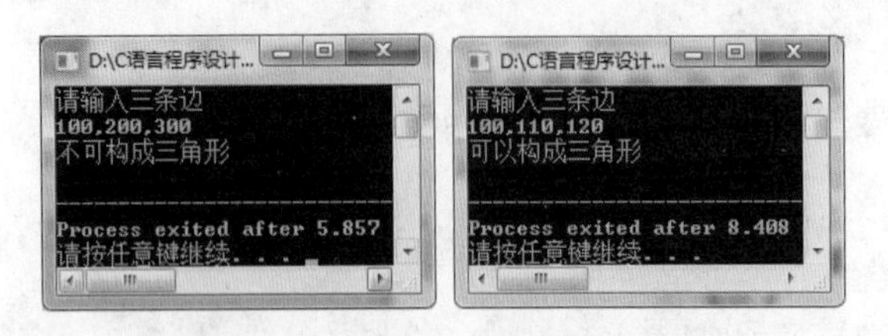

图 3.15 程序案例 3.3 输出结果

程序解析：三条边构成三角形的条件是，任意两条边之和大于第三条边。使用(a+b>c&&a+c>b&&b+c>a)的逻辑来保证这个必要条件，同时要满足所有边长都大于 0，只要同时满足这两个条件就一定能构成三角形。

说明：本案例检验了逻辑与、或运算的组合，其实现实之中的运算基本都是多种运算的组合。

3.9 本章小结

- 自然语言基本元素由字、词、句子、标点符号等组成，其中字、词、句子的组成规则称为语法。
- 标识符（IDentifier）是指用来标识某个实体的一个符号，在不同的应用环境下有不同的含义。
- 程序是在 CPU 中运行的，程序运行时计算机会把程序与数据都保存在计算机的内存中。
- 标识符由英文半角字母、数字（0～9）或下画线“_”组成，其他字符均不合法，并且只能以字母与下画线开头。
- C 语言程序中的标识符命名应做到简洁明了、含义清晰。这样便于程序的阅读和维护。
- C 语言中的关键字是指在开发环境中预留使用，程序员编写程序时不能用其作为关键字的名称。
- 不同数据类型的划分主要是按照其在数据存储的时候所占内存的容量不同进行的，不同的数据类型分配不同长度的内存空间。
- C 语言程序中的常量就是在程序运行过程中保持不变的量。
- 字符常量只能用单引号引起来，不能使用双引号或其他括号。
- 转义字符是 C 语言中表示字符的一种特殊形式，用反斜杠“\”开头，后面跟一个或者几个字符，其含义是将反斜杠后面的字符转换成另外的意义。
- 字符串常量是一对用双引号括起来的若干字符序列。
- 用一个标识符来表示一个常量，称为符号常量。其特点是编译后写在代码区，不可寻址，不可更改，属于指令的一部分。
- 变量是指在程序执行过程中，其值可以改变的量。一个变量应该有一个名字，在内存中占据一定的存储单元。
- 常用的运算符与表达式有：算术、关系、逻辑、赋值。
- 自增、自减运算符是单目运算符，作用是使变量的值增 1 或减 1。
- 关系运算符的优先级低于算术运算，高于逻辑运算符中的与和或运算符。
- C 语言中逻辑运算符有 3 种：与（&&）、或（||）、非（!）。与运算符和或运算符都是双目运算符，其结合性为自左向右。
- 赋值运算符可以分为基本和复合两种。“=”是 C 语言程序中最基本的赋值运算符。
- “?:”在 C 语言中称为问号运算符，也称为条件运算符。问号运算符由两个符号“?:”组成，是一个三目运算，结合方向自右向左。
- 求字节长度的运算符为“sizeof”，其功能为求运算对象所占的字节的长度，可以对变量或者数据类型进行运算。

- 从程序员的角度没有必要完全背诵运算符的优先级，只需要掌握基本的规律：先算算术运算，再算位运算中的移位运算，再算关系运算，再算逻辑运算，最后算赋值运算即可。在掌握基本规律的前提下，充分利用括号即可很好地完成各种运算。
- C 语言程序中经常用到不同类型数据之间的混合运算，这就需要对数据类型进行转换。数据类型的转换有两种方式：隐式转换和显式转换。
- 显式转换也称为强制转换，是指使用 C 语言提供的强制类型转换运算符，将一个变量或表达式的类型转换为所需要的数据类型。

实训任务三　程序中的数据与运算

1. 实训目的

- 了解 C 语言的基本组成元素。
- 掌握标识符与关键字的使用。
- 熟练 C 语言程序的基本数据类型，了解不同类型在内存中的字节长度。
- 掌握常量、变量的使用。
- 掌握运算符与表达式。

2. 项目背景

在对 C 语言有了整体了解，并掌握了一定的程序编写规范之后，小菜可以正式开始学习 C 语言程序的具体组成与具体语法了。大鸟老师告诉小菜，在真正编写程序之前还要学习 C 语言的基本组成，就像自然语言的字、词、句子一样。于是在大鸟老师的指导下，小菜开始学习标识符、关键字、数据类型、变量、常量，以及运算符表达式了。在听完大鸟老师的讲解后，小菜有点懵懂，老师讲得挺清楚，但是由于知识点比较碎、比较杂，掌握起来有些吃力。于是在老师的指导下小菜认真练习了下面的内容，终于感觉心里有底了。

3. 实训内容

任务 1：编写程序，输出不同的数据类型在 C 语言程序中所占的内存的字节数。

任务 2：编写程序，完成从键盘得到两个数，并交换两个变量里面的值。

任务 3：编写程序，实现简单版的计算器，输入两个数，可以计算这两个数值的和差积商。

任务 4：编写程序，实现求正（长）方形的面积、周长。

任务 5：编写程序，实现比较三个数的大小，得到最大的值与最小的值。

任务 6：编写程序，输入一个三位数，分别求这个三位数的个位、十位、百位。

任务 7：编写程序，输入三位数，比如 123，实现输出结果为 321。

任务 8：编写程序，实现一个 5 位数，判断它是不是回文数。即 12321 是回文数，个位与万位相同，十位与千位相同。

任务 9：编写程序，完成从键盘得到两个数，采用位运算交换两个变量里面的值。

习题 3

一、选择题

1. 与十六进制数 200 等值的十进制数为（　　）。

A．256　　B．512　　C．1024　　D．2048

2．以下选项中可作为C语言合法常量的是（　　）。

A．-80.　　B．-080　　C．-8e1.0　　D．-80.0e

3．以下不能定义为用户标识符的是（　　）。

A．Main　　B．_0　　C．_int　　D．sizeof

4．按照C语言规定的用户标识符命名规则，不能出现在标识符中的是（　　）。

A．大写字母　　B．连接符　　C．数字字符　　D．下画线

5．在C语言提供的合法的关键字是（　　）。

A．switch　　B．cher　　C．Case　　D．default

6．在C语言中，合法的字符常量是（　　）。

A．'\084'　　B．'\x43'　　C．'ab'　　D．"\0"

7．不合法的字符常量是（　　）。

A．'\018'　　B．'\" '　　C．'\\'　　D．'\xcc'

8．关于C语言数据类型的叙述，正确的是（　　）。

A．枚举类型不是基本类型　　B．数组不是构造类型

C．变量必须先定义后使用　　D．不允许使用空类型

9．char型变量存放的是（　　）。

A．ASCⅡ码值　　B．字符本身

C．十进制代码值　　D．十六进制代码值

10．有定义：int k=1,m=2; float f=7;，则以下选项中错误的表达式是（　　）。

A．k=k>=k　　B．-k++　　C．k%int(f)　　D．k>=f>=m

11．若变量x、y已正确定义并赋值，以下符合C语言语法的表达式是（　　）。

A．++x,y=x--　　B．x+1=y　　C．x=x+10=x+y　　D．double(x)/10

12．以下选项中，当x为大于1的奇数时，值为0的表达式是（　　）。

A．x%2==1　　B．x/2　　C．x%2!=0　　D．x%2==0

13．若有以下定义和语句：

```
int u=010, v=0x10,w=10;
printf("%d,%d,%d\n", u, v, w);
```

则输出结果是（　　）。

A．8,16,10　　B．10,10,10　　C．8, 8,10　　D．8,10,10

14．假设变量已正确定义并赋值，以下正确的表达式是（　　）。

A．x=y*5=x+z　　B．int(15.8%5)　　C．x=y+z+5,++y　　D．x=25%5.0

15．以下不能正确表示代数式2ab/cd的C 语言表达式是（　　）。

A．2*a*b/c/d　　B．a*b/c/d*2　　C．a/c/d*b*2　　D．2*a*b/c*d

16．若有表达式(w)?(--x):(++y)，则其中与w等价的表达式是（　　）。

A．w==l　　B．w==0　　C．w!=l　　D．w!=0

17．执行以下程序段后，w的值为（　　）。

```
int w='A', x=14, y=15;
w=((x || y)&&(w<'a'));
```

A．-1　　B．NULL　　C．1　　D．0

二、程序相关题

1．假设变量 a 和 b 已正确定义并赋初值。请写出与 a-=a+b 等价的赋值表达式。

2．假设原来 a=12，且 a 已经定义为整型变量。请计算：a+=a-=a*=a 的值。

3．int x=6; 执行 x+=x-=x*x;后，x 的值是多少。

4．已知字符 A 的 ACSII 码值为 65，请写出以下语句的输出结果。

```
char ch='B';
printf("%c %d\n",ch,ch);
```

5．请写出下面程序的输出结果。

```
char c1=' b', c2='e';
printf("%d,%c\n", c2-c1,c2-'a'+"A");
```

6．请写出下面程序的输出结果。

```
main ( )
{
  int a,b,c = 241;
  a = c/100%9;
  b = ( -1)&&( -2);
  printf ("%d, %d \n", a, b);
}
```

7．请写出以下程序运行的结果。

```
main ( )
{
  int i,j,m,n;
  i=8;
  j=10;
  m=++i;
  n=j++;
  printf("%d,%d,%d,%d",i,j,m,n);
}
```

8．请写出以下程序运行的结果。

```
main ( )
{
  char c1='a',c2='b',c3='c',c4='\101',c5='116';
  printf("a%c b%c\tc%c\tabc\n",c1,c2,c3);
  printf("\t\b%c %c",c4,c5);
}
```

9．请写出以下程序的输出结果。

```
main()
{int x,y,z;
x=y=1;
z=x++,y++,++y;
printf("%d,%d,%d\n",x,y,z);
}
```

三、编写程序

1．要将“China”译成密码，密码规律是：用原来的字母后面第 4 个字母代替原来的字母，例如，字母“A”后面第 4 个字母是“E”，用“E”代替“A”，因此“China”应译成“Glmre”。请编写程序，用赋初值的方法使 c1,c2,c3,c4,c5 这 5 个变量的值分别是‘G’、‘l’、‘m’、‘r’、‘e’，并输出。

2．输入 3 个值，求其最大值，分析上述要求，画出流程图。

3．编程实现将 986 这个整数的个位、十位、百位分别拆解出并输出。（提示：986 放入一个变量中，个位、十位、百位分别放入一个变量中，通过除法、求余数运算获得个位、十位、百位，最后输出）。

第 4 章 程序逻辑处理——三大流程结构

变量、常量、数据类型、运算符与表达式构成了 C 语言的基本语法，是 C 语言的重要组成部分。这些就像自然语言中的字、词与简单句子，可以对一些事情进行简单描述，要想更好地表达某件事情，还需要充分考虑句子之间的逻辑关系。这种逻辑关系在 C 语言中称为程序的结构。

C 语言是面向过程的结构化程序设计语言，面向过程是以发生的事情为中心，来描述事情发生的整个过程的。面向过程的核心是程序的模块化，而模块的组织方式称为结构化设计。结构化程序设计的基本思想就是用“顺序结构、分支结构、循环结构”来构造程序，这三种结构的结合基本可以解决所有的逻辑问题。

本章将详细介绍程序逻辑处理中的三大流程结构。包括：①顺序结构的应用；②单分支结构的应用；③双分支结构的应用；④多分支结构的应用；⑤单重循环结构的应用；⑥多重循环嵌套的应用。

4.1 顺序结构

顺序结构是程序逻辑处理中最简单、最常用的程序结构。其执行顺序是按照语句出现的先后顺序依次执行，直到最后，且所有语句都会执行。其流程如图 4.1 所示。就像小学生每天早上所做的事情一样：起床→穿衣→洗漱→吃饭→去学校。按照顺序，按照过程依次执行。

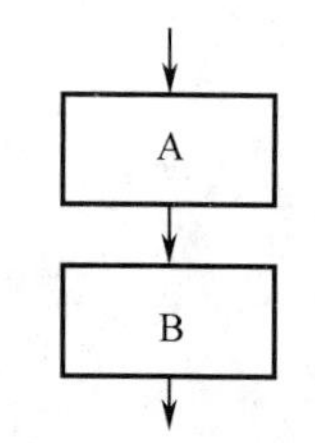

图 4.1　顺序结构流程图

4.1.1　C 语言程序中的语句

C 语言程序的执行部分是由语句组成的，程序的功能也是由执行语句来实现的。C 语言程序中的语句有 5 种：①空语句；②表达式语句；③函数调用语句；④控制语句；⑤复合语句。顺序结构的执行是逐语句进行的，用到的语句主要包括：表达式语句、函数语句与复合语句。

微课

（1）空语句。只有分号“;”或“{}”组成的语句称为空语句，即什么也不执行的语句。

例如：

```
while(getchar()!='\n') ;或者 while(getchar()!='\n') { }
```

说明：上述语句的功能是从键盘输入字符，如不是回车则重新输入。这里的循环体为空语句，也就是什么也不做。一般推荐使用第二种方式表达空语句，这样直观、一目了然。

（2）表达式语句。表达式语句由表达式加上分号“;”组成。表达式语句包括：算术表达式语句、逻辑表达式语句、关系表达式语句、赋值表达式语句等。

表达式语句的一般形式为：表达式;

说明：执行表达式语句就是计算表达式的值。

例如：

```
x=y+z;  赋值表达式语句。
y+z;    算术表达式语句，但计算结果不能保留，无实际意义。
```

（3）函数调用语句。函数调用语句由函数名加上一对小括号“( )”，括号中跟上实际参数，再加上分号“;”组成。

函数调用语句的一般形式为：函数名(实际参数表);

说明：执行函数语句就是调用函数体并把实际参数赋予函数定义中的形式参数，然后执行被调函数体中的语句，求取函数值。

例如：

```
printf("我是一个好人\n");
```

说明：调用格式化输出函数，输出字符串。

（4）控制语句。C语言有九种控制语句，用于控制程序的流程，可分成以下三类。

① 条件判断语句：if语句、switch语句。

② 循环执行语句：do while语句、while语句、for语句。

③ 转向语句：break语句、goto语句、continue语句、return语句。

（5）复合语句。把多个语句用“{}”括起来组成的一个语句称复合语句，也称为语句块。

例如：

```
{
 int x,y,z;
 x=y+z;
 printf("%d\n", x) ;
}
```

说明：复合语句结尾的“}”外不能加分号。

4.1.2 格式化数据的输入输出

微课

在第2章的程序流程结构总结中，将程序总结为：①变量声明；②变量赋值；③算法逻辑；④结果输出。其中①和②结合到一起可以称为数据输入。要编写C语言程序解决现实中的问题必定要用到数据的输入与输出。C语言本身没有专门的输入输出语句，所有的数据输入输出都是由库函数完成的。在前面的程序中用过的scanf()与printf()就是标准的输入输出函数。

1. 格式化输出函数printf()

printf可以分为两部分去解析：print + f。print的中文含义为打印，字母f是format的缩写，意思为“格式”。因此printf()被称为格式化输出函数，其功能是按用户指定的格式，把指定的数据显示到终端之上。

printf()函数调用的一般形式为：printf("格式控制字符串", 输出表列);

说明1：printf函数是标准库函数，它的函数原型在头文件“stdio.h”中。原则上需要在使用printf()函数前，包含“stdio.h”头文件，但有些编译环境默认自动加载了这个头文件。因此，在有些环境下不包含“stdio.h”头文件也不会报错。

说明 2："格式控制字符串"用于指定输出格式。格式控制字符串可由格式字符串和非格式字符串两种组成。格式字符串是以%开头的字符串，在%后面跟有特定的格式字符，以说明输出数据的类型、形式、长度、小数位数等。

例如："%d"表示按十进制整型输出；"%c"表示按字符型输出等。

说明 3："非格式字符串"在输出时原样输出，显示时一般起解释或者提示作用。

说明 4："输出表列"中给出了各个输出项，要求格式字符串和各输出项在数量和类型上应该一一对应。格式字符与输出项类型不一致时自动按指定格式输出。

2. 格式字符串

在使用 printf()函数进行数据输出时，不同类型的数据要指定不同的格式字符，常用的格式字符如表 4.1 所示。

表 4.1　printf()函数中的格式字符

格式字符	意　义
c	输出一个字符
d	以带符号的十进制整数输出（正数不输出符号），ld 代表长整型
o	以无符号八进制整数输出（格式符不输出）
x、0x、X、0X	以无符号十六进制整数输出（格式符不输出）
u	以无符号十进制整数输出
f	以单精度小数输出，lf 为双精度小数
e、E	以科学计数法输出 1 个浮点数
g、G	以%f 或%e 中较短的输出宽度输出单、双精度实数
s	输出一个字符串，直到遇到"\0 "
p	输出变量的内存地址

除了上面的类型格式符，C 语言还提供了一些标志字符和类型格式符配合使用，如表 4.2 所示。

表 4.2　标志字符的意义

标　志	意　义
-	结果左对齐，右边填空格
+	输出符号（正号或负号）
空格	输出值为正时补空格，为负时补负号
#	对 c、s、d、u 类无影响；对 o 类，在输出时加前缀 o；对 x 类，在输出时加前缀 0x；对 e、g、f 类，当结果有小数时才给出小数点

格式字符除了类型和标志之外，需要特别注意的还有以下两种。

（1）指定%d 的输出宽度 x。x 为指定输出的最少位数。若实际位数多于定义的宽度，则按实际位数输出，若实际位数少于定义的宽度则补以空格或 0。

比如："%5d"代表输出的数据占 5 列，如果需要输出的数不够 5 位则右对齐左补空格。

【实例 4.1】 指定宽度输出整型数据。

程序代码：

```
#include "stdio.h"                   //预处理
void main()                          //主函数
{   //定义两个整数
    int a=100,b=-32;
    //%d 代表输出整数，前面的 5 代表右对齐左补空格
    printf("%5d\n%5d\n",a,b);
    //前面的-5 代表左对齐右补空格
    printf("%-5d\n%-5d\n",a,b);
}
```

程序运行结果如图 4.2 所示。

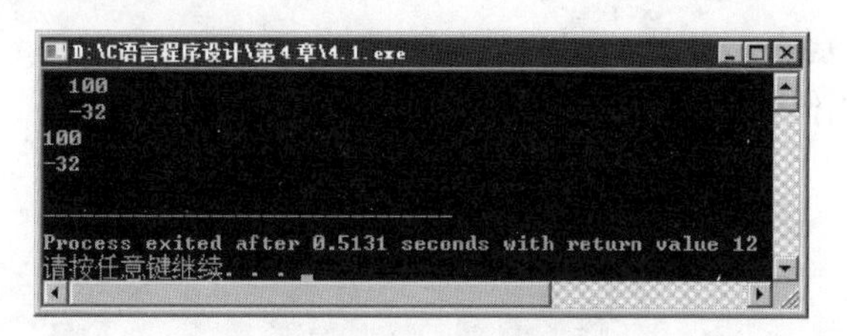

图 4.2　实例 4.1 运行结果

说明：%d 代表输出整数，前面的 5 代表右对齐左补空格，-5 代表左对齐右补空格。

（2）指定%f 的数据宽度和小数位数。比如%m.nf，m 表示输出的整个数据的位数，n 表示小数部分的位数，对后面的一位采取四舍五入法，m、n 都是整数。

【实例 4.2】 指定%f 的数据宽度和小数位数输出浮点数。

程序代码：

```
#include "stdio.h"             //预处理
void main()                    //主函数
{//定义两个浮点数
    float a=63.48,b=-32.57;
    //%f 代表输出浮点，8.2 中的 8 代表整体位数，2 代表小数位数
    printf("%8.2f\n%8.2f\n",a,b);
    //-8.2 代表左对齐右补空格
    printf("%-8.2f\n%-8.2f\n",a,b);
}
```

程序运行结果如图 4.3 所示。

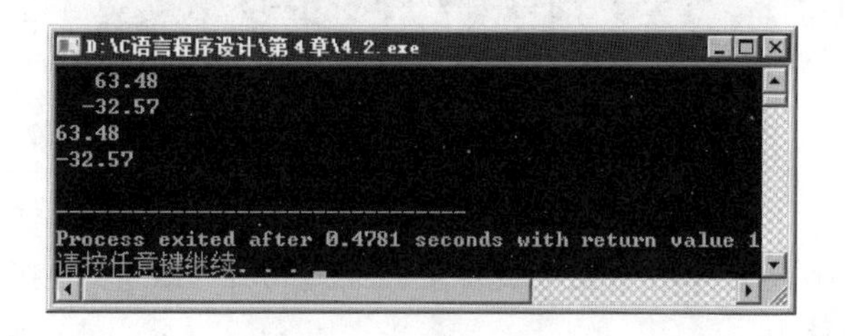

图 4.3　实例 4.2 运行结果

说明：%f 代表输出浮点，8.2 中的 8 代表整体位数，2 代表小数位数，-8.2 代表左对齐右补空格。

3. 格式化输入函数 scanf()

scanf()函数，与 printf()函数一样，都被定义在 stdio.h 里，因此在使用 scanf()函数时要加上#include<stdio.h>。其功能是按用户指定的格式从输入终端（键盘）上把数据输入到指定的变量之中。

scanf()函数的一般形式为：scanf("格式控制字符串",地址表列);

说明 1："格式控制字符串"的作用与 printf()函数相同，但不能使用非格式字符串。

说明 2："地址表列"中为变量的地址，可以是变量地址或者字符串的首地址。

说明 3：取变量地址由地址运算符“&”后跟变量名组成。地址是编译系统在内存中为变量分配的存储空间的编号。

说明 4：变量的值和变量的地址是两个不同概念。

例如：&a, &b 分别表示变量 a 和变量 b 的地址。

【实例 4.3】 格式化输入。

程序代码：

```
#include "stdio.h"  //预处理
void main()
{//变量定义
  int a,b,c;
  printf("请输入 a,b,c 的值\n");
  //变量赋值
  scanf("%d%d%d",&a,&b,&c);
  //结果输出
  printf("a=%d,b=%d,c=%d\n",a,b,c);
  printf("请再次输入 a,b,c 的值\n");
  //变量赋值
  scanf("%d,%d,%d",&a,&b,&c);
  //结果输出
  printf("a=%d,b=%d,c=%d\n",a,b,c);
}
```

程序运行结果如图 4.4 所示。

图 4.4　实例 4.3 运行结果

说明 1：scanf()函数本身不能显示提示串，故先用 printf()语句在屏幕上输出提示，请用户输入 a、b、c 的值。

说明 2：注意两次输入数值之间的分隔符不一样，第一次没有分隔符，第二次中间有“,”当 scanf()语句的格式字符串中没有分隔字符时，比如“%d%d%d”，输入数据的时候使用空格作为分隔。如果存在分隔符（如“,”），则在输入数据的时候必须以分隔符“,”作为间隔，改变分隔符是错误的。

说明 3： scanf()函数中的地址列表中的变量前一定要加上“&”。比如 scanf("%d",a);是非法的，应改为 scanf("%d",&a);。

说明 4： scanf()函数中没有精度控制，比如 scanf("%5.2f",&a);是非法的，不能试图限制输入小数为 2 位的实数。

说明 5： 当使用 scanf()函数与输出函数 printf()中对同一变量使用不同的类型格式符时，会造成数据不一致。

【实例 4.4】 格式化输入 2。

程序代码：

```
#include "stdio.h"          //预处理
void main()                 //主函数
{
  int a;
  printf("请输入数据\n");
  //以%d 输入
  scanf("%d",&a);
  //以%f 输出
  printf("%f",a);
}
```

程序运行结果如图 4.5 所示。

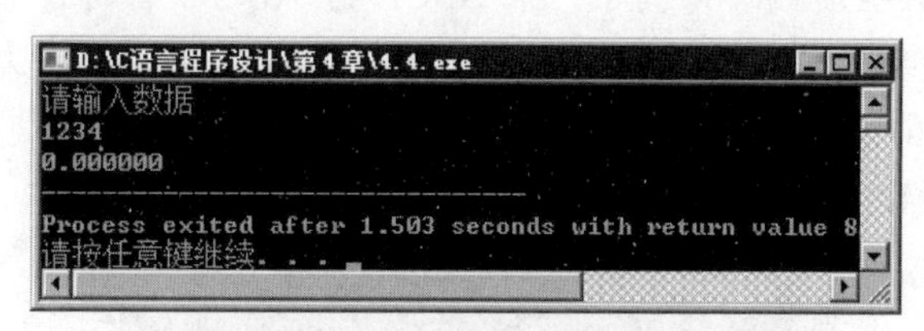

图 4.5　实例 4.4 运行结果

说明： 输入数据类型为整型，而输出语句的格式串为浮点型，因此输出结果和输入数据不符。如输入的数据与输出的类型不一致时，虽然编译能够通过，但结果不正确。

【实例 4.5】 通过循环在键盘上得到多个字符（键盘缓冲区残余问题）。

程序代码：

```
#include <stdio.h>
void main()
{   char c;
    //通过 do while 循环给出多个提示输入多个字符
    do
    {   printf("请输入一个字符\n");
        scanf("%c",&c);//格式串输入一个字符
        printf("c=%c\n",c);
    }while(c!='N');
}
```

程序运行结果如图 4.6 所示。

说明： 按照程序分析，应该是每输入一个字符，就有一次输出；但在本例中输入一个

字符后，却有两次显示。并且第二次什么也没输入，输出结果是一个空字符，究其原因是缓冲区残余信息问题。

为了查找原因，在 printf("c=%c\n",c);之后加入了一句 printf("c=%d\n",c);也就是在每次字符输出后，再输出该字符的 ASCII 码，来验证接收到的字符到底是什么。修改后的程序运行结果如图 4.7 所示。

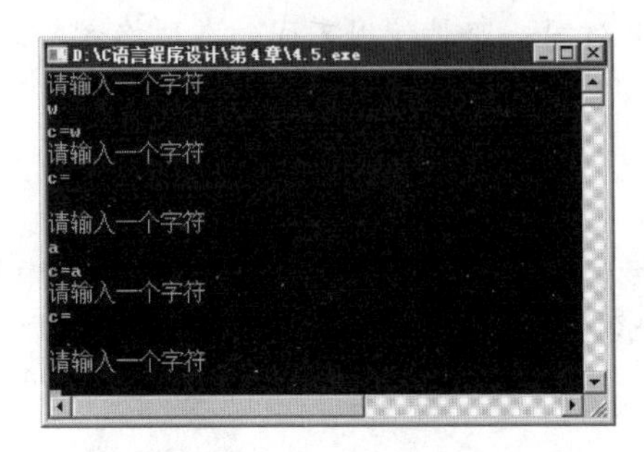

图 4.6　实例 4.5 运行结果

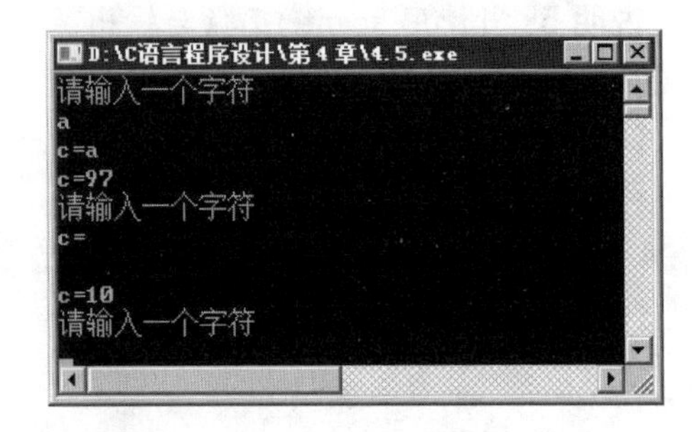

图 4.7　实例 4.5 修改后的运行结果

说明：在加入 printf("c=%d\n",c);语句后，发现在一次输入之后有两次输出，第二次输出虽然没有字符，但使用%d 输出的值却为 10，查看附录 1 中 ASCII 的值，发现 ASCII 值为 10，ASCII 值为 10 的字符代表换行。通过分析再来对照整个输入过程，当输入一个字符'a'之后按照输入逻辑，敲了一个回车键，也就是系统得到了一个换行，系统认为第一次得到了一个'a'字符，然后继续循环得到了一个 ASCII 为 10 的换行符。

为了解决在循环接收字符中不能满足用户真实要求的问题，可以在每次格式化输入语句 scanf("%c",&c);前面加上一句 fflush(stdin);用来清除键盘缓冲区信息残留。加入语句改进后程序运行结果如图 4.8 所示。

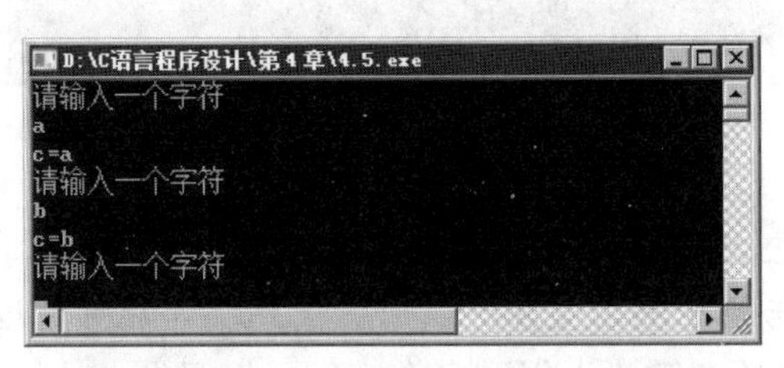

图 4.8　实例 4.5 改进后的运行结果

4.1.3　字符数据的输入输出

微课

微课

C 语言可以使用标准输入输出函数进行字符数据的输入输出，C 语言提供了专门用于字符输入输出的函数 getchar ()和 putchar()。

1. 单个字符输入函数 getchar ()

getchar()函数的功能是从输入终端（键盘）上输入一个字符。使用 getchar()函数需要包含 stdio.h 头文件。

getchar()函数的一般形式为：getchar();

通常把输入的字符赋予一个字符变量，构成赋值语句，例如：

```
char c;
c=getchar();
```

2. 单个字符输出函数 putchar ()

putchar()函数是字符输出函数，其功能是在输出终端上输出单个字符。使用 putchar () 函数也需要包含 stdio.h 头文件。

putchar(c)函数的一般形式为：putchar(c);

说明：其中 c 可以是被单引号引起来的一个字符（可为转义字符）；可以是介于 0 ~ 127 之间的一个十进制整型数；也可以是已经定义好的一个字符型变量。

例如：

```
putchar('W');                         //输出大写字母 W
char x='a'; putchar(x);               //输出字符变量 x 的值
putchar('\101');                      //通过转义字符输出字符 A
putchar('\n');                        //通过转义字符换行
```

【实例 4.6】 输入一个字符，如果是大写字母，则转换为小写，如果是小写字母，则转换为大写。

程序代码：

```
#include "stdio.h"              //预处理
void main()                     //主函数
{//变量定义
  char c;
  printf("请输入一个字符\n");
  c=getchar();                  //获取字符
  if(c>=65&&c<=90)
  {
       putchar(c+32);           //大写转小写
  }
  if(c>=97&&c<=122)
  {
       putchar(c-32);           //小写转大写
  }
}
```

程序运行结果如图 4.9 所示。

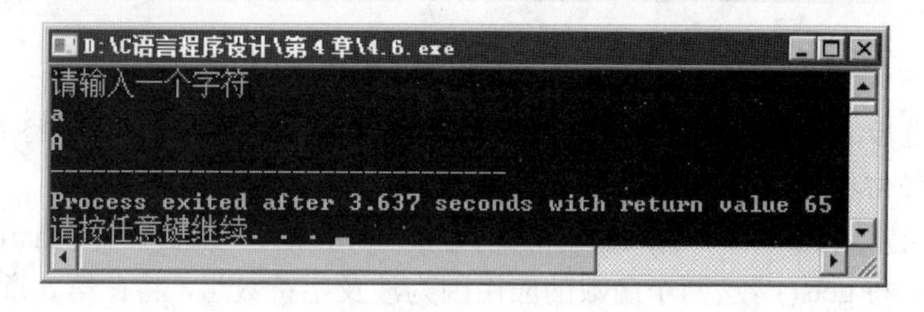

图 4.9　实例 4.6 运行结果

说明 1：程序中的 c=getchar();可以替代为 scanf("%c",&c);，putchar(c+32);可以替代为 printf("%c",c+32);。

说明 2：大小写的转换，实际上是 ASCII 的换算，本例中提前用到了本章下一节分支结构中的单分支结构。

【实例 4.7】 单个字符输入函数中的缓冲区残留问题。

程序代码：

```
#include "stdio.h"              //预处理
void main()                     //主函数
{
    char a,b;                   //变量定义
    a=getchar();                //获取字符到变量 a
    b=getchar();                //获取字符到变量 b
    putchar(a);                 //输出字符变量 a 的值
    putchar(b);                 //输出字符变量 b 的值
}
```

程序运行结果如图 4.10 所示。

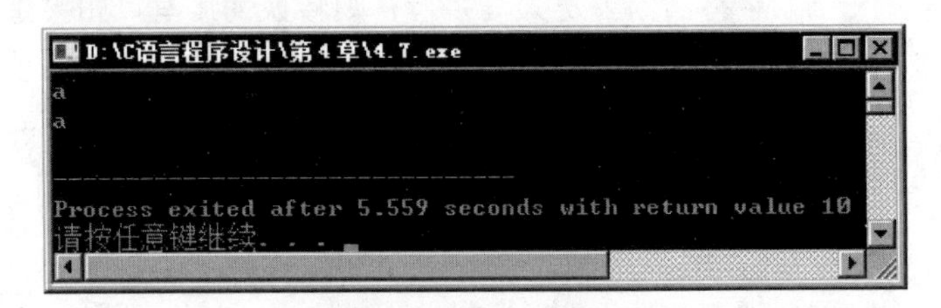

图 4.10　实例 4.7 运行结果

说明：程序中有两个 getchar()，但是当输入一个字符后，没有第二次输入的机会。和实例 4.5 一样，b=getchar();得到的是一个换行符。

改进措施仍然是在第二句输入字符语句 b=getchar();前加上一句 fflush(stdin);，改进后的运行结果如图 4.11 所示。

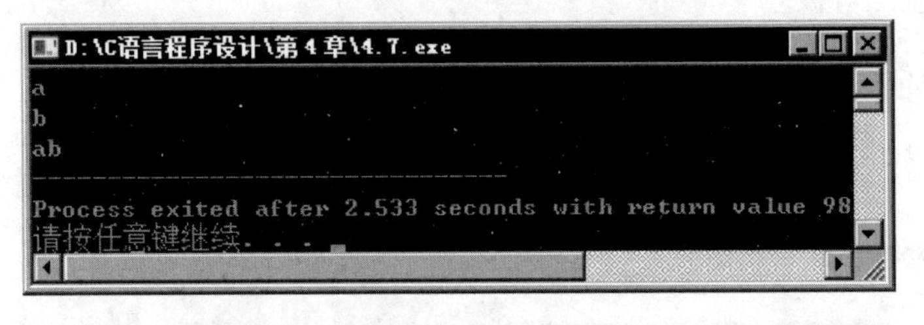

图 4.11　实例 4.7 改进后的运行结果

说明：改进后的程序，两个单个字符接收函数，得到两个字符，并最终都进行了输出，因为没有输出任何换行，因此 ab 在同一行显示。

C 语言中经常用到的用于输入输出的函数除了 printf()、scanf()、putchar()、getchar()之外，还有 puts() 与 gets()。这两个函数的应用因为涉及字符数组，将在第 5 章字符数组中进行详细讲解。

4.2 分支结构

程序的编写是为了解决现实中的某些问题，在处理具体问题的过程中经常遇到一些判断与选择。比如，早晨起床后是先刷牙还是先洗脸；走到十字路口根据红绿灯选择是走还

是停；晚饭是选择在食堂吃还是点外卖等。

分支结构（也称选择结构）的执行是依据一定的条件选择执行的具体语句，而不是严格按照语句出现的物理顺序。C 语言中提供了单分支、双分支与多分支结构，其中单分支与双分支结构均使用到了 if 关键字，都称为 if 语句。

4.2.1　单分支结构

微课

在现实生活中，我们经常遇到当满足某些条件的时候去做某些事情的情况。比如，刚刚参加完期末考试的小朋友对爸爸说：“如果期末考试语文数学双百，给我买一只小米手环和一只韩国进口的驱蚊扣。”。这种情况使用顺序结构无法表达。

如果采用自然语言表示如下：

```
如果(期末考试语文数学双百)
{
  则买一只小米手环
  买一只韩国进口驱蚊扣
}
```

说明： 在 C 语言中“如果”用 if 表示，“期末考试语文数学双百”可以使用关系和逻辑表达式表示，得到的结果只有两种可能，真或者假；因为如果条件为“真”要做的事情不止一件，因此用大括号“{}”把要做的事情括起来，在 C 语言程序中要做的事情为一条条的语句，多个语句用“{}”括到一起构成了语句块。

在对自然语言描述进行分析之后，使用伪代码描述上面的例子，则可以修改为：

```
if(语文成绩==100&&数学成绩==100)
{
  则买一只小米手环;
  买一只韩国进口驱蚊扣;
}
```

说明： 要使程序能够执行还需要定义变量存储两科成绩，并且将语句块中的描述改变成 C 语句。

去掉这个例子具体的条件与要求，C 语言中使用 if 语句实现单分支结构。其基本语法结构形式为：

```
if(表达式)
{
 语句块
}
```

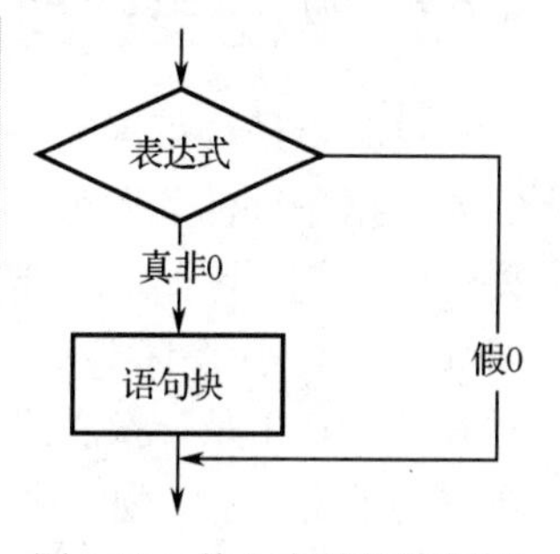

图 4.12　单分支结构流程图

说明 1： 如果语句块只有一条语句，大括号可以省略，但是建议不管语句块有几句，都加上大括号，这样程序流程更加清晰，可读性更强。

说明 2： 上面的程序代码和伪代码是对应关系，表示如果表达式的值为真，则执行语句块，其过程如图 4.12 所示。

【实例 4.8】 比较两个数的大小。

程序代码：

```
#include "stdio.h"   //预处理
void main()          //主函数
```

```
{   //定义变量
    int a,b,max;
    printf("\n 请输入两个整数:   ");
    //输入两个数
    scanf("%d%d",&a,&b);
    max=a;          //默认 a 为最大值
    if (max<b)      //如果 b 比最大值大，则执行大括号里面的语句
    {
        max=b;
    }
    //输出结果
    printf("两个数中比较大的数是 max=%d\n",max);
}
```

程序流程图如图 4.13 所示，运行结果如图 4.14 所示。

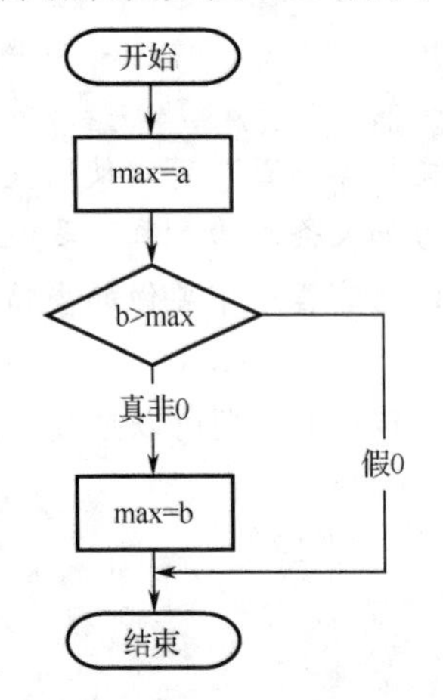

图 4.13　实例 4.8 的流程图

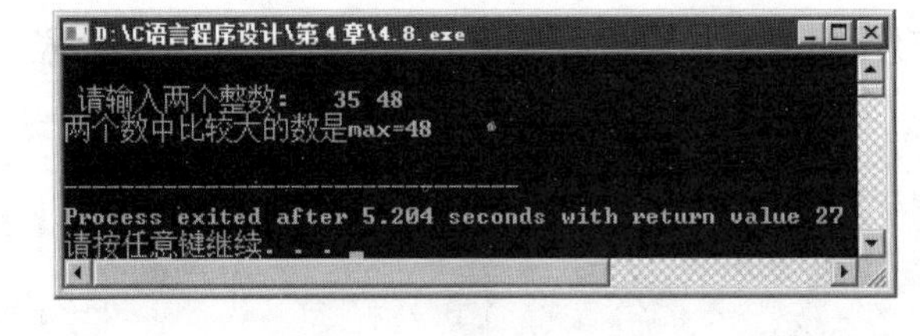

图 4.14　实例 4.8 的运行结果

说明：实例中通过分支结构比较最大值与 b 的大小，如果 b 比最大值大则将 b 存入最大值。

4.2.2　双分支结构

微课

单分支结构可以解决程序设计中需要一种判断的情况，但有时程序的执行需要根据条件的返回值有两种不同的选择，如果为真则执行一组语句，如果为假则执行另外一组语句。比如，单分支结构的例子中，小朋友的要求是“如果期末考试语文数学双百，给我买一只小米手环和一只韩国进口的驱蚊扣吧！”，但是小朋友又想了想，这样可能什么也得不到，于是转换思路对爸爸说：“如果语文数学考双百，给我买一只小米手环和一只韩国进口的驱蚊扣，如果不是双百就只买一只普通的驱蚊扣。”。

用自然语言描述上面的需求为：

```
如果(期末考试语文数学双百)
{
  买一只小米手环
  买一只韩国进口驱蚊扣
}
```

```
否则
{
  只买一只普通驱蚊扣
}
```

说明： 在 C 语言中“如果”用 if 表示，“否则”用 else 表示，整体的含义是如果“期末考试语文数学双百”，则“买一只小米手环”和“买一只韩国进口驱蚊扣”，如果没有考双百则“只买一只普通驱蚊扣”。

在对自然语言描述进行分析之后，使用伪代码描述上面的例子，则可以修改为：

```
if(语文成绩==100&& 数学成绩==100)
{
  买一只小米手环;
  买一只韩国进口驱蚊扣;
}
else
{
  只买一只普通驱蚊扣;
}
```

去掉例子中的具体条件与要求，C 语言中使用 if…else 语句来实现双分支结构。其基本语法结构形式为：

```
if(表达式)
{
 语句块 1;
}
else
{
 语句块 2;
}
```

说明 1： 语句块如果只有一条语句，可省略大括号，否则必须加上大括号。

说明 2： 如果表达式的值为真，则执行语句块 1，如果为假则执行语句块 2。其过程如图 4.15 所示。

说明 3： 语句块 1 和语句块 2 都可以是一条语句，也可以是多条语句。

【实例 4.9】 输入两个数，输出二者中的最大值。

程序代码：

```
#include "stdio.h"              //预处理
void main()                     //主函数
{
    int a, b;                   //变量定义
    printf("请输入两个整数: ");
    scanf("%d%d",&a,&b);        //数据输入
    if(a>b)  //如果 a 大于 b
      printf("两个数中大者是 max=%d\n",a);
    else      //如果 a 小于等于 b
      printf("两个数中大者是 max=%d\n",b);
}
```

程序流程图如图 4.16 所示。

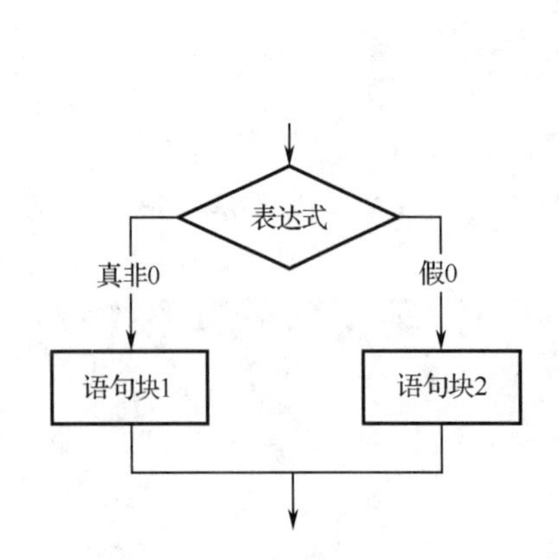

图 4.15　双分支结构流程图

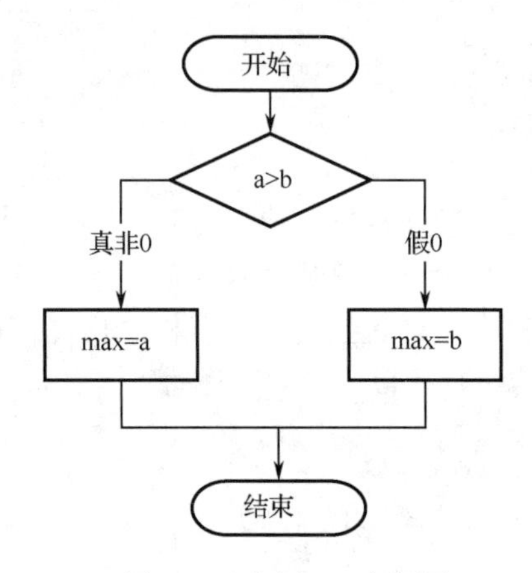

图 4.16　实例 4.9 流程图

程序运行结果如图 4.17 所示。

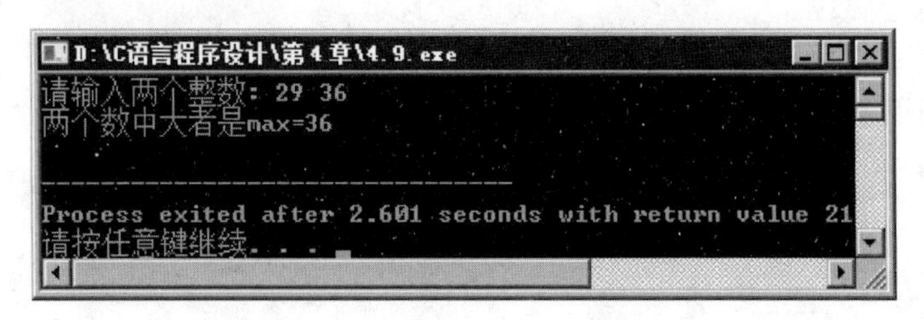

图 4.17　实例 4.9 的运行结果

说明：实例 4.9 与实例 4.8 是相同的问题，但采用了不同的解决方案。因为语句块 1 和语句块 2 都只有一条语句，因此没有加大括号，不过还是建议大家养成好的编程习惯，语句块全部加上一对大括号。

【实例 4.10】 输入一个数，判断该数是奇数还是偶数。

程序代码：

```
#include "stdio.h"                //预处理
void main()                       //主函数
{   int num;                      //变量定义
    printf("请输入 1 个整数: ");
    scanf("%d",&num);             //数据输入
    if(num%2!=0)                  //如果 num 除以 2 余数不为 0
    {
     printf("奇数\n");
    }
    else                          //如果 num 除以 2 余数为 0
    {
      printf("偶数\n");
    }
}
```

程序运行结果如图 4.18 所示。

```
D:\C语言程序设计\第 4 章\4.10.exe
请输入1个整数: 101
奇数
--------------------------------
Process exited after 3.323 seconds with return value 0
请按任意键继续. . .
```

图 4.18　实例 4.10 的运行结果

说明： 实例中将 num%2!=0 作为条件，如果条件为真，说明余数不为 0，则是奇数，否则为偶数。

4.2.3　多分支结构

微课

在编写程序解决现实中问题的过程中，使用单分支和双分支结构可以解决大部分的问题，但对于复杂问题的处理需要有多种条件的判断，这将用到多分支结构。例如，在前面的例子中，小朋友现在的要求是："当语文考 100 分，买手环；数学考 100 分，买韩版驱蚊扣；如果都考 100 分，二者都买；如果都考不了 100 分，买冰棍一根"，上面的情况使用单分支和双分支结构都很难解决。由于整体思想和单分支、双分支结构一样，因此这里不再使用伪代码描述。

多分支结构的实现，C 语言提供了以下三种方式。

（1）使用分支结构的嵌套。

（2）使用多分支语句 if …else if …else。

（3）使用 switch 语句。

说明： 多分支语句 if ...else if ...else，其实也是分支嵌套的一种特殊形式，不过使用起来更加直观，将所有的内嵌分支全部嵌套在 else 之中。这里将二者分开讲解。

为了更好地讲解多分支结构，这是引入一个任务，使用三种不同的方法来完成这个任务，三种方法大家可以不全部掌握，但是要有自己熟悉的一种，这样就可以完成基本的程序编写任务。

多分支任务：对学生的期末成绩根据不同的分数段划分等级，如果成绩小于 60 则输出不及格；如果成绩大于等于 60 并小于 80，则输入一般；如果成绩大于等于 80 并小于 90，则输出良好；如果成绩大于等于 90 并小于等于 100，则输出优秀。

1. 使用分支结构的嵌套

在分支结构中又包含其他的一个或者多个分支结构，称为分支结构的嵌套。双分支结构的嵌套可以出现在 if 条件的语句块之中，也可以出现在 else 的语句块之中。

使用分支结构的嵌套常见格式如下：

```
if(表达式)
{
   if(表达式)
   {
       语句 1;
   }
   else
   {
      语句 2;
```

```
    }
}
else
{
    if(表达式)
    {
        语句 3;
    }
    else
    {
        语句 4;
    }
}
```

说明：嵌套可以出现在 if 之中，也可以出现在 else 之中，在没有充分的大括号进行界定的时候，一定要注意 else 与哪一个 if 进行配对，if 与 else 的配对遵循就近原则，意思是在没有括号界定的情况下 else 永远与在其上最近的 if 配对。

比如：

```
if(表达式 1)
    if(表达式 2)
        语句 1;
    else 语句 2;
```

说明：与 else 配对的 if 为"if(表达式 2) "，而不是"if(表达式 1) "。为了避免出现这种二义性，C 语言规定，else 总是与它前面最近的 if 配对，需要说明的是，不必纠结配对情况，充分使用大括号，完全可以避免二义性的出现。

【实例 4.11】 分支结构的配对。

程序代码：

```
#include "stdio.h"              //预处理
void main()                     //主函数
{   int a,b;                    //变量定义
    printf("请输入两个整数: ");
    scanf("%d%d",&a,&b);        //输入值
    //多个 if else 并且没有大括号界定
    if(a!=b)
    if(a>b)     printf("A>B\n");
    else        printf("A<B\n");
    else        printf("A=B\n");
}
```

程序运行结果如图 4.19 所示。

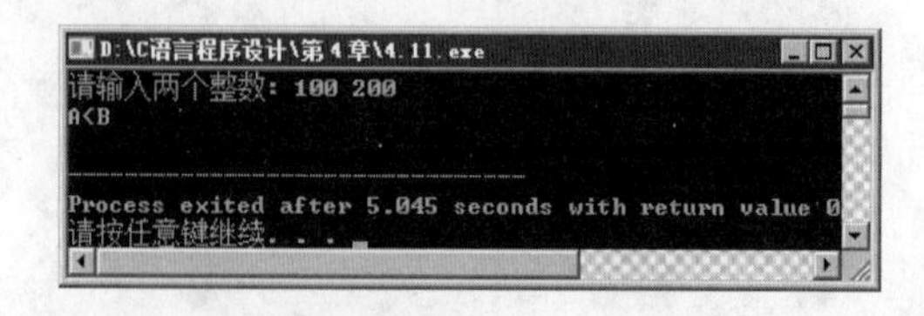

图 4.19　实例 4.11 的运行结果

说明：本例中使用 if 语句的嵌套结构实现多分支，需要说明的是这里没有给出明显的界定符，else printf("A<B\n"); 语句遵循与最近的 if 配对，也就是 if(a>b)　printf("A>B\n"); else　printf("A<B\n");是一对；if(a!=b)与 else　printf("A=B\n");是一对，当清楚了 if 与 else 的配对逻辑之后，自然清楚了程序应该输出的结果。

【实例 4.12】 使用分支结构的嵌套完成多分支任务中的根据成绩划分等级。

程序代码：

```
#include "stdio.h"                              //预处理
void main()                                     //主函数
{   int score;                                  //变量定义，存储成绩
    printf("请输入学生成绩： ");
    scanf("%d",&score);                         //输入成绩
    //为成绩划分等级
    if(score<0||score>100)
    {printf("成绩不合法！\n");}
    else
    {  if(score>=90)
        {printf("优秀！\n");}
        else
        {  if(score>=80)
            { printf("良好！\n");    }
            else
            {   if(score>=60)
                {printf("一般！\n");}
                else
                {printf("不及格！\n");    }
            }
        }
    }
}
```

程序流程图如图 4.20 所示，运行结果如图 4.21 所示。

说明 1：本例中充分利用了分支结构的嵌套，最外层的分支结构保证了数据的有效性，也就是成绩在 0～100 分之间。保证程序数据的有效性是一个合格程序员必须考虑的事情，程序不但要能实现，还能综合考虑各种情况。

说明 2：最外层的 else 里面又使用了三层分支的嵌套，其中第一层的 if 用来判断输出成绩在 90～100 分之间的学生的等级，只要程序执行过程进入到了 else，说明成绩在 0～89 分之间，进而进入第二层循环继续判断。

说明 3：第二层分支结构的 if 用来判断输出成绩在 80～89 分之间的学生的等级，只要程序执行过程进入到了 else，说明成绩在 0～79 分之间，进而进入第三次循环。

说明 4：第三层循环的 if 输出成绩在 60～79 分之间的学生成绩等级，else 则为不及格。

2. 使用多分支语句 if …else if …else

if …else if …else 语句本身就是分支结构嵌套的一种，为了更好地体现它的好处，本书将其单列出来。实例 4.12 的分支结构嵌套可以完成多分支任务中的输入学生的成绩，为其划分等级的任务。但是这种实现方式中的多层嵌套对初学者显得有些恐怖，四层的分支

结构嵌套一时难以理解，if …else if …else 可以理解为分支结构嵌套的改进版，这里可以选择 if …else if …else 语句完成“多分支任务”。

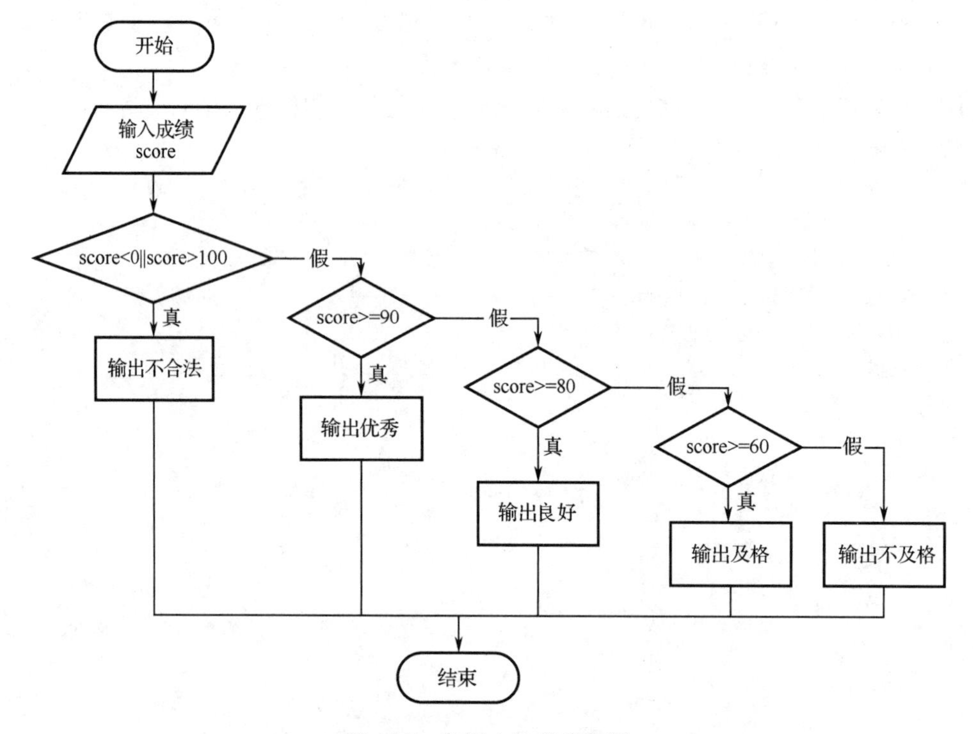

图 4.20　实例 4.12 的流程图

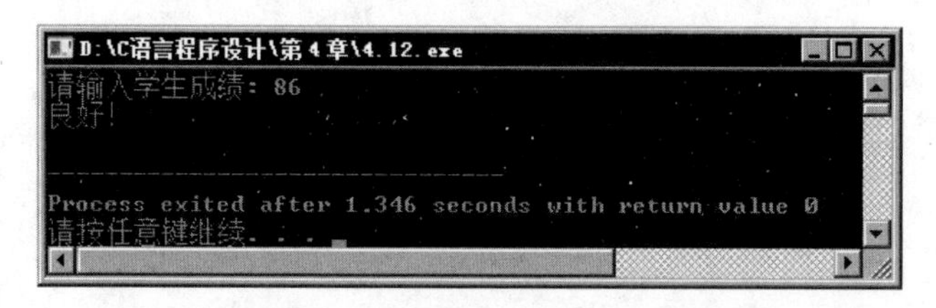

图 4.21　实例 4.12 的运行结果

【实例 4.13】 使用 if …else if …else 语句完成多分支任务中的根据成绩划分等级。

程序代码：

```
#include "stdio.h"                  //预处理
void main()                         //主函数
{   int score;                      //变量定义，存储成绩
    printf("请输入学生成绩：");
    scanf("%d",&score);             //输入成绩
    //为成绩划分等级
    if(score<0||score>100)
    {
        printf("成绩不合法！\n");
    }
    else if(score>=90)
    {
```

```
        printf("优秀! \n");
    }
    else if(score>=80)
    {
      printf("良好! \n");
    }
    else if(score>=60)
    {
        printf("一般! \n");
    }
    else
    {
        printf("不及格! \n");
    }
}
```

程序运行结果如图 4.22 所示。

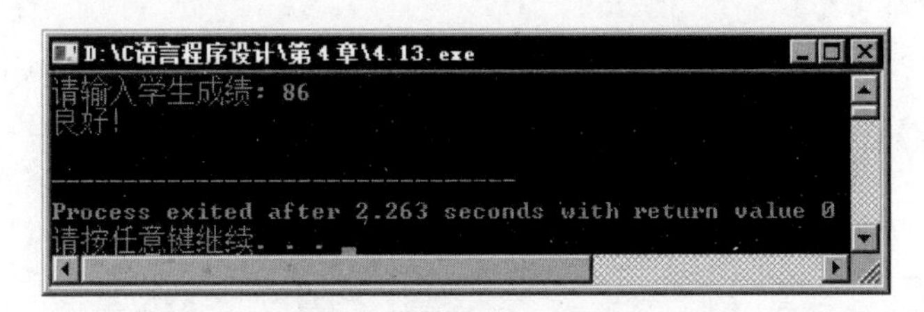

图 4.22　实例 4.13 的运行结果

说明 1：实例 4.13 与实例 4.12 具有相同的流程图。

说明 2：实例 4.13 可以理解为将实例 4.12 中的某些括号去掉，按照规则将某些 if else 组合到一起去使用。

说明 3：本例可以理解为若干“如果”的组合：如果 score<0||score>100 输出不合法；如果 score>=90 输出优秀；如果 score>=80 输出良好；如果 score>=60 输出一般；否则输出不及格。

说明 4：采用 if …else if …else 语句理解起来更加简单直观，因此，在需要使用多分支结构时尽量使用 if …else if …else 语句，不推荐深层次嵌套。

3. 使用 switch 语句

多分支结构除了可以使用分支的嵌套，以及由分支嵌套派生出的 if …else if …else 语句表示外，C 语言提供了另一种多分支选择语句 switch。

微课

switch 语句的一般表示形式为：

```
switch(表达式){
case 常量表达式 1: 语句 1; break;
case 常量表达式 2: 语句 2; break;
…
case 常量表达式 n: 语句 n; break;
default: 语句 n+1;
}
```

说明 1：通俗地讲，switch 语句的功能就是计算 switch 后面的括号内的表达式的值，并逐一和 case 后面的常量比较，等于哪个常量表达式的值就执行对应语句，不等于任何 case 的值就执行 default 后面的语句。

说明 2：ANSI C 标准规定 switch 后面的括号内的表达式可以是任何数据类型，但以整型与字符型最为常用。

说明 3：case 后面的语句可以是一条语句也可以是多条语句，即使是多条语句也不需要加{}，switch 遇到 break 语句则结束，如果在 default 前没有遇到 break 语句，则在执行完 default 后面的语句后结束 switch 语句。

说明 4：switch 语句用于描述一类特殊的多分支问题，被判断的对象只有一个，且该对象有多个可能的值，这些值可以逐一列出的问题，正因为对象的值要逐一列出，因此常用 switch 语句来完成数据离散且可数的问题描述。

说明 5：各 case 的先后顺序可以变动，不会影响程序执行结果，case 后的各常量表达式的值不能完全相同，default 可以省略。

说明 6：任何 switch 语句都可以换成多分支 if 语句，但反过来不一定可以。

【实例 4.14】 使用 switch 语句完成多分支任务中的根据成绩划分等级。

程序代码：

```
#include "stdio.h"                              //预处理
void main()                                     //主函数
{   int score;                                  //变量定义，存储成绩
    printf("请输入学生成绩：");
    scanf("%d",&score);                         //输入成绩
    //为成绩划分等级
    //首先保证成绩合法，也就是分数在 0～100 范围之内
    if(score<0||score>100)
    {
        printf("成绩不合法！\n");
    }
    else                                        //只要进入到 else 说明成绩合法
    {
        switch(score/10)
        {  //当分数在 90～100 范围内输出优秀
            case 10:
            case 9:
            printf("优秀！\n"); break;
            case 8:                             //当分数处在 80～89 范围内输出良好
            printf("良好！\n"); break;
           //当分数在 60～79 范围内输出一般
            case 7:
            case 6:
            printf("一般！\n"); break;
            default :                           //当分数在 60 以下输出不及格
            printf("不及格！\n");
        }
    }
}
```

程序流程图如图 4.23 所示，运行结果如图 4.24 所示。

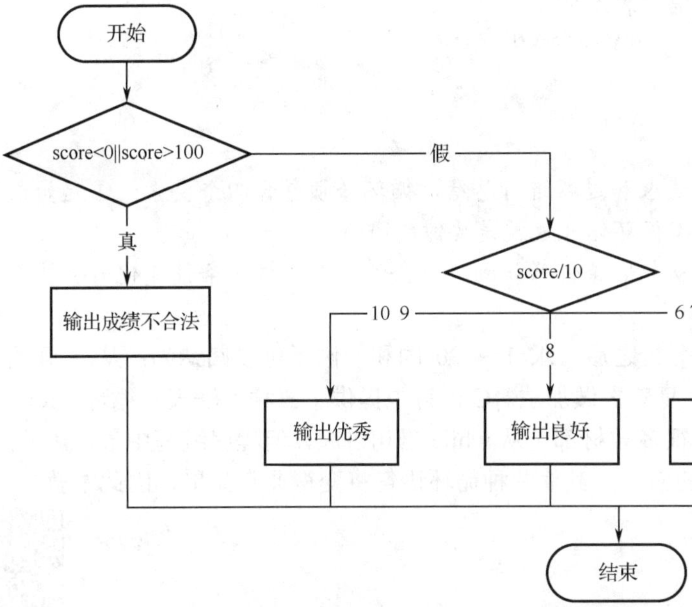

开始
score<0||score>100
假
真
输出成绩不合法
score/10
10 9
8
6 7
其他
输出优秀
输出良好
输出一般
输出不及格
结束

图 4.23　实例 4.14 的流程图

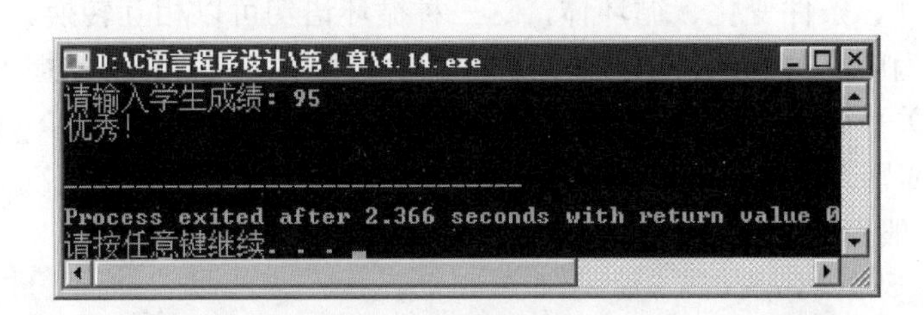

图 4.24　实例 4.14 的运行结果

说明 1：本例中首先使用 if-else 语句保证成绩在 0～100 分范围之内，只要进入 else 语句就表示成绩合法。

说明 2：switch 语句后面括号中的表达式的值应为固定且离散的值，为了描述成绩段，这里使用了将成绩除以 10 取其商的方法。当商为 10 和 9 都为优秀；当商为 8 成绩良好；当商为 6 和 7 成绩一般；当商为 0～5 则为不及格。

说明 3：两个 case 后面跟一条语句的写法，是充分利用了 switch 语句只有遇到 break 或者 default 才结束的语法。比如，当表达式的值为 10 和 9 的时候因为都在优秀的范围，因此只使用一条语句即可，程序从上到下按顺序执行。

4.3 循环结构

在编写程序解决现实问题的过程中，经常遇到“重复且有一定规律变化”的问题的处理。比如：求 1 到 100 的和，该问题在不利用任何公式进行计算的情况下，最直接的方法是从 1 开始，到 100 结束，依次将 100 个数加到一起求和。上面的求解是一个重复求和的过程，但是重复过程又存在加数的变化，在程序设计中将这种“满足一定条件的重复”称为循环。

上述求和问题采用自然语言表示如下：

```
循环(从 1 开始，到 100 结束，加数每次变化加 1)
{
    求和
}
```

说明 1：对自然语言描述求和过程进行总结，循环必须包含四个要素：①起始条件；②终止条件；③条件变化；④循环体（也就是要做的事情）。

说明 2：循环的含义是从起始条件开始到终止条件结束，按照条件变化着去执行循环体的内容。

在对自然语言描述进行分析之后，求 1～100 的和的例子可以归纳为：从 1 开始，到 100 结束，加数每次加 1，重复着去做加法。C 语言中提供了三种方法表示循环：for 语句、while 语句、do-while 语句。很多教材都是从 while 语句讲起，但程序编写中最常用的是 for 语句，只要掌握了 for 语句的应用，其他两种循环语句将变得非常简单，因此本教材从 for 语句讲起。

4.3.1 for 语句

微课

C 语言提供了三种表示循环的语句形式，都包括前面分析的四个部分：起始条件、终止条件、条件变化、循环体，这三种循环语句可以相互转换。本节将讲解在程序开发中使用最为广泛的 for 语句，在实际的程序开发中，只要熟练掌握 for 语句的使用，就可以解决所有关乎循环的问题，因此对 for 语句的使用必须烂熟于心，while 与 do-while 语句则是可以读懂别人的代码即可。for 语句特别适合已知循环次数的情况。

for 语句的一般形式如下：

```
for(表达式 1;表达式 2;表达式 3)
    语句块
```

说明 1：for 为关键字，后面的一对小括号中，使用两个“;”分为三个部分，两个“;”必不可少、缺一不可，三个表达式均可在满足某种条件的情况下省略。

说明 2：for 语句各部分含义如下。

- 表达式 1：为赋值表达式，用于为循环变量赋初值。
- 表达式 2：为关系表达式或逻辑表达式，用于循环控制条件。
- 表达式 3：为算术表达式或赋值表达式，用于循环变量的变化。
- 语句块：循环体，当有多条语句时，必须使用复合语句，使用{}把循环体括起来，建议初学者不管循环体的语句块有几条语句，都用{}将其括起来，这样可以增加程序的可读性。

说明 3：执行流程如下。

（1）求解表达式 1，给循环变量赋初值。

（2）判断表达式 2，若其值为真，则执行循环体，否则退出循环。

（3）每次在执行循环体后，都计算表达式 3，然后重新计算表达式 2，依次循环，直至表达式 2 的值为假，退出循环。

按照执行流程的描述，对 for 语句中的组成部分进行编号后，其基本形式如下：

```
for(①表达式 1；②表达式 2；③表达式 3)
{
    ④语句块
}
```

for 语句的执行顺序为执行①，判断②，执行④，计算③，判断②，执行④，计算③，依次计算下去直到判断②的结果为假，则退出循环。去掉前面的文字只保留编号，则为①②④③②④③②④③②……这个过程的示意图如图 4.25 所示。

①②④③②④③②④③②……当条件②的判断结果为真，则②④③组成了密闭的重复过程。这种满足一定条件的重复，就是循环。

for 语句的流程图如图 4.26 所示。

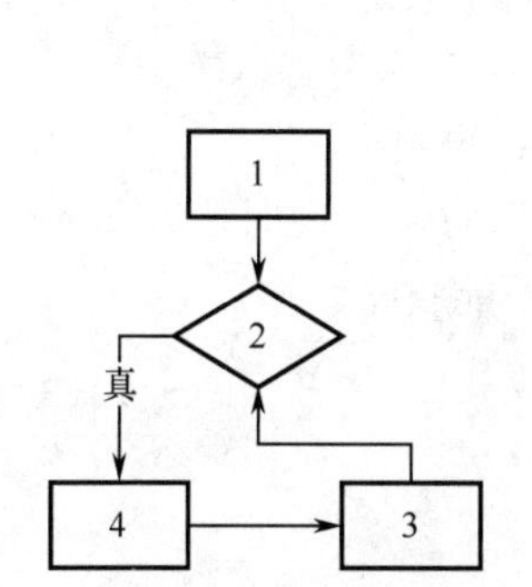

图 4.25　按照编号描述的循环示意图

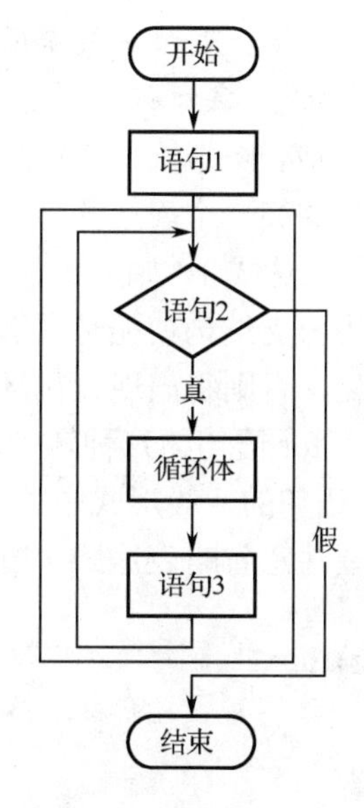

图 4.26　for 循环流程图

说明： for 语句的流程图更好地描述了 C 语句的执行过程，其中方框部分正好是图 4.25 形成的密闭重复过程，也就是构成循环的部分。

【实例 4.15】 使用 for 循环求 1+2+3+……+100 的和。

程序代码：

```
#include "stdio.h"              //预处理
void main( )                    //主函数
{ //定义变量 i 表示值的变化，sum 用来存储和
    int i,sum=0;                //sum 要有初始值否则会出现差错
    for(i=1;i<=100;i++)         //循环控制累加次数
    {
      sum+=i;                   //实现累加
    }
    printf("1 到 100 的和为:%d",sum);
}
```

程序流程图如图 4.27 所示，运行结果如图 4.28 所示。

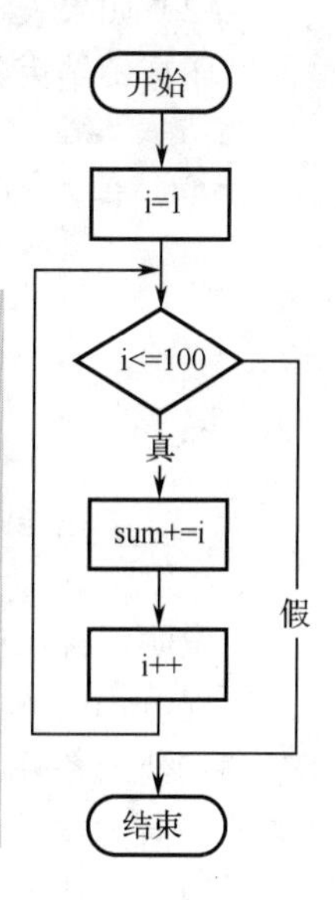

图 4.27　实例 4.15 流程图

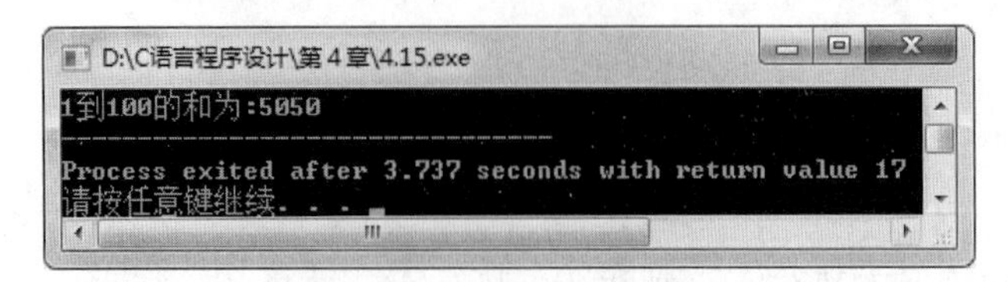

图 4.28　实例 4.15 运行结果

说明 1： 使用标准的 for 语句实现了求 1～100 的和，这里需要注意的是 sum 必须有初始值，否则求出的结果不是程序想得到的结果。

说明 2： 求 1～100 的和是累加问题，累加问题的通用表达式为 sum = sum +i;，其中，sum 是一个变量，用来存储累加最后的结果，称为累加器；i 是一个表达式，代表每次需要加入累加器中的值。累加一般是通过循环结构来实现的。循环之前要设置累加器 sum 的初始值为 0。累加项 i 每执行一次加 1。

for 语句标准形式中的三个表达式都是可以省略的，但分号“;”绝对不能省略。如果三个表达式中的某一个表达式省略，则程序开发人员应该在程序的其他位置做相应处理。比如：省略的表达式 1，则应该在 for 语句前为循环变量赋初值；省略了表达式 2 则应该在循环体内使用分支结构使循环具有结束条件；省略了表达式 3，则应该在循环内部使循环变量存在变化，否则将出现死循环。

下面使用 for 语句的几种转换，完成求 1～100 的和。

（1）for 语句的一般形式中的“表达式 1”可以省略，此时应在 for 语句之前给循环变量赋初值。要注意省略表达式 1 时，其后的分号不能省略。

```
int i=1,sum=0;
for(;i<=100;i++)
{
  sum+=i;
}
```

（2）如果表达式 2 省略，则不判断循环条件，循环不具备结束条件应使用分支结构，使循环具备结束条件。

```
int i,sum=0;
for(i=1;;i++)
{     if(i<=100)
      {
        sum+=i;
      }
      else
      {break;}
}
```

说明： 引入双分支结构来保证循环能够具有结束条件，当 i<=100 时则累加，当条件不成立则 break，这里提前使用了 break 语句，其含义是跳出整个循环。如此 for 语句中去掉了循环结束条件，但通过分支结构给予了保证，这里笔者不建议新手轻易去掉第二个循环条件，因为稍有不慎就有可能造成死循环。

（3）表达式 3 也可以省略，但应在其他地方有循环变量变化的语句，否则可能出现死循环。

```
int i,sum=0;
for(i=1;i<=100;)
{
  sum+=i++;
}
```

说明：将循环变量的变化融入了循环体中，充分利用了 i++先使用后加 1 的特点。

（4）省略表达式 1 和表达式 3，只有循环条件表达式 2。

```
int i=1,sum=0;
for(;i<=100;)
{
  sum+=i++;
}
```

说明：将表达式 1 放到了循环之外进行赋初值，将表达式 3 循环变量的变化放到了循环体内。

（5）3 个表达式都可以省略。

```
int i=1,sum=0;
for(;;)
{
    if(i<=100)
        {
          sum+=i++;
        }
    else
          break;
}
```

说明：省去了 for 语句的所有条件，但是仔细分析程序代码，一个条件也没有少，只是放到了不同的位置。表达式 1 放到了循环之外，通过分支结构替换表达式 2，将表达式 3 融入循环体中变为 sum+=i++。

（6）表达式 1 采用逗号表达式，为其他变量赋值。

```
int i,sum;
for(i=1,sum=0;i<=100;i++)
{
    sum+=i;
}
```

说明：除了循环基本的条件，在表达式 1 中使用了逗号表达式，既为循环变量 i 赋值，也为存储和的变量 sum 进行了赋初值。

【实例 4.16】 使用 for 循环为全班 45 名学生的成绩判断等级。

程序代码：

```
#include "stdio.h"                    //预处理
void main( )                          //主函数
{ //定义变量 i 表示值的变化，score 用来存储分数
    int i,score;
    for(i=1;i<=45;i++)
    {
```

```
        printf ("请输入%d 号学生的成绩:\n",i);
        scanf("%d",&score);        //输入整型成绩
        //通过多分支语句判断成绩等级
        if(score<0||score>100)
        {
           printf("成绩不合法\n");
        }
        else if(score>=90)
        {
           printf("优秀\n");
        }
        else if(score>=80)
        {
           printf("良好\n");
        }
        else if(score>=60)
        {
           printf("一般\n");
        }
        else
        {
           printf("不及格\n");
        }
    }
}
```

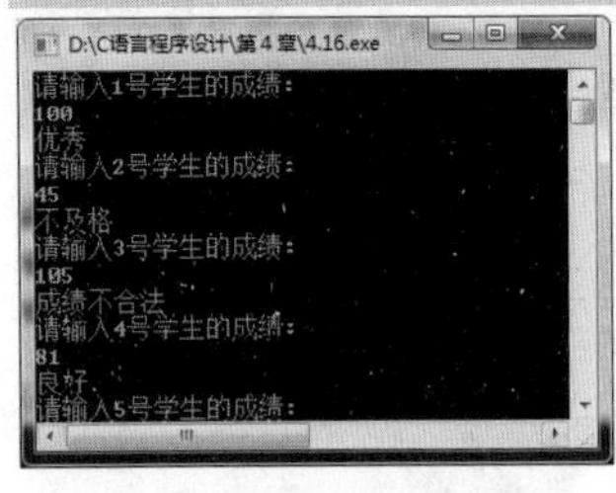

图 4.29　实例 4.16 运行结果

程序运行结果如图 4.29 所示。

说明 1：在多分支结构中使用三种方法解决了如何输入一个学生的成绩，并根据分数段为其划分等级的问题。对三种不同的实现方法中的程序代码进行总结，可归纳为三个步骤：输入成绩、判断成绩、输出结果。

说明 2：本例中将多分支结构中的判断成绩等级的程序代码融入到循环之中，通过循环为多个学生成绩划分等级。

4.3.2　while 语句

微课

当熟悉了 for 语句的语法规则与应用之后 while 语句将变得非常简单。在 4.3.1 节中 for 循环的几种转换形式中的第四种转换形式是省略掉 for 语句的表达式 1 和表达式 3，只有循环条件表达式 2。其代码为：

```
int i=1,sum=0;
for(;i<=100;)
{
  sum+=i++;
}
```

将上述 for 语句的转换中的关键字 for 改为 while，去掉小括号中的两个“;”，则变成了

while 语句的基本结构，即：

```
int i=1,sum=0;
while(i<=100)
{
  sum+=i++;
}
```

while 语句的格式如下：

```
while (表达式)
    语句块;
```

说明 1：表达式为循环条件，语句块为循环体，如果循环体的语句超过一句要使用一对大括号{}将多条语句括起来。

说明 2：while 语句执行过程为：首先计算表达式的值，如果为真（非 0）则执行循环体，否则退出循环。

说明 3：由于先执行判断后执行循环体，所以循环体可能一次都不执行。

说明 4：循环体可以为空语句“;”

while 语句的流程图如图 4.30 所示。

【实例 4.17】 使用 while 语句求 1+2+3+……+100 的和。

程序代码：

```
#include "stdio.h"                    //预处理
void main( )                          //主函数
{ //定义变量 i 表示值的变化，sum 用来存储和
 int i=1,sum=0;                       //sum 要有初始值，否则会出现差错
 while(i<=100)                        //循环控制累加次数
    {
      sum+=i++;                       //实现累加
    }
 printf("1 到 100 的和为:%d",sum);
}
```

程序流程图如图 4.31 所示，运行结果如图 4.32 所示。

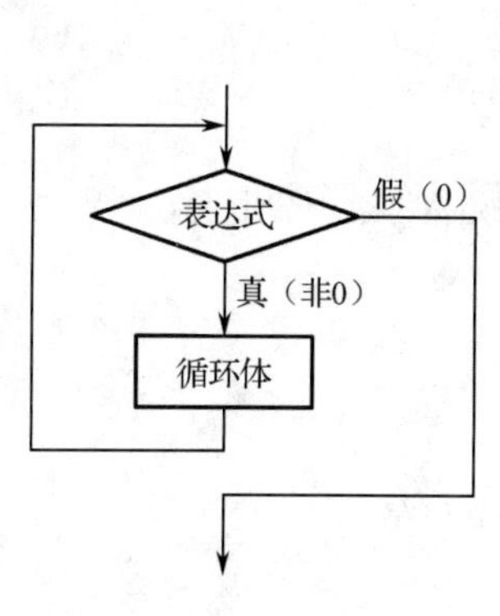

图 4.30　while 语句流程图

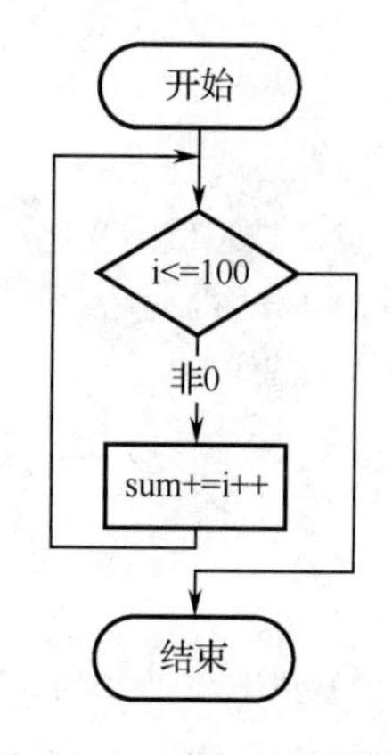

图 4.31　实例 4.17 流程图

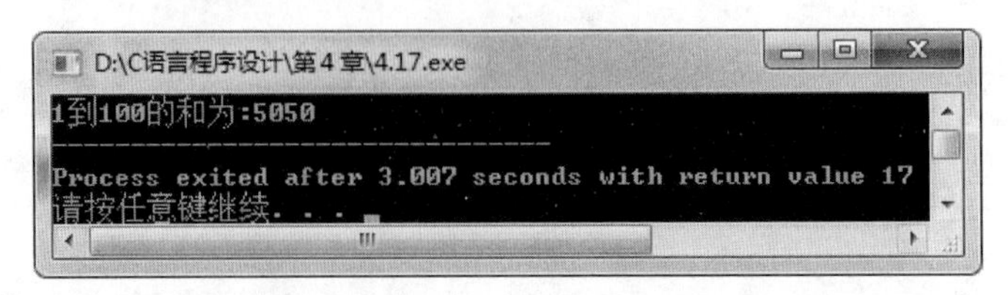

图 4.32　实例 4.17 运行结果

说明： 本例是累加求和，从 1 加到 100，即当 i<=100 时，就重复累加。所以循环条件为 i<=100,，循环体为 sum=sum+i 和 i++。从程序的求解过程中可以清晰地分析出 while 循环同样具有四个部分：起始条件、终止条件、变化因子和循环体。

4.3.3　do-while 语句

微课

while 循环语句先判断表达式的值，再执行循环体，这样当表达式的值为 0 时，一次也不会执行循环体。在编写程序解决现实中问题的时候，有时会遇到不管条件成立与否都先执行一次循环体的情况，这将用到 do-while 循环语句。

do-while 语句的格式如下：

```
do
    语句块
while(表达式);
```

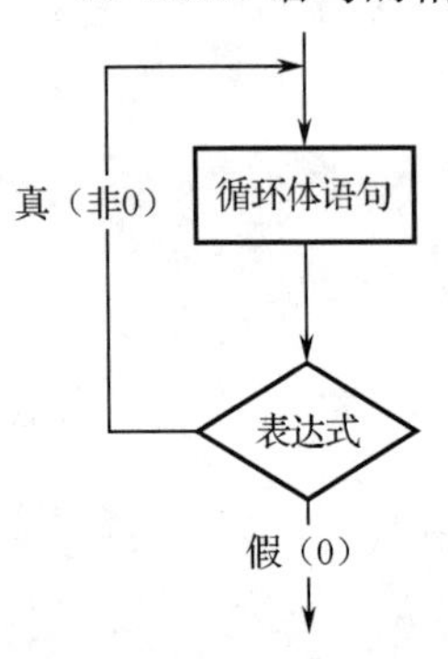

图 4.33　do-while 流程图

说明 1： 表达式为循环条件，语句块为循环体，如果循环体语句超过一句要使用一对大括号{}将多条语句括起来。

说明 2： do-while 语句的执行过程为：首先执行循环体，然后判断表达式的值，如果为真则继续执行循环体，否则退出循环。

说明 3： do-while 语句最后的分号（;）不能少，否则会提示出错。

说明 4： 循环体至少执行一次。

do-while 语句的流程图如图 4.33 所示。

【实例 4.18】 使用 do-while 语句求 1+2+3+…+100 的和。

程序代码：

```
#include "stdio.h"              //预处理
void main( )                    //主函数
{   //定义变量 i 表示值的变化，sum 用来存储和
    int i=1,sum=0;              //sum 要有初始值，否则会出现差错
    do
      {
        sum+=i++;               //实现累加
      }
    while(i<=100);              //循环控制累加次数
    printf("1 到 100 的和为:%d",sum);
}
```

程序运行结果如图 4.34 所示。

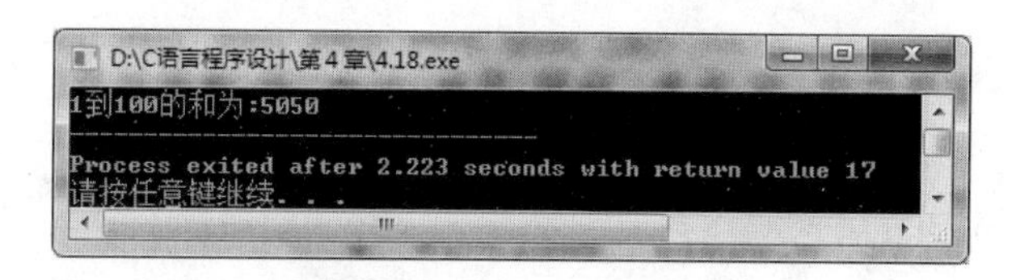

图 4.34　实例 4.18 执行结果

说明：do-while 先执行累加操作再判断表达式。

4.3.4　三种循环语句的比较

前面介绍了三种循环的语法规则与实现过程。三种循环都包含四个部分：起始条件、终止条件，条件变化和循环体。从语法角度来区别，主要是执行流程和循环的四个部分的顺序有所区别。

在编写程序解决现实中问题的过程中，for 语句使用频率最高，一般情况下可以用 while 语句或 do-while 语句解决的问题也都可以转换为 for 语句来解决，希望读者熟练掌握 for 语句的应用，并能够根据具体情况来选用不同的 while 与 do-while 循环语句。三种循环语句 for、while、do-while 可以互相嵌套自由组合。但要注意的是，各循环必须完整，相互之间绝不允许交叉。

循环语句选用原则如下。

（1）循环次数确定，选 for 语句；循环次数依赖于循环体的执行情况，选 while 语句或 do-while 语句。

（2）若要求循环体至少执行一次，则用 do-while 语句；如果循环体可能一次也不执行，则选用 for 语句或 while 语句。

（3）for 语句使用方便快捷，使用率最高，while 语句在循环条件不确定时也会用到，do-while 语句则使用较少。

4.3.5　break、continue、goto、return 语句

微课

1. break 语句

break 语句在本章中已经在两种情况下用到，其一是在多分支结构 switch 语句中；其二是在 for 语句的转换中为了构造循环结束条件使用了 beark 语句。当 break 用于分支结构 switch 语句中时，表示结束 switch 语句，继续向后执行。switch 语句中如果没有 break 语句，则将逐条语句执行下去。其实 break 的应用只有这两种形式，在这两种情况之外不能使用 break 语句。

当 break 语句用于 for、while、do-while 循环语句中时，表示终止循环执行其后语句，通常 break 关键字与 if 语句配合使用，当满足某些条件时结束循环。在多重循环中，break 表示结束当前层的循环。

【实例 4.19】 计算 1+2+3+…+n 的和小于 100 的最大的 n 值。

程序代码：

```
#include "stdio.h"                          //预处理
void main( )                                //主函数
{    //定义变量 i 表示值的变化，sum 用来存储和
     int i,sum=0;                           //sum 要有初始值，否则会出现差错
```

```
    for(i=1;;i++)                      //外循环控制行数
    {
        sum+=i;                        //实现累加
        if(sum>=100) break;            //如果累加后的和超过 100 则结束
    }
    printf("和不超过 100 最大 n 值是%d",i);
}
```

程序流程图如图 4.35 所示，运行结果如图 4.36 所示。

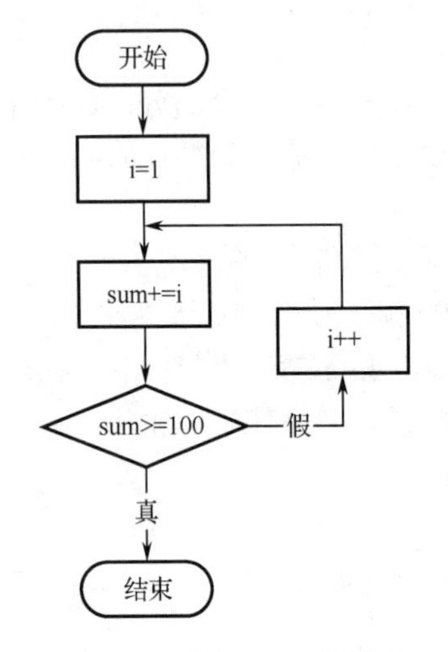

图 4.35　实例 4.19 流程图

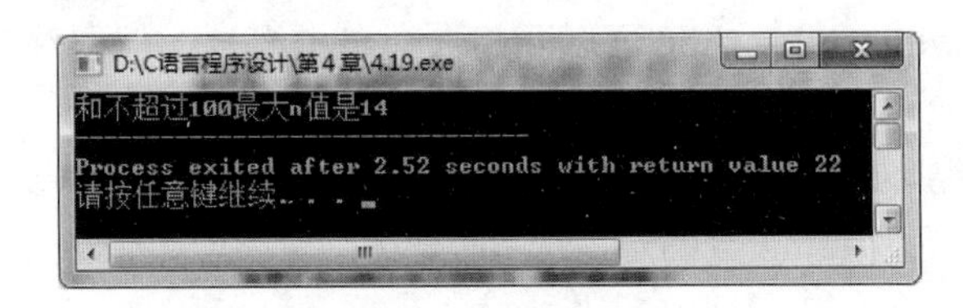

图 4.36　实例 4.19 运行结果

说明：本例是在前面求和的累加器基础上，增加了当和超过 100 使用 break 语句结束循环。因为不确定结束条件，因此省略了表达式 2，也就是循环的结束条件，而是采用 if 语句和 break 语句相结合的方式构造结束条件。

2. continue 语句

continue 语句的作用是跳出本次循环直接进入下次循环。continue 语句应用在循环体内，常与 if 条件语句一起配合使用。与 break 语句的区别是，continue 语句只结束本次循环，而不是终止整个循环的执行。

【实例 4.20】 计算 1～100 之间除了 3 的倍数之外其他元素的和。

程序代码：

```
#include "stdio.h"              //预处理
void main( )                    //主函数
{ //定义变量 i 表示值的变化，sum 用来存储和
    int i,sum=0;                //sum 要有初始值，否则会出现差错
    for(i=1;i<=100;i++)         //外循环控制行数
    {
      if(i%3==0) continue;      //3 的倍数不累加
      sum+=i;                   //实现累加
    }
    printf("1～100 之间除 3 的倍数外的和是%d",sum);
}
```

程序流程图如图 4.37 所示，运行结果如图 4.38 所示。

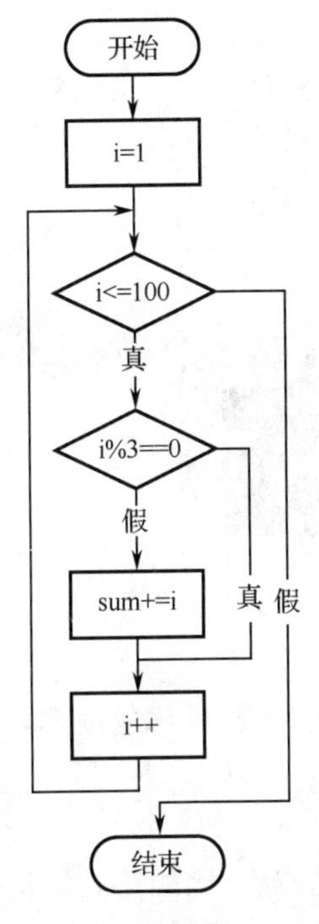

图 4.37　实例 4.20 流程图

图 4.38　实例 4.20 运行结果

说明：本例的累加中使用 if(i%3==0) continue;语句实现当 i 为 3 的倍数的时候跳出本次循环，直接进入下次循环。

3. goto 语句

使用 break 语句可以结束当前的循环体，如果是多重循环的嵌套，想直接跳出最外层的循环，则可以在设置标记的情况下使用 goto 语句。goto 语句也称为无条件转移语句。

Goto 语句的一般格式为：goto 语句标号;

说明 1：语句标号满足用户标识符的规定，放在某一语句行的前面，标号后加冒号(：)。语句标号起标识语句的作用，与 goto 语句配合使用。

说明 2：C 语言不限制程序中使用标号的次数，但各标号不得重名。goto 语句的语义是改变程序流向，转去执行语句标号所标识的语句。

说明 3：goto 语句通常与条件语句配合使用。可用来实现条件转移，构成循环，跳出循环体等功能。

说明 4：在 C 语言中进行程序设计时不建议使用 goto 语句，以免造成程序流程的混乱，使理解和调试程序都产生困难。因此，只要能够看懂别人对 goto 语句的使用就足够了。

【实例 4.21】 goto 语句的使用。

程序代码：

```
#include "stdio.h"                //预处理
void main()                       //主函数
{
    int a=20,b=25;
    if(a<=b)                      //如果 a 小于等于 b
    {
```

```
        goto aa;                        //跳转到标记 aa
    }
    printf("goto 语句测试\n");
    aa:printf("goto 语句已经跳转\n");  //aa 为 goto 跳转的标记
}
```

程序运行结果如图 4.39 所示。

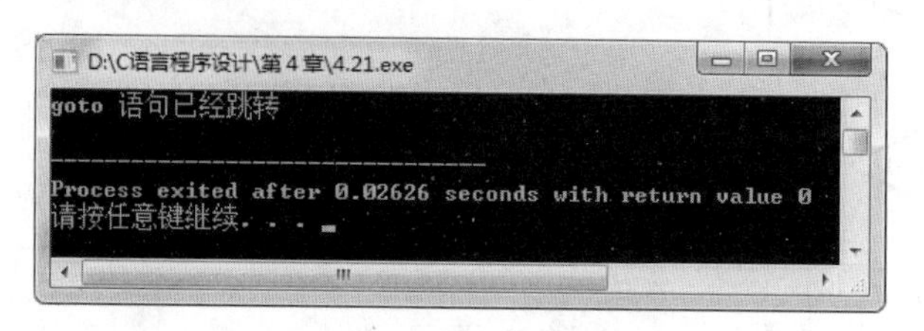

图 4.39　实例 4.21 运行结果

说明： goto 语句的使用在 C 语言中不推荐使用，因为 goto 的跳转比较随意，可能会造成程序逻辑混乱。

4. return 语句

在 C 语言程序设计中，经常会用到返回到某一调用点的情况。比如第 6 章将讲到的函数，如果函数的返回值类型不为 void，则需要在程序结尾使用 return 返回。return 语句主要应用于函数的返回。

return 表示从被调函数返回到主调函数继续执行，返回时可将某一指定的值返回，该值由 return 后面的参数指定。函数调用是为了通过函数完成某种计算，而计算的结果就是通过返回值返回的。有些函数无须返回结果，但通常会返回一个状态码判断函数是否成功执行。有关 return 语句的具体应用，在第 6 章函数的例子中会详细讲解。

4.3.6　循环的嵌套

微课

在程序开发过程中如果逻辑比较复杂，单一的一个循环不能解决问题，需要在一个循环内部再定义一个循环，这在 C 语言中叫做循环的嵌套。循环的嵌套是在一个完整的循环体内部又包含另一个或若干个完整的循环结构。

在 C 语言程序设计中循环嵌套的层次和结构形式没有特殊的要求，但在一般情况下循环的嵌套不超过三层，双重循环基本可以解决现实中绝大多数的问题。对于循环的结构形式，三种循环语句 for 语句、while 语句、do-while 语句不但可以采用相同形式嵌套，还可以相互嵌套，对于每层循环都遵循该种循环最基本的语法。对于双重循环，将外部的循环称为外循环，内部的循环称为内循环。

说明 1： 使用循环嵌套时，内层循环和外层循环的循环控制变量不能相同。

说明 2： 循环嵌套结构的书写，最好采用“右缩进”格式，以体现循环层次的关系。

说明 3： 尽量避免太多和太深的循环嵌套结构。

说明 4： 对于多重循环，最关键或者说最难的点是构造内循环的结束条件。

C 语言中常见的合法的嵌套格式如表 4.3 所示。

表 4.3　循环嵌套的一般格式

<table>
<tr><td>for (; ;)
{…
  for (; ;)
  {…}
}</td><td>while ( )
 {…
  while ( )
  {…}
 }</td><td>do
{…
  do{…}
  while ( );
} while ( );</td></tr>
<tr><td>for (; ;)
{ …
  while ( )
  {…}
  …
}</td><td>while ( )
{ …
  do {…}
  while ( );
  …
}</td><td>do
{ …
  for(; ;)
  {…}
  …
} while ( );</td></tr>
</table>

【实例 4.22】 计算 1～10 的阶乘的和。

程序代码：

```
#include "stdio.h"                        //预处理
void main( )                              //主函数
{ //定义 i 表示外循环变量，j 表示内循环
    int i,j;
    int mul,sum=0;                        //mul 存储每个数的阶乘，sum 存储阶乘和
    for(i=1;i<=10;i++)                    //外循环分别表示 1～10 的 10 个数
    {
      mul=1;                              //初始值为 1
      for(j=1;j<=i;j++)                   //内循环求每个数的阶乘
      {
         mul*=j;
      }
      sum+=mul;                           //实现累加
    }
    printf("1～10 阶乘的和是%d",sum);
}
```

程序运行结果如图 4.40 所示。

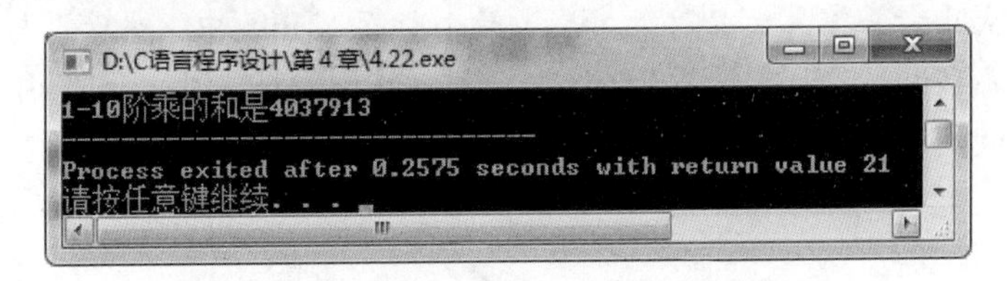

图 4.40　实例 4.22 运行结果

说明 1： mul=1;语句的位置必须放到外循环内部，因为每次求完一个数的阶乘之后，下次求阶乘之间应该将 mul 的值置为 1。

说明 2： 内循环的结束条件，j<=i;因为 i 代表外循环是求哪个数的阶乘，当 i 为 1 时 1*1 就是 1 的阶乘，当 i 为 2 时，则变为 1*2 为 2 的阶乘，当 i 为 n 时，则变为 1*2*…*n 为 n 的阶乘。

说明 3：sum+=mul;为外循环的循环体，即计算完阶乘后累加求和。

说明 4：当 i 较大时，由于整型数值所占字节数的影响，会出现内存溢出，数据错误的情况。因此要想更好地存储阶乘的和，应该选择在当前 C 环境下，占用字节更长的数据类型。

4.4 程序案例

【程序案例 4.1】 输入三个数，求其最大值和最小值。

程序代码：

```
#include "stdio.h"                        //预处理
void main()                               //主函数
{   //5 个整型变量分别存储三个数和其最大、最小值
    int a,b,c,max,min;
    printf("请输入三个数：");
    scanf("%d%d%d",&a,&b,&c);             //输入数据
    if(a>b)                               //比较 a 和 b 大小，分别存入最大、最小值
    { max=a; min=b; }
    else
    {max=b;min=a; }
    if(max<c)                             //用最大值和 c 比较
    { //如果最大值小于 c，则将 c 存入最大值
      max=c;
    }
    else
    { //如果 c 比最小值还小，则将 c 存入最小值
      if(min>c)
      { min=c;   }
    }
    printf("最大数 max=%d\n 最小数 min=%d\n",max,min);
}
```

说明：为了求三个数的最大值，程序使用了双分支结构和分支结构的嵌套，使用双分支结构求出前两个数中的最大、最小值，使用分支结构的嵌套和最后一个数进行比较。首先比较 a 和 b 的大小，并把最大数存入 max，最小数存入 min 中，然后再与 c 比较，若 max 小于 c，则把 c 赋予 max；如果 c 小于 min，则把 c 赋予 min。因此 max 内总是最大数，而 min 内总是最小数。

输出结果：如图 4.41 所示。

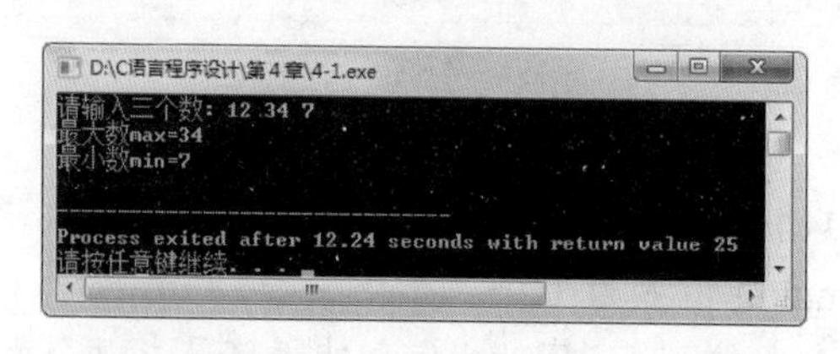

图 4.41　程序案例 4.1 输出结果

【程序案例 4.2】 输入一个字符，判断它是大写字母、小写字母、数字，如果都不是则

输出特殊字符。

程序代码：

```
#include"stdio.h"                    //预处理
void main()                          //主函数
{  //定义一个变量用来存储从键盘上输入的字符
   char c;
   printf("请输入一个字符:");
   c=getchar();                      //从键盘得到一个字符存入 c
   //程序逻辑，根据 ASCII 码判断数组的字符
   if(c>='0'&&c<='9')
   {
      printf("这是一个数字\n");
   }
   else if(c>='A'&&c<='Z')
   {
      printf("这是一个大写字母\n");
   }
   else if(c>='a'&&c<='z')
   {
      printf("这是一个小写字母\n");
   }
   else
   {
       printf("其他字符\n");
   }
}
```

说明：本例使用了多分支语句 if …else if …else 进行字符的判断，其中单引号引起的字符均可以采用 ASCII 代替，比如'A'可以使用其 ASCII 码值 65 代替。

输出结果：如图 4.42 所示。

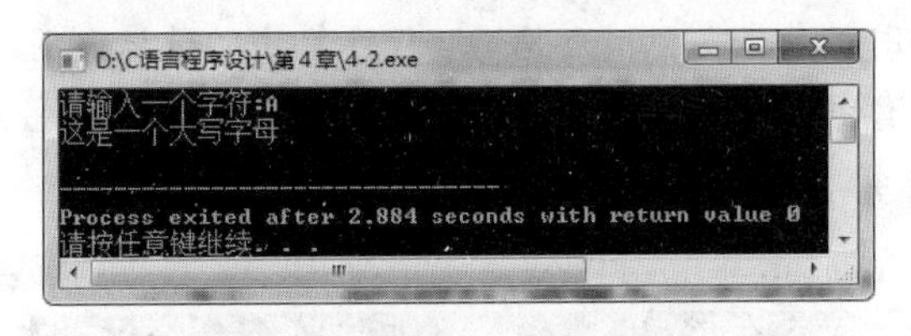

图 4.42　程序案例 4.2 输出结果

【程序案例 4.3】　根据出生年月判断属相。

程序代码：

```
#include<stdio.h>                         //预处理
void main()                               //主函数
{//定义变量存储出生年份
   int year, t;
   printf("请输入出生年份: \n");
   scanf ("%d", &year);
```

```
    t = year%12;                        //求取 12 个离散值
    //程序算法，利用属相 12 年一轮回设计算法
    switch(t)                           //使用多分支语句 switch 求解
    {
    case 0:                             //当年份除以 12 余数为 0 则属猴
       printf ("猴");break;
    case 1:
       printf ("鸡");break;
    case 2:
       printf ("狗");break;
    case 3:
       printf ("猪");break;
    case 4:
       printf ("鼠");break;
    case 5:
       printf ("牛");break;
    case 6:
       printf ("虎");break;
    case 7:
       printf ("兔");break;
    case 8:
       printf ("龙");break;
    case 9:
       printf ("蛇");break;
    case 10:
       printf ("马");break;
    case 11:
       printf ("羊");break;
    }
}
```

说明：本例充分利用了多分支 switch 语句。程序算法的设计利用了属相 12 年轮回一次的特点进行设计，但是没有考虑公元前，读者可以开动脑筋，设计公元前出生年份属相的算法。

输出结果：如图 4.43 所示。

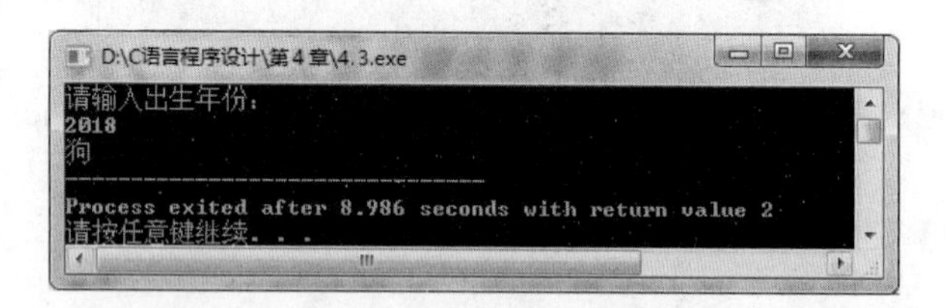

图 4.43　程序案例 4.3 输出结果

【程序案例 4.4】 使用 C 语言实现简单计算器。

程序代码：

```
#include "stdio.h"              //预处理
void main()                     //主函数
```

```
{  //变量定义和数据输入
    float a,b;
    char c;
    printf("请输入表达式: a+(-,*,/)b \n");
    scanf("%f%c%f",&a,&c,&b);
    //算法和输出
    switch(c){
      case '+': printf("%f\n",a+b);break;
      case '-': printf("%f\n",a-b);break;
      case '*': printf("%f\n",a*b);break;
      case '/': printf("%f\n",a/b);break;
      default: printf("输入错误\n");
    }
}
```

说明：本例使用字符表示运算符号，并充分利用了多分支 switch 语句，根据不同运算符进行结果计算，并进行输出。

输出结果：如图 4.44 所示。

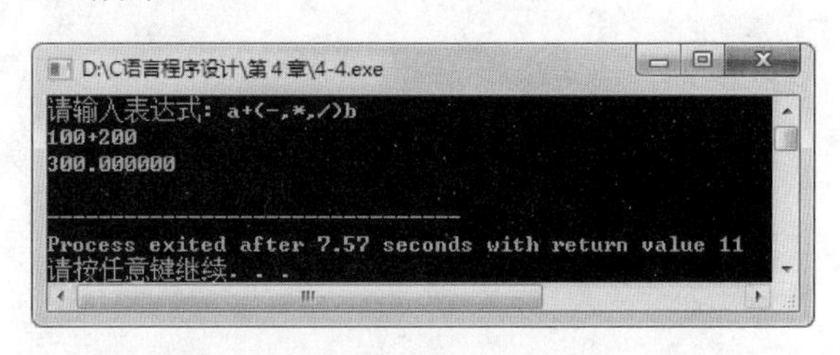

图 4.44　程序案例 4.4 输出结果

【程序案例 4.5】 一个整数，它加上 100 后是一个完全平方数，再加上 168 又是一个完全平方数，请求出 100000 以内的所有符合上述要求的数。

程序代码：

```
#include "stdio.h"
#include "math.h"                              //引入数学函数
main()
{  //变量定义
    long int i,x,y,z;
    //使用循环设计算法求 100000 以内的数
    for(i=1;i<100000;i++)
    {
       x=sqrt(i+100);                     //sqrt 代表开平方
       y=sqrt(i+268);
       //核心逻辑
       if(x*x==i+100&&y*y==i+268)
       {
          printf("%ld\n",i);
       }
    }
}
```

说明：本例中使用了库函数，这将在第 6 章中详细介绍，本例的关键是算法的设计。

输出结果：如图 4.45 所示。

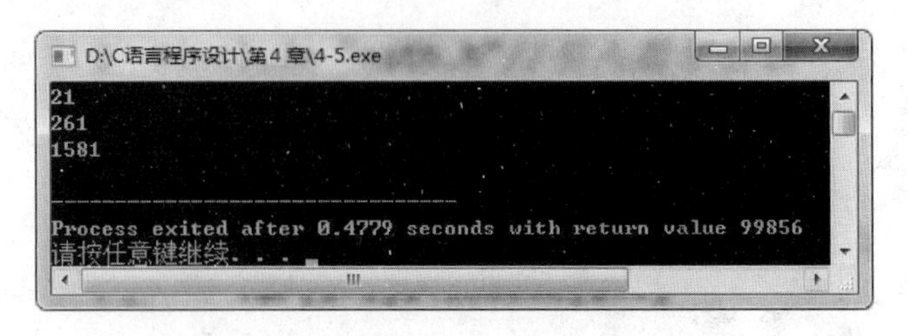

图 4.45　程序案例 4.5 输出结果

【程序案例 4.6】 编写程序把 100～200 之间的能被 5 整除的数输出。

程序代码：

```
#include <stdio.h>                          //预处理
void main()                                 //主函数
{    int n;                                 //定义变量用来表示循环变化
     //程序算法，输出 100～200 之间能被 5 整除的数
     printf("能被 5 整除的数有：");
     for(n=100;n<=200;n++)
     {  if(n%5!=0)
          {continue; }
          printf("%d ",n);
     }
}
```

说明：本例中使用了 continue 关键字，当 n 的值除以 5 余数不为 0，除不尽的时候则 continue 跳出本次循环，直接进入下次循环。

输出结果：如图 4.46 所示。

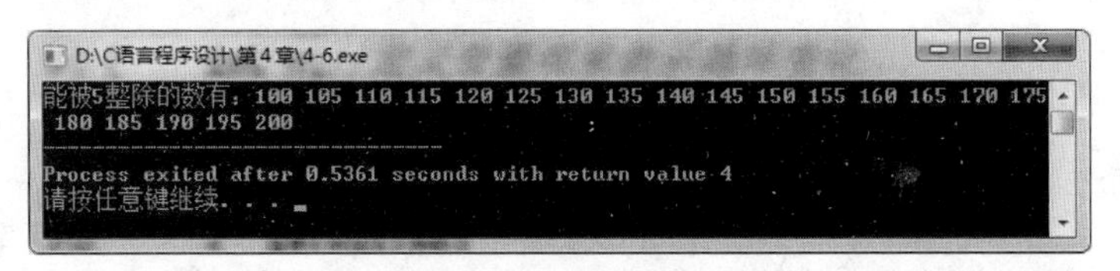

图 4.46　程序案例 4.6 输出结果

【程序案例 4.7】 编写程序输出九九乘法表。

程序代码：

```
#include "stdio.h"                          //预处理
void main( )                                //主函数
{
    int i,j;
    for(i=1;i<=9;i++)                       //外循环控制行数
    { //内循环完成每行中表达式构建
        for(j=1;j<=i;j++)
        {
            printf("%d*%d=%-4d",i,j,i*j);
```

```
        }
        printf("\n");                    //每一行输出完换行
    }
}
```

输出结果：如图 4.47 所示。

```
D:\C语言程序设计\第 4 章\4-7.exe
1*1=1
2*1=2   2*2=4
3*1=3   3*2=6   3*3=9
4*1=4   4*2=8   4*3=12  4*4=16
5*1=5   5*2=10  5*3=15  5*4=20  5*5=25
6*1=6   6*2=12  6*3=18  6*4=24  6*5=30  6*6=36
7*1=7   7*2=14  7*3=21  7*4=28  7*5=35  7*6=42  7*7=49
8*1=8   8*2=16  8*3=24  8*4=32  8*5=40  8*6=48  8*7=56  8*8=64
9*1=9   9*2=18  9*3=27  9*4=36  9*5=45  9*6=54  9*7=63  9*8=72  9*9=81

--------------------------------
Process exited after 0.5632 seconds with return value 10
请按任意键继续. . .
```

图 4.47　程序案例 4.7 输出结果

说明：本例中使用双重循环完成九九乘法表的输出，其中外层循环控制九九乘法表的行数，内层循环控制有几个表达式，如何构成表达式。

4.5　本章小结

- C 语言是面向过程的结构化程序设计语言，面向过程是以发生的事情为中心，来描述事情发生的整个过程的。
- 顺序结构是程序逻辑处理中最简单、最常用的程序结构。其执行顺序是按照语句出现的先后顺序依次执行，直到最后，且所有语句都会执行。
- C 语言程序的执行部分是由语句组成的，程序的功能也是由执行语句来实现的。
- C 语言程序中的语句有 5 种：①空语句；②表达式语句；③函数调用语句；④控制语句；⑤复合语句。表达式加上分号“;”就组成了表达式语句。
- printf()为格式化输出函数，其功能是按用户指定的格式，把指定的数据显示到终端之上。
- “格式控制字符串”用于指定输入输出的格式。格式控制字符串可由格式字符串和非格式字符串两种组成，用于输出两种格式字符串均可，用于输入只能是格式字符串。
- 在使用 printf()函数进行数据输出时，不同类型的数据要指定不同的格式字符。
- “%5d”代表输出的数据占 5 列，如果需要输出的数不够 5 位则右对齐左补空格。
- %m.nf，m 表示输出的整个数据的位数，n 表示小数部分的位数，对后面的一位采取四舍五入法，m、n 都是整数。
- scanf()函数，与 printf()函数一样，都被定义在 stdio.h 里，因此在使用 scanf()函数时要加上#include<stdio.h>。scanf()函数的一般形式为：scanf("格式控制字符串",地址表列);。
- scanf()函数中的地址列表中变量前一定要加上“&”。比如 scanf("%d",a);是非法的，应改为 scanf("%d",&a);。

- scanf()函数中没有精度控制，比如 scanf("%5.2f",&a);是非法的，不能试图限制输入小数为 2 位的实数。
- fflush(stdin);用来清除键盘缓冲区信息残留。
- C 语言提供了专门用于字符输入输出的函数 getchar ()和 putchar()。
- 分支结构的执行是依据一定的条件选择执行的具体语句，而不是严格按照语句出现的物理顺序。C 语言中提供了单分支、双分支与多分支结构。
- 嵌套可以出现在 if 之中也可以出现在 else 之中，在没有充分的大括号进行界定的时候，一定要注意 else 与哪一个 if 进行配对，if 与 else 的配对遵循就近原则。
- switch 语句的功能就是计算 switch 后面的括号内的表达式的值，并逐一和 case 后面的常量比较，比较结果等于哪个常量表达式的值就执行其对应语句，不等于任何 case 的值就执行 default 后面的语句。
- 任何 switch 语句都可以换成多分支 if 语句，但反过来不一定可以。
- switch 语句后面括号中的表达式的值应为固定且离散的值。
- 在程序设计中将这种“满足一定条件的重复”称为循环。循环必须包含四个要素：①起始条件；②终止条件；③条件变化；④循环体（也就是要做的事情）。
- C 语言中提供了三种方法表示循环：for 语句、while 语句、do-while 语句。
- for 语句标准形式中的三个表达式都是可以省略的，但分号“;”绝对不能省略。如果三个表达式中的某一个表达式省略，则程序开发人员应该在程序的其他位置做相应处理。
- while 语句执行过程为：首先计算表达式的值，如果为真（非 0）则执行循环体，否则退出循环。
- do-while 语句执行过程为：首先执行循环体，然后判断表达式的值，如果为真则继续执行循环体，否则退出循环。
- 当 break 语句用于 for、while、do-while 循环语句中时，表示终止循环执行其后的语句，通常 break 关键字与 if 语句配合使用。
- continue 语句的作用是跳出本次循环直接进入下次循环。continue 语句应用在循环体内，常与 if 条件语句一起配合使用。
- 循环的嵌套是在一个完整的循环体内部又包含另一个或若干个完整的循环结构。
- 对于双重循环，将外部的循环称为外循环，内部的循环称为内循环。对于多重循环，最关键或者说最难的点是构造内循环的结束条件。

实训任务四　程序逻辑处理

1. 实训目的

- 了解 C 语言的三大程序结构。
- 掌握 printf()、scanf()、getchar()、putchar()输入输出函数的使用。
- 熟悉 C 语言程序三大结构的使用。
- 掌握多分支结构的应用。
- 掌握单重循环与双重循环的使用。

2. 项目背景

小菜熟练掌握了 C 语言的基本元素及构成，可以写一些简单的 C 语言程序了。但是小菜发现他掌握的知识只能解决一些简单的问题，当在程序编写中遇到选择的时候，当需要在满足一定条件下重复去做某件事的时候，小菜显得有些无能为力，有时通过大量代码的复制重写也可以完成，但大鸟老师对小菜说“大量代码复制是搬运工干的活，不是程序员该干的”。在大鸟老师的指导下，小菜开始研究程序的三大流程结构，当深入学习了分支结构和循环结构后小菜有些茅塞顿开，并迫不及待地开始完成下面的任务。

3. 实训内容

任务 1：编写程序，完成单个字符的输入输出。

任务 2：编写程序，实现输入三个边长，判断能不能组成三角形。

任务 3：编写程序，输入一个字符，输出该字符前面和后面各一个字符，并输出其 ASCII 码值。

任务 4：编写程序，交换两个变量的值。

任务 5：编写程序，输入一个 5 位数，分别求各位权上的数字，并实现数字的反转，比如原来是 12345，变成 54321。

任务 6：编写程序，输入任意 3 个实数，将 3 个数按照从大到小的顺序输出。

任务 7：编写程序，输入某年某月某日，判断该天是一年中的第几天。

任务 8：编写程序，输入一个数，判断其正负和奇偶。

任务 9：编写程序，输入两个整数 m 和 n，求其最大公约数和最小公倍数。

任务 10：编写程序，输入一行字符，分别统计出其中的英文字母、空格、数字和其他字符的个数。

任务 11：编写程序，输入数字，输出是星期几，比如输入 1，输出星期一，如果不在 1～7 的范围则输出数字非法。

任务 12：编写程序，求解 100～300 之间所有能被 5 整除的数。

任务 13：编写程序，完成百钱买百鸡的问题：公鸡一只，值五钱，母鸡值三钱，小鸡值一钱，百钱买百鸡，问公鸡、母鸡、小鸡各是几个？

习题 4

一、选择题

1．以下 4 个选项中，不能看作一条语句的是（　　）。

A．{;}　　B．a=0,b=0,c=0;

C．if(a>0);　　D．if(b==0) m=1;n=2;

2．当 c 的值不为 0 时，在下列选项中能正确将 c 的值赋给变量 a、b 的是（　　）。

A．c=b=a;　　B．(a=c) || (b=c) ;

C．(a=c) &&(b=c) ;　　D．a=c=b;

3．以下叙述中错误的是（　　）。

A．C 语言是一种结构化程序设计语言

B．结构化程序有顺序、分支、循环三种基本结构组成

C．使用三种基本结构构成的程序只能解决简单的问题

D．结构化程序设计提倡模块化的设计方法

4．以下叙述中正确的是（　　）。

A．调用 printf（）函数时，必须要有输出项

B．使用 putchar（）函数时，必须在之前包含头文件 stdio.h

C．在 C 语言中，整数可以以十二进制、八进制或十六进制的形式输出

D．调用 getchar（）函数读入字符时，可以从键盘上输入字符所对应的 ASCII 码值

5．以下能正确表示 a 和 b 同时为正或同时为负的逻辑表达式是（　　）。

A．(a>=0 || b>=0)&&(a<0 || b<0)　　B．(a>=0&&b>=0)&&(a<0&&b<0)

C．(a+b>0)&&(a+b<=0)　　D．a*b>0

6．有以下程序：

```
main()
{ int i=1,j=1,k=2;
  if((j++||k++)&&i++) printf("%d,%d,%d\n",i,j,k);
}
```

执行后输出的结果是（　　）。

A．1,1,2　　B．2,2,1　　C．2,2,2　　D．2,2,3

7．有如下程序：

```
main0
{ int x=1,a=0,b=0;
  switch(x){
      case 0: b++;
      case 1: a++;
      case 2: a++;b++;
  }
  printf("a=%d,b=%d\n",a,b);
}
```

该程序的输出结果是（　　）。

A．a=2,b=1　　B．a=1,b=1　　C．a=1,b=0　　D．a=2,b=2

8．有以下程序：

```
main()
{ int m=12,n=34;
  printf("%d%d",m++,++n);
  printf("%d%d ",n++,++m);
}
```

该程序运行后的输出结果是（　　）。

A．12353514　　B．12353513　　C．12343514　　D．12343513

9．有以下程序：

```
#include
main()
{
  char c1,c2,c3,c4,c5,c6;
  scanf("%c%c%c%c",&c1,&c2,&c3,&c4);
  c5=getchar(); c6=getchar();
  putchar(c1); putchar(c2);
```

```
  printf("%c%c\n",c5,c6);
}
```

程序运行后，若从键盘输入（从第 1 列开始）

```
123<回车>
45678<回车>
```

则输出结果是（　　）。

A．1267　　B．1256　　C．1278　　D．1245

10．对于整型变量 x，与 while(!x)等价的是（　　）。

A．while(x!=0)　　B．while(x==0)

C．while(x!=1)　　D．while(~x)

11．在 C 语言中 while 循环和 do-while 循环的主要区别是（　　）。

A．do-while 循环体内可以使用 break 语句，while 循环体内不能使用 break 语句

B．do-while 的循环至少无条件执行一次，while 的循环体不是

C．do-while 循环体内可以使用 continue 语句，while 循环体内不能使用 continue 语句

D．while 的循环体至少无条件执行一次，do-while 的循环体不是

12．以下程序段运行后变量 n 的值为（　　）。

```
int i=1,n=1;
for( ; i<3;i++)
{  continue;
   n=n+i;
}
```

A．4　　B．1　　C．2　　D．3

13．以下程序的运行结果是（　　）。

```
void main()
{
  int sum=0,item=0;
  while (item<5)
  {
    item++;
    sum+=item;
    if(sum==5)
    break;
  }
  printf("%d\n",sum);
}
```

A．10　　B．15　　C．5　　D．6

14．若有定义：float x=1.5; int a=1,b=3,c=2;，则正确的 switch 语句是（　　）。

A．switch(x)

{case 1.0: printf("*\n");

case 2.0: printf("**\n"); }

B．switch((int)x);

{case 1: printf("*\n");

case 2: printf("**\n");}

C．switch(a+b)

{ case 1: printf("*\n");

case 2+1: printf("**\n");}

D．switch(a+b)

{case 1: printf(*\n");

case c: printf("**\n");}

15. 下面有关 for 循环的描述正确的是（　　）。

A. for 循环只能用于循环次数已经确定的情况

B. for 循环是先执行循环体语句，后判定表达式

C. 在 for 循环中，不能用 break 语句跳出循环体

D. 在 for 循环体语句中，可以包含多条语句，但要用大括号括起来

16. C 语言中 while 和 do-while 循环的主要区别是（　　）。

A. do-while 的循环体至少无条件执行一次

B. while 的循环控制条件比 do-while 的循环控制条件严格

C. do-while 允许从外部转到循环体内

D. do-while 的循环体不能是复合语句

17. 以下程序段（　　）。

```
int x=-1;
do
{
    x=x*x;
}
while (!x);
```

A. 是死循环　　B. 循环执行二次　　C. 循环执行一次　　D. 有语法错误

18. 以下程序的输出结果是（　　）。

```
#include <stdio.h>
main()
{
    int i;
    for (i=4;i<=10;i++)
    {
        if (i%3==0) continue;
        printf("%d",i);
    }
}
```

A. 45　　B. 457810　　C. 69　　D. 678910

19. 有以下程序：

```
main()
{ int i,j,x=0;
  for(i=0;i<2;i++)
   { x++;
     for(j=0;j<=3;j++)
      { if(j%2) continue;
        x++; }
     x++;
   }
   printf("x=%d\n",x);
}
```

程序执行后的输出结果是（　　）。

A．x=4　　B．x=8　　C．x=6　　D．x=12

20．有以下程序：

```
main()
{ int a=1,b;
  for(b=1;b<=10;b++)
      { if(a>=8) break;
        if(a%2==1) { a+=5; continue;}
        a-=3; }
  printf("%d ",b);
}
```

程序运行后的输出结果是（　　）。

A．3　　B．4　　C．5　　D．6

21．以下程序的运行结果是（　　）。

```
#include <stdio.h>
main()
{ int x=8;
  for( ;x>0;x--)
  {
    if(x%3){printf("%d,",x--);continue;}
    printf("%d,",--x);
  }
}
```

A．7,4,2,　　B．8,7,5,2,　　C．9,7,6,4,　　D．8,5,4,2,

22．有以下程序：

```
#include <stdio.h>
main()
{ int i=5;
  do
  { if (i%3==1)
    if(i%5==2)
    { printf("*%d", i); break;}
    i++;
  } while(i!=0);
 printf("\n");
}
```

程序的运行结果是（　　）。

A．*7　　B．*3*5　　C．*5　　D．*2*6

23．有以下程序：

```
#include<stdio.h>
main()
{ int i, j;
  for(i=3; i>=1; i--)
      { for(j=1; j<=2; j++) printf("%d", i+j);
        printf("\n");
```

```
        }
    }
```

程序的运行结果是（　　）。

A. 2 3 4
   3 4 5

B. 4 3 2
   5 4 3

C. 2 3
   3 4
   4 5

D. 4 5
   3 4
   2 3

二、程序相关题

1．以下程序运行时若从键盘输入：10 20 30<回车>。输出结果是（　　）。

```
#include <stdio.h>
main()
{ int i=0,j=0,k=0;
  scanf("%d%*d%d",&i,&j,&k);
  printf("%d%d%d ",i,j,k);
}
```

2．已知字母 A 的 ASCII 码值为 65，以下程序运行后的输出结果是（　　）。

```
main()
{ char a, b;
  a='A'+'5'-'3'; b=a+'6'-'2' ;
  printf("%d %c\n", a, b);
}
```

3．以下程序运行后的输出结果是（　　）。

```
main()
{ int a=3,b=4,c=5,t=99;
  if(b<a&&a<c) t=a;a=c;c=t;
  if(a<c&&b<c) t=b;b=a;a=t;
  printf("%d%d%d ",a,b,c);
}
```

4．以下程序的功能是输出如下形式的方阵，请将程序补充完整。

```
13  14  15  16
9   10  11  12
5   6   7   8
1   2   3   4
main()
 { int i,j,x;
   for(j=4;________; j--)
   { for(i=1; i<=4; i++)
     { x=(j-1)*4 +________;
       printf("%4d",x); }
       printf("\n");
   }
 }
```

5．以下程序的运行结果是（　　）。

```
#include <stdio.h>
main()
```

```
{
    int s=0,k;
    for (k=7;k>=0;k--)
    {
        switch(k)
        {
            case 1:
            case 4:
            case 7: s++; break;
            case 2:
            case 3:
            case 6: break;
            case 0:
            case 5: s+=2; break;
        }
    }
    printf("s=%d\n",s);
}
```

6. 以下程序的运行结果是（　　）。

```
#include <stdio.h>
main()
{
    int i=1,s=3;
    do
    {
        s+=i++;
        if (s%7==0)
            continue;
        else
            ++i;
    } while (s<15);
    printf("%d\n",i);
}
```

7. 以下程序的运行结果是（　　）。

```
#include <stdio.h>
main()
{
    int i,j;
    for (i=4;i>=1;i--)
    {
        printf("*");
        for (j=1;j<=4-i;j++)
            printf("*");
        printf("\n");
    }
}
```

8. 以下程序的运行结果是（　　）。

```
#include <stdio.h>
main()
{
    int i,j,k;
    for (i=1;i<=6;i++)
    {
        for (j=1;j<=20-2*i;j++)
            printf(" ");
        for (k=1;k<=i;k++)
            printf("%4d",i);
        printf("\n");
    }
}
```

9. 以下程序的运行结果是（　　）。

```
#include <stdio.h>
main()
{
    int i,j,k;
    for (i=1;i<=6;i++)
    {
        for (j=1;j<=20-3*i;j++)
            printf(" ");
        for (k=1;k<=i;k++)
            printf("%3d",k);
        for (k=i-1;k>0;k--)
            printf("%3d",k);
        printf("\n");
    }
}
```

10. 以下程序的运行结果是（　　）。

```
#include <stdio.h>
main()
{
    int i,j,k;
    for (i=1;i<=4;i++)
    {
        for (j=1;j<=20-3*i;j++)
            printf(" ");
        for (k=1;k<=2*i-1;k++)
            printf("%3s","*");
        printf("\n");
    }
    for (i=3;i>0;i--)
    {
```

```
        for (j=1;j<=20-3*i;j++)
            printf(" ");
        for (k=1;k<=2*i-1;k++)
            printf("%3s","*");
        printf("\n");
    }
}
```

三、编写程序

1．编写程序，从键盘输入一个数，判断其是否是 3 的倍数而不是 5 的倍数。

2．从键盘输入一个 5 位整数，判断它是不是对称数，并输出判断结果。如 43234 就是对称数。采用分支结构实现。

3．编写程序，求 1+1/3+1/5+…+1/99 的和。

4．编写程序，输入秦始皇、汉武帝的出生年份，判断其属相。

5．编写程序，输入下面的图形（使用循环），不能直接用输出函数输出。

```
            *
         *  *  *
      *  *  *  *  *
   *  *  *  *  *  *  *
*  *  *  *  *  *  *  *  *
```

6．编写程序，根据学生的等级，输出学生的成绩范围，其中 A 级成绩范围为 90～100 分；B 级成绩范围为 80～89 分；C 级成绩范围为 70～79 分；D 级成绩范围为 60～69 分；E 级成绩范围为 0～59 分。

7．编写程序，输入下面的图形。

```
    *
  *   *
*   *   *
  *   *
    *
```

第 5 章 批量数据的存储——数组

程序是在计算机的 CPU 中执行的，而数据则保存在内存之中。数据存储形式有好多种，最基本的存储形式是变量。变量可以在简单逻辑的程序中完成数据存储的任务，但对于复杂的程序需要使用很多的变量才能完成数据的存储。为了更加方便地存储批量数据解决应用中的问题，本章就来学习数组。数组按照维度分为一维和二维，另外可采用字符数组来解决字符串的存储问题。

本章将详细介绍：①为什么要使用数组；②一维数组的定义、初始化与引用；③二维数组的定义、初始化与引用；④字符数组的定义、初始化与引用。

5.1 数组的认知

微课

在讲解基础知识之前先来讲一个故事。

在河北邢台的××村有个老汉姓刘，他有 8 个儿子（这里是假设，不考虑国家计划生育政策）。儿子长大了要娶媳妇，按照当地的习俗，在农村每个儿子要盖 4 间房才能娶到媳妇，于是刘老汉拼尽一生在村子的东南西北不同的地方买到了 8 块宅基地，盖上了房子，如图 5.1 所示。他的儿子们也顺利娶上了媳妇。

随着时间的推移，刘老汉老了，自己已经无法照顾自己。一天刘老汉费尽九牛二虎之力来到老大家吃饭，但不凑巧的是老大家门锁着不在家；饥肠辘辘的刘老汉拖着疲惫的身躯又费了好大力气找到老二家，碰巧老二也不在家（锁门）；老三、老四……老汉实在走不动了，这时他突然有个感慨："如果上天再给我一次机会的话，我一定不这样盖房子！我要在村子的一个位置买一大片地，一下盖上 32 间房，从左到右，按照年龄分配给儿子们，依次是老大家、老二家……，如图 5.2 所示。这样要找他们就简单了，即使老到糊涂了，查房间数就能找到每个儿子了。"

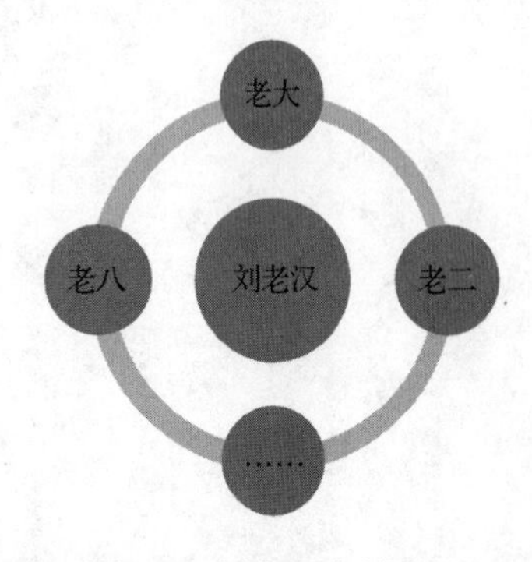

图 5.1 刘老汉家的房子

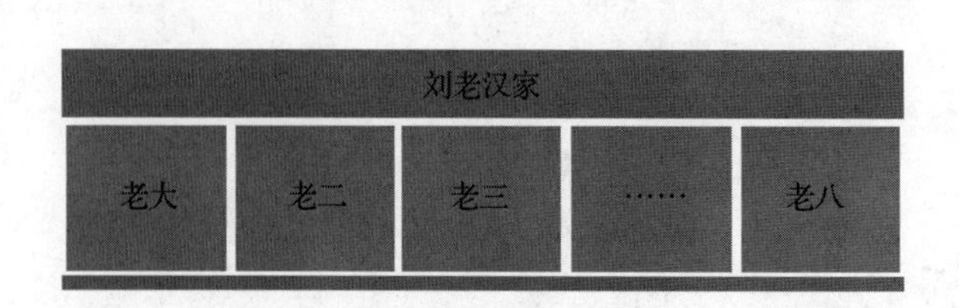

图 5.2 刘老汉想象中的房子

在这个故事中刘老汉家 8 个儿子的房子就是程序中的 8 个变量，为什么恰好是 4 间，因为 C 语言程序中整型变量的长度是 4 个字节。变量的使用在很大程度上解决了程序中数据存储的问题，但是当要存储的相同类型的数据非常多的时候就会像刘老汉找饭吃一样，显得非常不方便。而刘老汉想象中的房子，是连续的 32 间平均分给 8 个儿子，这种呈现方式恰好对应了 C 语言中的数组。

在 C 语言程序设计中，为了处理方便，把具有相同类型的若干变量按有序的形式组织起来。这些按序排列的同类数据元素的集合称为数组。

数组是在一块连续的空间内存储相同类型的多个值。

把刘老汉想象中的房子转换为 C 语言中的呈现方式，即 int L[8]，老汉姓刘我们就用 L 来命名整个老汉家，如图 5.3 所示。

0	1	2	3	4	5	6	7

图 5.3　数组 L[8]的呈现形式

说明 1：数组的存储空间必须是连续的，存储的数据类型必须完全相同。

说明 2：数组有统一的名字，使用数组名字加下标来唯一确定要访问的数组元素。就像刘老汉的儿子们一样，可以称为刘老大、刘老二……。

说明 3：数组的下标是从 0 开始的，因此最大下标为长度减去 1。

在 C 语言中，数组属于构造数据类型。数组中的每一个元素都属于同一个数据类型。使用统一的数组名和下标来唯一确定要访问的数组中的元素。使用数组就是为了更加简单方便地存储程序中必要的数据。因为编写程序处理的都是相对复杂的问题，因此，数组的使用在 C 语言程序设计中非常普遍。

数组按照维度或者说按照下标的个数不同分为一维数组和二维数组，数组的使用和变量的使用一样可以归纳为三步：第一步，数组的定义；第二步，数组的初始化；第三步，数组的引用。

5.2　一维数组的定义、初始化与引用

微课

一维数组是指有一个下标的数组，用来存储相同类型的多个值。比如在学生成绩管理系统中需要存储全班“C 语言程序设计”这门课的成绩，这就需要借助一维数组来完成。

5.2.1　一维数组的定义

C 语言中数组的使用应遵循先定义后使用的原则。

语法格式：类型说明符 数组名 [常量表达式];

- 类型说明符是任意一种基本数据类型或构造数据类型，数组元素属于同一类型，类型说明符标识的类型是指数组元素的类型，并不是整个数组的类型，因为数组本身就是一种构造类型。
- 数组名是用户定义的标识符，必须满足标识符的命名规则，不能与其他变量重名，数组的名字代表数组的首地址。
- 常量表达式表示数据元素的个数，也称为数组的长度，需要强调的是，数组的长度

不能是变量。

例如：

int a[10];　　　　整型数组a，有10个元素。

float b[10],c[20];　　　　浮点型数组b，有10个元素；浮点型数组c，有20个元素。

char ch[20];　　　　字符数组ch，有20个元素。

说明：数组的类型实际上是指数组元素的取值类型。同一数组所有元素的数据类型相同。

5.2.2 一维数组的初始化

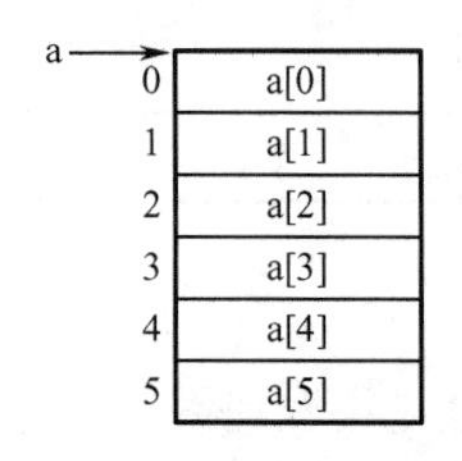

图5.4 数组a[6]的内存分配情况

数组定义之后将会在计算机内存里面开辟一块空间来存储整个数组，比如int a[6]，其存储空间情况如图5.4所示，如果没有对数组进行初始化，数组元素的默认值是一个内存中取到的随机数。

说明：数组在编译时分配连续内存空间：内存字节数=数组大小* sizeof(元素数据类型)。

【实例5.1】 输出没有初始化的整型数组的值。

程序代码：

```
#include"stdio.h"                //预处理
void main()                      //主函数
{//变量与数组定义
    int a[5],i;
 //逻辑与输出
    for(i=0;i<5;i++)
    {
        printf("%d\n",a[i]);
    }
}
```

程序运行结果如图5.5所示。

说明1：实例中仅对数组进行了定义，即：int a[5]，没有对其进行赋值，因此输出的5个值均为系统中相应地址空间中取到的随机值，如果想让该整型数组的默认值为0，可以在数组前加上static修饰符，即static int a[5]，则输出结果如图5.6所示。

说明2：这里提前用到了数组的引用，使用数组的名称+下标来唯一确定要访问的数组中的元素，注意下标的界限。

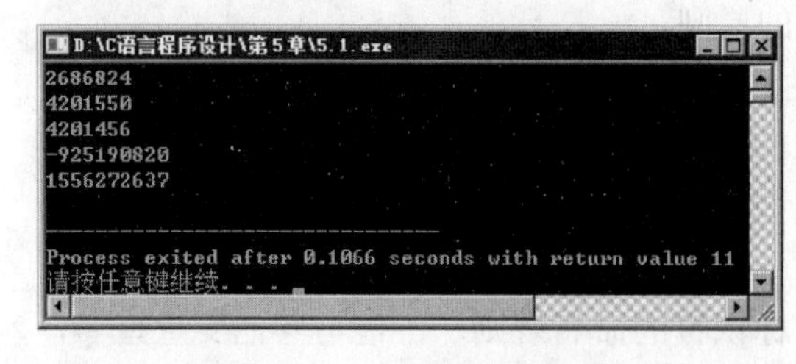

图5.5 实例5.1运行结果

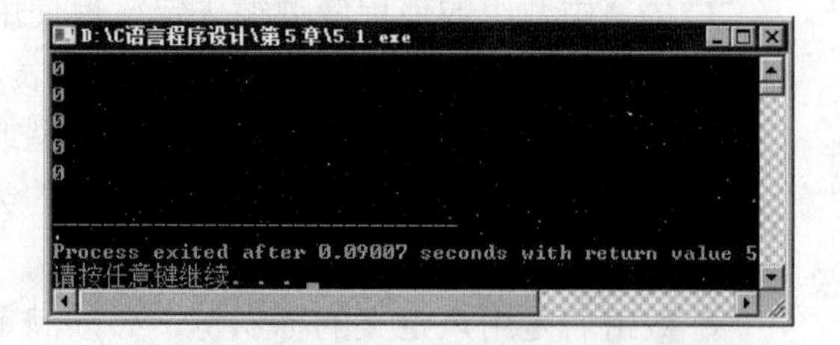

图5.6 加上static后实例5.1运行结果

由于没有赋初值的数组里面的值是内存中的一组随机数，对程序中数据处理没有实际性意义，因此，数组定义之后需要对数组进行初始化。数组初始化的方式有以下几种。

1. 数组定义时直接初始化

例如：int a[5]={10,20,30,40,50};

说明 1：大括号中的 5 个值依次存储到 a[0]到 a[4]之中，即：a[0]=10，…，a[4]=50。

说明 2：只能给数组元素逐个赋值，不能给数组整体赋值，如 int a[10]=100 是错误的。

说明 3：数组初始化是在编译阶段进行的，因此会减少程序运行时间，提高程序运行效率。

对于定义时直接初始化需要详细说明的有以下两种情况。

① 当数组的所有元素均已赋值，则数组长度可省略。即：int a[]={10,20,30,40,50};。

② 当只对数组进行部分赋值时，其他元素默认值为 0，整型的默认值为 0，不同类型有不同的默认值。

【实例 5.2】 输出部分初始化的整型数组的值。

程序代码：

```
#include"stdio.h"              //预处理
void main()                    //主函数
{//变量与数组定义
     int a[5]={10,20,30},i;
 //逻辑与输出
    for(i=0;i<5;i++)
    {
       printf("%d\n",a[i]);
    }
}
```

程序运行结果如图 5.7 所示。

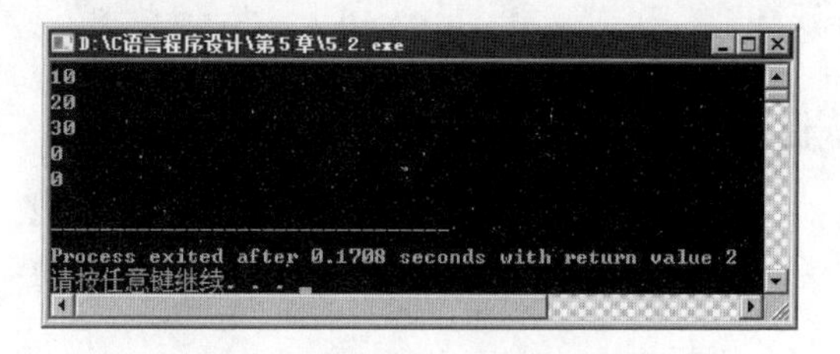

图 5.7　实例 5.2 运行结果

说明：本例中对数组元素进行了部分赋值，因此没有赋值的数组元素默认值为对应数值类型的初始值，这里数值类型为 int，所以没有赋值的数组元素为 0。

2. 使用赋值语句赋值

例如：

```
int a[3];
a[0]=10;
a[1]=20;
a[2]=30;
```

说明 1：通过数组名加下标的方式为每一个数组元素赋值，当然，既然能这样逐个赋值，也就可以通过循环给数组赋值。

说明 2：通过这种方式赋值，如果只给部分元素赋值，其他元素的值仍然是随机数。

5.2.3 一维数组的引用

使用数组的目的是存储同一类型的多个值，因此会经常用到数组元素的访问。数组元素可以理解为一种特殊的变量。在 C 语言中只能逐个访问数组中的元素，不能一下访问整个数组。数组中有多个元素，并且下标有规律，因此循环+数组的方式是最好的数组访问方式。

数组元素的访问形式为：数组名[下标];

说明 1：下标只能为整型常量或整型表达式，下标说明了数组元素的位置，在 C 语言中数组的下标从 0 开始，因此在引用第 n 个元素的时候应该使用 n-1 作为下标。

说明 2：这里需要重点说明的是 int a[5];与数组引用或初始化用到的 a[5]是两个概念。前者表示定义一个数组，数组长度为 5，后者则是访问该数组的第 6 个元素，因为数组下标从 0 开始。

【实例 5.3】 使用循环方式为数组赋值并引用。

程序代码：

```
#include "stdio.h"              //预处理
void main()                     //主函数
{ //变量与数组的定义
  int i,a[5];
  //使用循环初始化数组
  for(i=0;i<=4;i++)
     {
        a[i]=(i+1)*10;
     }
  for(i=4;i>=0;i--)
      {
         printf("%3d",a[i]);
      }
  printf("\n");
}
```

程序运行结果如图 5.8 所示。

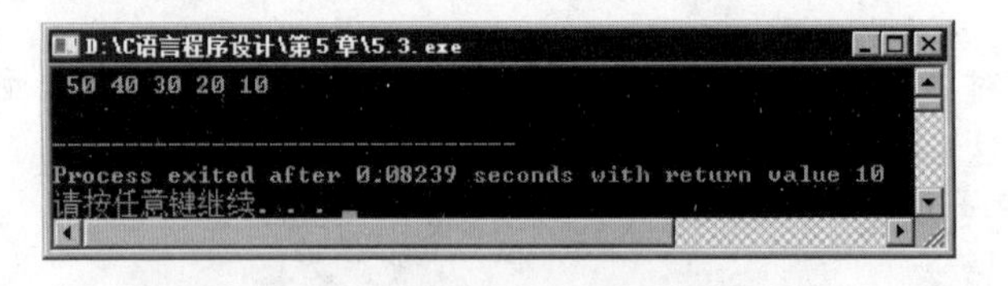

图 5.8　实例 5.3 运行结果

说明 1：实例中用到两个 for 循环语句，第一个 for 循环语句给 a 数组元素赋值，使 a[0]到 a[4]的值为(i+1)*10。第二个 for 语句按逆序输出 a 数组中每个元素的值。不能使用 printf("%d",a);引用整个数组。

说明 2：printf("%3d",a[i]);是格式化输出，%3d 代表当输出的数据不足三位的时候右对齐左补空格，如果是%-3d 则是左对齐右补空格。

数组与循环的结合是解决批量数据存储最好的方式，这也是章节安排中先讲解循环后讲解数组的原因。

微课

5.3 二维数组的定义、初始化与引用

第 5.2 节并没有给出其开始时提出的存储全班所有人“C 语言程序设计”这门课成绩的具体代码，但只要读者认真学习了一维数组相关的知识，一定可以顺利解决上面的任务。但如果要存储多位同学多门课的成绩，显然使用一维数组将无法完成，此时将用到二维数组。

5.3.1 二维数组的定义

二维数组仍然是在一块连续的地址空间内存储多个值，虽然二维数组实际存储也是线性的，但二维数组的访问需要用到行和列二维坐标。二维数组可以理解为一个一维数组的每一个元素也是一个存储相同类型多个值的一维数组。

语法格式：类型说明符 数组名[常量表达式 1][常量表达式 2];

说明 1：常量表达式 1 表示该数组有几行数据，常量表达式 2 表示每行有几列。二维数组有两个维度，每个维度的值都是从 0 开始的，最大到相应的行或者列数目减 1。

说明 2：类型说明符和数组名的规则和一维数组一样。

例如：int a[2][3];

说明：一个 2 行 3 列的数组，数组名为 a，数组中一共有 6 个元素，如表 5.1 所示。

表 5.1　a[2][3]数组中的元素

a[0][0]	a[0][1]	a[0][2]
a[1][0]	a[1][1]	a[1][2]

说明：二维数组是按照行进行存放的，先存放 a[0]行，然后再存放 a[1]行，数组在实际的硬件存储器是连续编址的，也就是说存储器单元是按一维线性排列的。

5.3.2 二维数组的初始化

编写程序解决现实中的问题经常用到二维数组，二维数组在定义之后，必须初始化才有实际意义。

1. 逐行赋值

例如：int a[2][3]={ {80,75,92},{61,65,71}};的存储方式如表 5.2 所示。

表 5.2　a[2][3]数组中的元素的值

80	75	92
61	65	71

说明 1：二维数组的赋值同样在赋值符号后面有一对大括号，大括号中包含的两对大括号对应了数组的两行，每对大括号对应数组的一行，且按照顺序对应。

说明 2：采用逐行赋值的方式，如果对二维数组的元素部分赋值，则其他元素默认为 0，数组元素的默认值取决于数组元素的类型。整型的默认值为 0，字符型的默认值为 ASCII

码为 0 的字符，也就是 NULL。

例如：int a[2][3]={ {80},{61}};的存储方式如表 5.3 所示。

表 5.3　a[2][3]数组元素的默认值

80	0	0
61	0	0

2. 按行逐个赋值

例如：int a[2][3]={ 80,75,92,61,65,71};

说明 1：如果二维数组的所有元素均已赋值，则二维数组的第一维坐标“行”可以省略，不论什么情况第二维坐标“列”一定不能省略。

说明 2：采用这种方式赋值同样存在默认值问题。如果只给部分赋值，则其他按照数组元素类型给予初始化赋值。

因此，上面的例子可以改写为：int a[][3]={ 80,75,92,61,65,71};

3. 使用赋值语句赋值

例如：

```
int a[2][3];
a[0][0]= 80;   a[0][1]= 75;  a[0][2]= 92;
a[1][0]= 61;   a[1][1]= 65;  a[1][2]= 71;
```

说明：通过赋值语句逐个给二维数组中的每个元素赋值。当输入数值有一定规律或者有固定来源时，可以采用双重循环进行赋值。

【实例 5.4】 使用双重循环方式为二维数组赋值。

程序代码：

```
#include "stdio.h"                    //预处理
void main()                           //主函数
{ //变量与数组的定义
  int i,j,a[2][3];
  //使用双重循环初始化数组
  for(i=0;i<=1;i++)
  {
    for(j=0;j<=2;j++)
    {
      a[i][j]=(i+j+1)*10;
    }
  }
}
```

说明：采用双重循环为二维数组赋值，其中外循环 i 的变化代表了二维数组行的变化，内循环 j 代表了二维数组列的变化。

5.3.3　二维数组的引用

二维数组元素的引用和一维数组一样，也是采用“数组名+下标”的方式。引用二维数组的元素采用行和列双下标。

二维数组元素的访问形式为：　数组名[下标 1][下标 2]

说明：二维数组的下标均为整型常量或整型表达式，并且下标从0开始，行坐标最大值为下标1减1；列坐标最大值为下标2减1。

【实例5.5】 编写程序，完成3个学生3门课成绩的存储，并求每个人的平均成绩和各学科总平均成绩。这3个学生的成绩如表5.4所示。

表5.4 学生成绩表

科目＼学生	David	Alice	Bob
唱歌	85	89	83
跳舞	87	85	90
表演	100	95	90

程序代码：

```
#include "stdio.h"              //预处理
void main()                     //主函数
{
   //变量与数组的定义
  int i,j,s=0,a[3][3];
  float average,v[3];
  //数据的初始化
  printf("请输入考试成绩\n");
    for(i=0;i<3;i++)
    {
        for(j=0;j<3;j++)
        {
           scanf("%d",&a[i][j]);
        }
    }
    //算法逻辑
     for(i=0;i<3;i++)
     {
         for(j=0;j<3;j++)
         {
            s=s+a[i][j];
         }
            v[i]=(float)s/3;
            s=0;
     }
   average =(v[0]+v[1]+v[2])/3;
   //结果输出
   printf("唱歌:%f\n 跳舞:%f\n 表演:%f\n",v[0],v[1],v[2]);
   printf("总平均成绩:%f\n", average );
}
```

程序运行结果如图5.9所示。

程序解析：实例中使用了两个双重循环。其中第一个双重循环用来完成二维数组的初始化，第二个双重循环的内循环中依次读入某一门课程的各个学生的成绩，并把这些成绩累加起来，退出内循环后再把累加的成绩除以 3 存储到 v[i]中，这就是第 i 个人的平均成绩。外循环共循环三次，分别求出三个人各自的平均成绩并存放在 v 数组中。最后，把 v[0],v[1],v[2]相加除以 3 即得到各科总平均成绩。

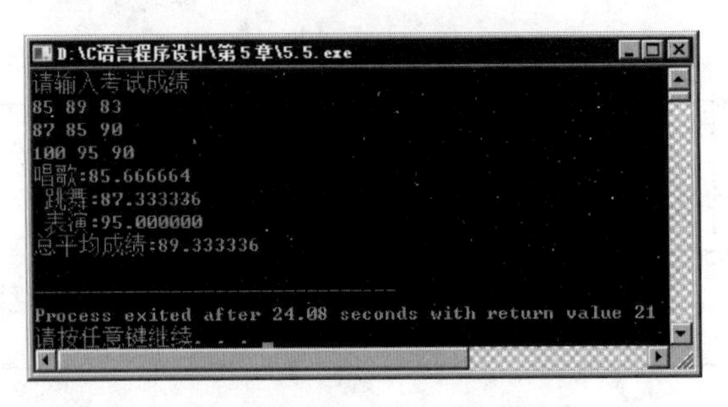

图 5.9　实例 5.5 运行结果

说明：在两个双重循环中 i 代表行，也就是第 i 个人的全部成绩。二维数组与双重循环的结合是表格结构最好的处理方式。

微课

5.4 字符数组的定义、初始化与引用

在程序设计中还会经常遇到多个字符数据的处理，比如存储学生姓名、邮箱地址等。C 语言中没有专门的字符串类型，因此也不能定义字符串类型的变量来存储一个字符串。C 语言中字符串的存储和显示通过字符数组来实现。将字符存放于字符数组，并在结尾加一个“\0”标志作为字符串的结束标志，结束标志也要占用 1 个字节的存储单元。

字符数组既然是数组也分为一维与二维，使用过程也分为数组的定义、初始化与引用 3 个步骤。因此在掌握了普通一维数组与二维数组的使用后，字符数组的使用过程将变得非常简单。

5.4.1 字符数组的定义

字符数组的形式与前面介绍的数值数组相同。

一维字符数组定义格式：char c[10];

说明：C 语言中的字符是以 ASCII 码形式存储的，因此字符数组可以认为是整型数组的一种。因此，可以使用整型数组存储字符串。

由于字符型和整型通用，也可以定义为 int c[10]，但这时每个数组元素占 4 个字节的内存单元。字符数组也可以是二维或多维数组。

二维字符数组定义格式：char c[5][10];

5.4.2 字符数组的初始化

数组定义时直接进行初始化，例如：char c[10]={‘c’, ‘ ’, ‘p’, ‘r’, ‘o’, ‘g’, ‘r’, ‘a’, ‘m’};。

说明 1：当对全体元素赋初值时可省略数组的长度。使用 printf("%d\n",sizeof(c));则输出字符数组长度为 10。

说明 2：如果字符数组部分赋值，则没有赋值的元素默认值为空字符（ASCII 码值为 0 的

字符)，其实就是前面讲到的字符结束标志“\0”。字符数组在内存中的存储情况如图 5.10 所示。

c[0]	c[1]	c[2]	c[3]	c[4]	c[5]	c[6]	c[7]	c[8]	c[9]
c		p	r	o	g	r	a	m	\0

图 5.10　数组 c[10]内存分配情况

如果在字符数组定义时进行初始化，一般不会指定数组的长度，因为指定的长度往往大于实际存储，造成内存空间的浪费。

因此字符数组初始化可改写为：char c[]={‘c’, ‘ ’, ‘p’, ‘r’, ‘o’, ‘g’, ‘r’, ‘a’, ‘m’};，使用 printf("%d\n", sizeof(c));则输出字符数组长度为 9。存储相同的数据比上面的方法节省了 1 个字节的空间。

上面这种初始化的方式节省了空间，但是赋值的时候作为程序员写起来却比较麻烦，C 语言支持使用字符串为字符数组赋值。

例如：char c[]={“c program”};

还可改写成 char c[]=“c program”;

说明：这种赋值方式系统会自动在字符数组的最后加上一个字符串结束标志‘\0’。虽然在空间上浪费了 1 个字节，但是对于程序员来说数据的处理方便了很多，这种赋值方式是最常用的。

5.4.3　字符数组的引用

字符数组的引用和普通数组一样，通过数组的名称+下标来唯一确定要访问的每一个数组元素。因此，可以通过引用字符数组的 1 个元素，得到一个字符。因为字符数组一般存储多个字符，引用一般使用循环。

【实例 5.6】　字符数组的引用——编写程序输出“I LOVE CHINA!”。

程序代码 1——一维数组的应用：

```
#include "stdio.h"              //预处理
void main()                     //主函数
{ //变量定义
  int i,j;
  //数组定义与赋值
  char a[]={'I',' ','L','O','V','E',' ','C','H','I','N','A','!'};
  //字符数组的引用输出
  for(i=0;i<sizeof(a);i++)
      {
        printf("%c",a[i]);
      }
}
```

程序代码 2——二维数组的应用：

```
#include "stdio.h"              //预处理
void main()                     //主函数
{ //变量定义
   int i,j;
   //数组定义与赋值
```

```
    char a[][5]={{'I','L','O','V','E'},{'C','H','I','N','A'}};
    //字符数组的引用输出
    for(i=0;i<=1;i++)
     {
       for(j=0;j<=4;j++)
       {
          printf("%c",a[i][j]);
       }
       printf(" ");
     }
       printf("!\n");
}
```

程序运行结果如图 5.11 所示。

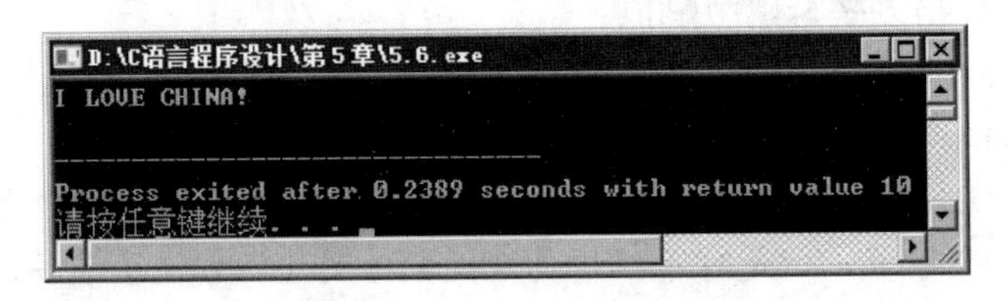

图 5.11　实例 5.6 运行结果

说明 1：本例给出了使用一维字符数组与二维字符数组两种解决方案。二维字符数组由于在初始化时全部元素都赋以初值，因此二维数组下标的行坐标可以省略。

说明 2：在一维数组元素访问过程中的循环接收条件中使用了 sizeof(a)，sizeof(a)用来测试数组 a 的长度，这种方法在动态数组的访问中最为常见。

5.4.4　字符串和字符串结束标志

在实际的程序开发中，关注的不是字符数组的长度，而是实际字符串的长度。通过前面介绍已经清楚字符串以'\0'作为结束标志。把一个字符串存入一个字符数组，也把结束符'\0'存入数组，并以此作为该字符串是否结束的标志。有了'\0'标志后，就不必再用字符数组的长度来判断字符串的长度了。

'\0'是由 C 编译系统自动加上的。由于采用了'\0'标志，所以在用字符串赋初值时一般无须指定数组的长度，而由系统自行处理。'\0'的 ASCII 码值为 0，实际上就是一个空字符。

5.4.5　字符数组的输入输出

字符数组的输入输出有以下两种方式。

（1）逐个字符输入输出，使用格式化符号“%c”逐个输入或输出字符。

（2）C 语言提供了使用 printf()函数和 scanf()函数一次输出、输入一个字符串的格式化符号“%s”。

【实例 5.7】 使用“%s”完成字符数组的输出。

程序代码：

```
#include "stdio.h"
void main()
```

```
  {
    char c[]="wo shi yi ge hao ren!";
    printf("%s\n",c);
  }
```

程序运行结果如图 5.12 所示。

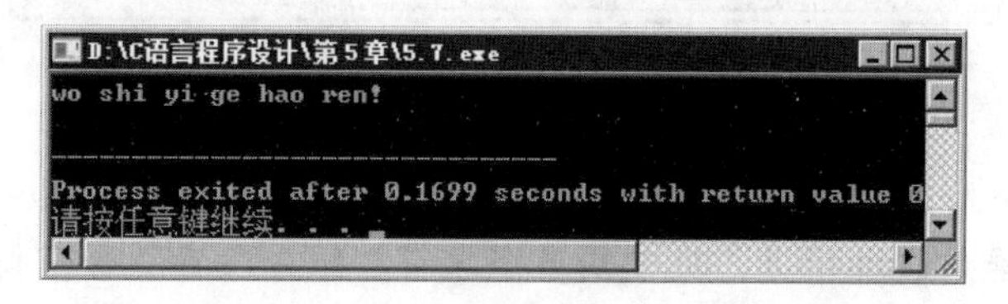

图 5.12　实例 5.7 运行结果

说明：本例的 printf()函数中，使用的格式字符串为“%s”，表示输出的是一个字符串。而在输出表列中使用的是数组的名字 c，而不是数组元素 c[]。“%s”被引入时，不使用循环也可轻松输出字符数组的值，也就是字符串的值。

【实例 5.8】 使用“%s”完成字符串的输入输出。

程序代码：

```
#include "stdio.h"                  //预处理
void main()                         //主函数
{ //定义数组
  char st[50];
  printf("请输入字符串:\n");
  //数组赋值
  scanf("%s",st);
  //数组输出
  printf("%s\n",st);
 }
```

程序运行结果如图 5.13 所示。

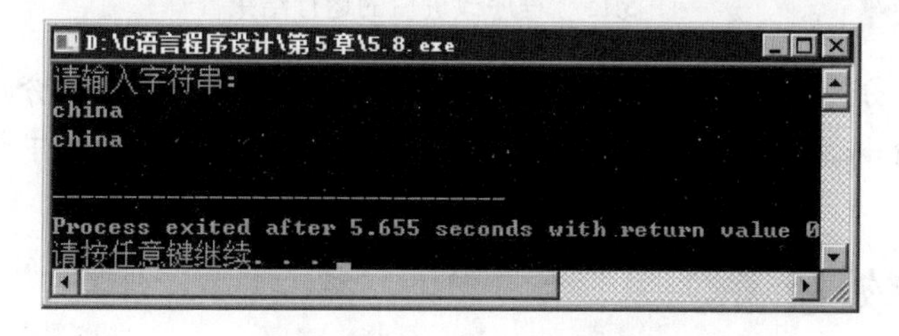

图 5.13　实例 5.8 运行结果

说明 1：scanf("%s",st);中的 st 前没有加地址符号“&”，是因为数组名本身就代表数组的首地址。

说明 2：定义的字符数组的长度为 50，因此输入的字符串长度必须小于等于 49，留用 1 个字节存储'\0'。如果数组不进行初始化，则必须指定数组长度。

说明 3：用 scanf 函数输入字符串时，字符串中不能含有空格，否则将以空格作为串的结束符。在实例 5.8 中，如果输入的字符串带有空格，则输出结果如图 5.14 所示。

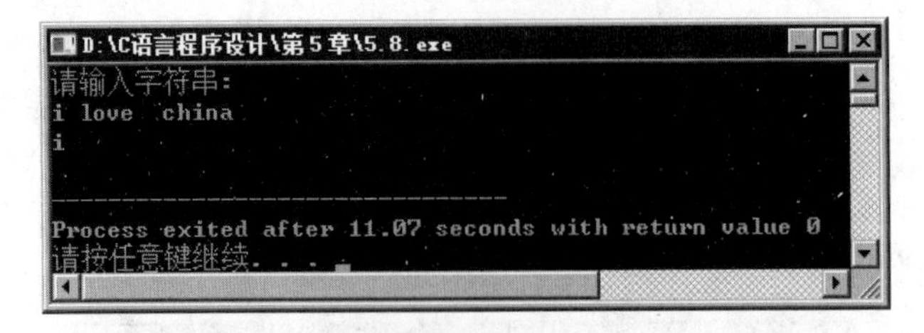

图 5.14　输入带空格字符串时实例 5.8 运行结果

说明 4：从输出结果可以看出空格以后的字符都未能输出。在使用“%s”进行输入输出的情况下，为了避免这种情况，可使用多个字符数组分段存放含空格的串。

程序可改写如下：

```
#include "stdio.h"
void main()
{ //定义数组
  char st1[2],st2[5],st3[6];
  printf("请输入字符串:\n");
  //数组赋值
  scanf("%s%s%s",st1,st2,st3);
  //数组输出
  printf("%s %s %s\n",st1,st2,st3);
}
```

程序运行结果如图 5.15 所示。

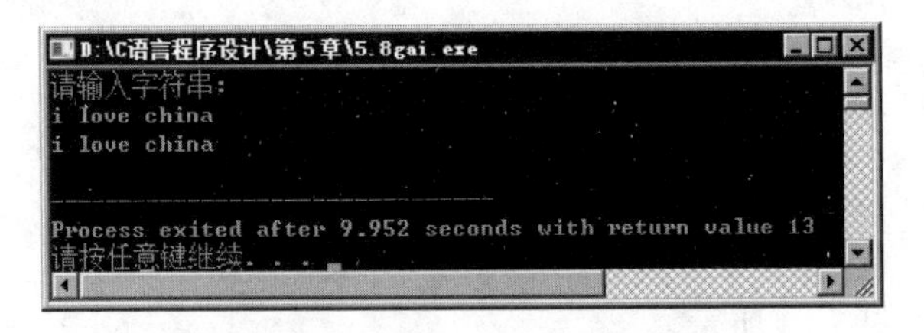

图 5.15　程序改进后的运行结果

说明：本程序分别设了三个数组，按照输入的一行字符中的空格分段，分别存入三个数组，然后分别输出这三个数组中的字符串，进而达到了在输入输出中带有空格的字符串的情况。

5.4.6　字符串处理函数

微课

C 语言的函数库中提供了专门用来处理字符串的函数，使用这些函数可大大减轻编程的负担。用于输入输出字符串的函数，在使用前应包含头文件"stdio.h"，使用其他字符串函数则应包含头文件"string.h"。

1. 字符串输出函数 puts()

格式：puts (字符数组名)

功能：把字符数组中的字符串输出到显示器上。

【实例 5.9】 使用 puts()输出字符数组。

程序代码：

```
//预处理
#include "stdio.h"
#include"string.h"
void main()        //主函数
{ //定义字符数组并赋值
  char c[]="i love china!";
  //字符数组的输出
  puts(c);
}
```

程序运行结果如图 5.16 所示。

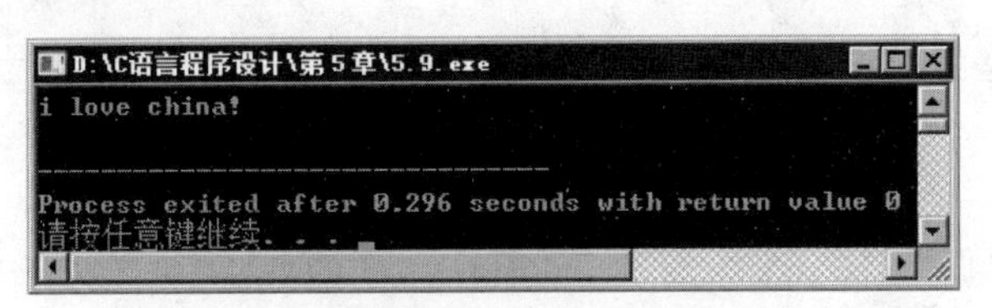

图 5.16　实例 5.9 运行结果

说明：puts()函数中可以使用转义字符，puts()函数的功能都可以使用 printf()完成，因此输出一般使用 printf()函数。

2. 字符串输入函数 gets()

格式：gets (字符数组名)

功能：从终端上输入一个字符串到字符数组。该函数得到一个函数值，即为该字符数组的首地址。gets()函数允许输入空格，当输入的字符串含有空格时不被截断。

【实例 5.10】 使用 gets()获取字符串到字符数组。

程序代码：

```
#include"stdio.h"           //预处理输入输出
#include"string.h"          //预处理字符串
void main()                 //主函数
{ //定义字符数组
  char st[15];
  printf("请输入字符:\n");
  //获取字符串
  gets(st);
  //输出字符数组
  puts(st);
}
```

程序运行结果如图 5.17 所示。

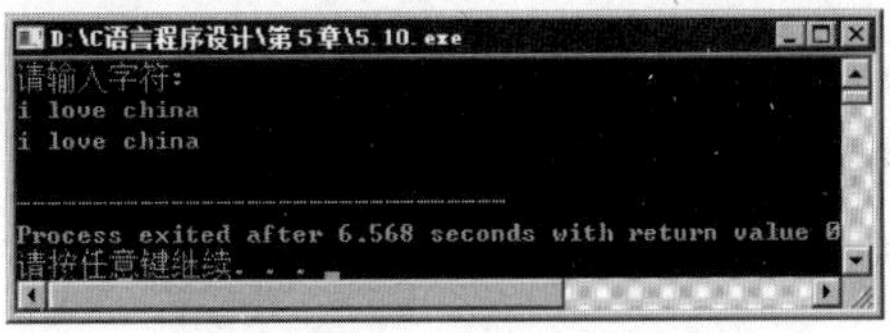

图 5.17　实例 5.10 运行结果

说明：输入的字符串中含有空格，输出仍为全部字符串。这说明 gets()函数并不以空格作为字符串输入结束的标志，而是以回车作为输入结束的标志。这与 scanf()函数不同，因此 gets()有其特殊的用途。

3. 测试字符串长度函数 strlen()

格式：strlen(字符数组名)

功能：测试字符串的实际长度（不含字符串结束标志“\0”）并作为函数返回值。

【实例 5.11】 测试字符数组的长度。

程序代码：

```
//包含标准输入输出和字符串头文件
#include "stdio.h"
#include"string.h"
void main()            //主函数
{ //变量定义
  int k;
  //数组定义与赋值
  static char st[]="I love C language";
  //测试长度
  k=strlen(st);
  //结果输出
  printf("该字符串的长度为 %d\n",k);
}
```

程序运行结果如图 5.18 所示。

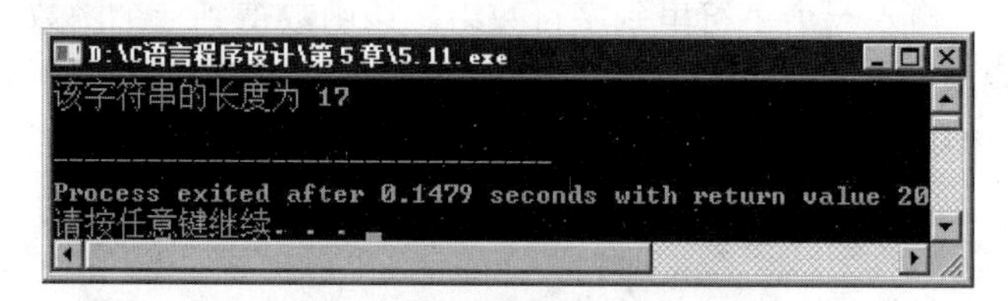

图 5.18 实例 5.11 运行结果

说明：strlen()函数的作用是测试括号中参数中的字符数组的字符串长度，以“\0”作为结束标志但不算入字符串长度，空格也算作一个字符。

4. 字符串连接函数 strcat()

格式：strcat (目标字符数组,源字符数组)

功能：把源字符数组中的字符串连接到目标字符数组的后面，并删去目标字符数组后的“\0”。该函数返回值是字符目标数组的首地址。

【实例 5.12】 字符串连接。

程序代码：

```
//导入输入输出和字符串头文件
#include "stdio.h"
#include"string.h"
void main()            //主函数
{
//字符数组定义与赋值
```

```
    char st1[30]="My name is ";
    char st2[10];
    printf("请输入你的英文名字：");
    gets(st2);
    //使用连接函数进行字符串的连接
    strcat(st1,st2);
    //字符串的输出
    puts(st1);
  }
```

程序运行结果如图 5.19 所示。

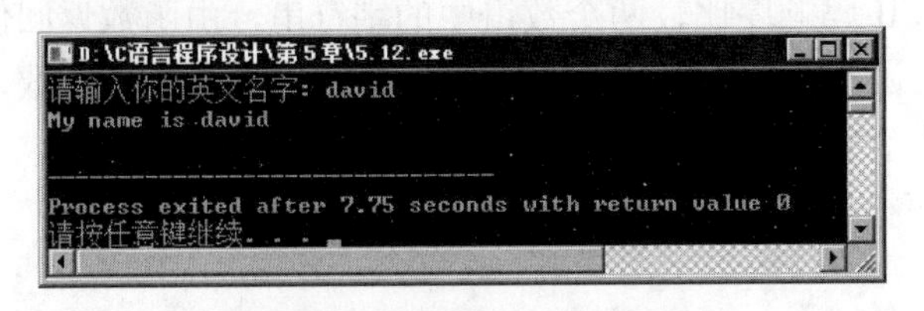

图 5.19　实例 5.12 运行结果

说明 1： 实例中把初始化赋值的字符数组与动态赋值的字符串连接起来。

说明 2： 要注意的是目标字符数组应定义足够的长度，否则会造成数组的溢出。

5. 字符串复制函数 strcpy()

格式：strcpy (目标字符数组,源字符数组)

功能：把源字符数组中的字符串复制到目标字符数组中，“\0”也一同复制。源字符数组可以是一个字符串常量。这时相当于把一个字符串赋予一个字符数组。

【实例 5.13】 字符串复制。

程序代码：

```
#include "stdio.h"
#include"string.h"
void main()              //主函数
{//数组定义与赋值
  char st1[18],st2[]="I love C Language";
 printf("输出字符串 st2:");
 puts(st2);
 printf("\n 通过 strcpy(st1,st2)函数将字符串 st2 复制到 st1\n");
 //使用 strcpy 函数进行数组复制
 strcpy(st1,st2);
 printf("输出字符串 st2:");
 //字符数组输出
 puts(st1);printf("\n");
}
```

程序运行结果如图 5.20 所示。

说明： strcpy()函数要求目标字符数组应有足够的长度，否则不能全部存储所复制的字符串。

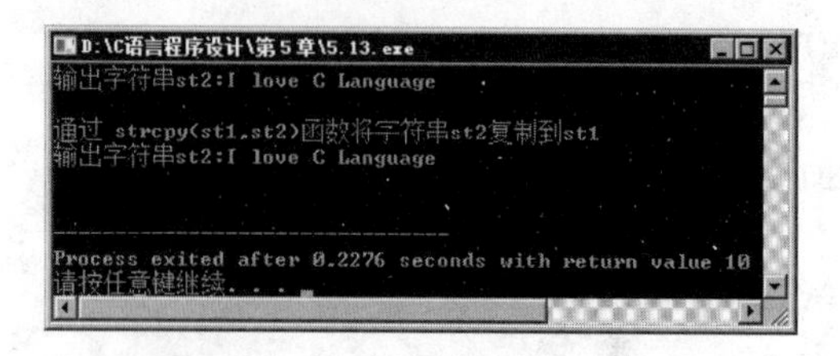

图 5.20　实例 5.13 运行结果

6. 字符串比较函数 strcmp()

格式：strcmp(字符数组 1,字符数组 2)

功能：按照 ASCII 码顺序比较两个数组中的字符串，由函数返回值返回比较结果。如果两个字符串相等则返回 0；如果字符数组 1>字符数组 2 则返回正数，否则返回负数。该函数也可用于比较两个字符串常量，或比较字符数组和字符串常量。

【实例 5.14】 字符串比较。

程序代码：

```
#include "stdio.h"                    //预处理输入输出
#include"string.h"                    //预处理字符串函数
void main()                           //主函数
{  int k;
  char st1[15],st2[]="abcdef";
  printf("请输入字符串:\n");
  gets(st1);                          //给字符数组 st1 赋值
  k=strcmp(st1,st2);                  //使用比较函数
  printf("%d\n",k);
  //如果得到 0 则表示两个字符串相等，如果大于 0 则 st1>st2，如果小于 0 则 st1<st2
  if(k==0) printf("st1=st2\n");
  if(k>0) printf("st1>st2\n");
  if(k<0) printf("st1<st2\n");
}
```

程序运行结果如图 5.21 所示。

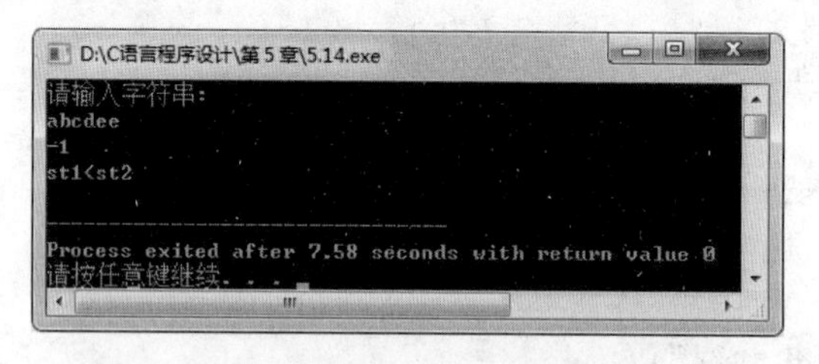

图 5.21　实例 5.14 运行结果

说明： 字符串的比较，是从第一个字符开始按照 ASCII 码逐一进行比较的。

7. 大写转小写函数 strlwr()与小写转大写函数 strupr()

格式：strlwr(字符串)

功能：将字符串中大写字母转为小写。

格式：strupr(字符串)

功能：将字符串中小写字母转为大写。

5.5 程序案例

【程序案例 5.1】 求 10 个数中的最大值。

程序代码：

```
#include "stdio.h"
void main()
{//变量与数组定义
  int i,max,a[10];
  printf("请输入 10 个数:\n");
  //数组的赋值
  for(i=0;i<10;i++)
  {
      scanf("%d",&a[i]);
  }
  max=a[0];                    //首先把 a[0]设为最大值
  for(i=1;i<10;i++)            //逐个元素与给最大值对比
  {
     if(a[i]>max)
     {
        max=a[i];
     }
  } //输出最大值
   printf("maxmum=%d\n",max);
}
```

输出结果：如图 5.22 所示。

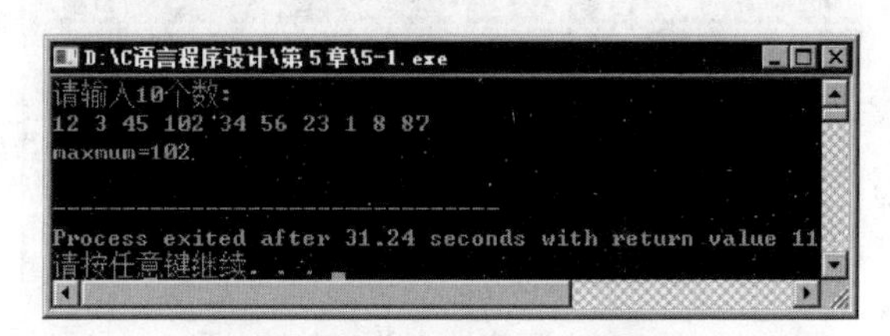

图 5.22　程序案例 5.1 输出结果

说明：实例中第一个 for 语句逐个输入 10 个数到数组 a 中，然后把 a[0]送入 max 中。在第二个 for 语句中，从 a[1]到 a[9]逐个与 max 中的内容比较，若比 max 的值大，则把该下标变量中的值存入 max 中，因此 max 始终存储最大者。比较结束，输出 max 的值。

【程序案例 5.2】 利用选择法对长度为 10 的数组赋值并进行降序排列。

程序代码：

```
#include "stdio.h"                    //预处理
void main()                           //主函数
{ int i,j,p,q,s,a[10];                //变量与数组定义
  printf("\n 请输入 10 个整数:\n");
  //通过循环为数组赋初值
```

```
    for(i=0;i<10;i++)
    {
         scanf("%d",&a[i]);
    }
    //采用选择法进行数组排序
    for(i=0;i<10;i++)
       { //初始化最大值及下标
        p=i;q=a[i];
        //利用循环逐一比较，如果比自身大则重新记录
        for(j=i+1;j<10;j++)
        {
          if(q<a[j])
          { p=j;q=a[j]; }

        }
        //如果最大值不是a[i]，则把最大值交换到a[i]
         if(i!=p)
          {
           s=a[i];
           a[i]=a[p];
           a[p]=s;
          }
        printf("%5d",a[i]);
      }
}
```

输出结果：如图 5.23 所示。

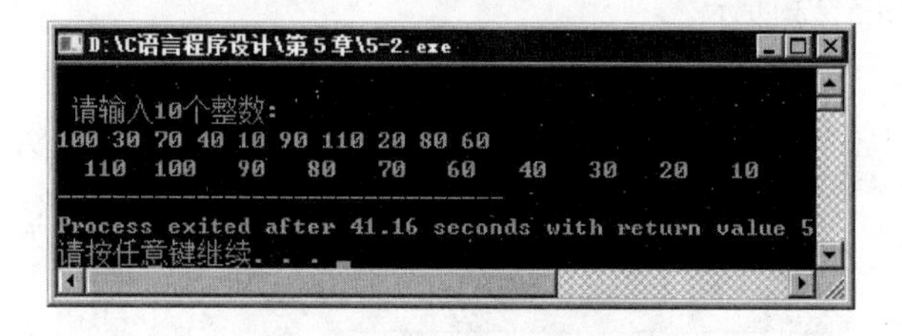

图 5.23　程序案例 5.2 输出结果

说明：实例中用了两个并列的 for 循环语句，第二个为双重 for 循环。第一个 for 语句用于初始化数组，双重 for 循环用于排序。程序采用每次选择一个剩余元素中最大值的方法进行排序。在第 i 次循环时，使用 p 保存当前下标，使用 q 保存 a[i]的值。内循环完成从 a[i+1]起到最后一个元素逐个与 a[i]作比较，有比 a[i]大者则将其下标存入 p，元素值存入 q。一次循环结束后，p 为最大元素的下标，q 则为最大元素。若此时 i≠p，说明 p 和 q 发生了变化，则交换 a[i]和 a[p]之值。采用每次选择一个最大值的方法进行排序。

【程序案例 5.3】 编写程序，实现将 a 数组转置，存储到 b 数组之中，求转置后的数组 b 的最大值，并输出其行号、列号。两个数组中值的存储情况如图 5.24 所示。

$$a=\begin{bmatrix}1 & 2 & 3\\ 4 & 5 & 6\end{bmatrix}\qquad b=\begin{bmatrix}1 & 4\\ 2 & 5\\ 3 & 6\end{bmatrix}$$

图 5.24　矩阵转置

程序代码：

```
#include "stdio.h"
void main()
{ //定义初始数组并赋值
  int a[2][3]={{1,2,3},{4,5,6}};
  //定义转置后的数组，并定义行列坐标
  int b[3][2],i,j,row,colum,max;
  printf("数组 a 的值为:\n");
  //输出数组 a 的值，并通过 b[j][i]=a[i][j];实现数组转置
  for(i=0;i<=1;i++)
  {
    for(j=0;j<=2;j++)
      {
        printf("%5d",a[i][j]);
        b[j][i]=a[i][j];
      }
    printf("\n");
  }
  //输出数组 b 的值
  printf("数组 b 的值为:\n");
  for(i=0;i<=2;i++)
  {
    for(j=0;j<=1;j++)
    {
      printf("%5d",b[i][j]);
    }
    printf("\n");
  }
  //求数组 b 中的最大值
  max=b[0][0];
  for(i=0;i<=2;i++)
  {
    for(j=0;j<=1;j++)
    {
       if(b[i][j]>max)
        { max=b[i][j];
          row=i;
          colum=j;
        }
    }
  }
  printf("最大值为%d,行号为%d,列号为%d\n",max,row,colum);
}
```

输出结果：如图 5.25 所示。

```
D:\C语言程序设计\第5章\5-3.exe
数组a的值为:
    1    2    3
    4    5    6
数组b的值为:
    1    4
    2    5
    3    6
最大值为6,行号为2,列号为1

--------------------------------
Process exited after 3.094 seconds with return value 26
请按任意键继续. . .
```

图 5.25　程序案例 5.3 输出结果

说明：实例中有三个双重循环，第一个双重循环完成数组 a 的输出与矩阵的转置，核心代码是 b[j][i]=a[i][j]；第二个双重循环的作用是输出转置后的数组 b；第三个循环用来求转置后的数组的最大值和行号、列号。

【程序案例 5.4】 输入一个字符串，统计输入的字符串的空格数。

程序代码：

```
#include <stdio.h>                    //预处理
void main()                           //主函数
{
    //定义一个字符数组存储字符串
    char line[30];
    int i=0,count = 0;
    printf("\n 请输入一行字符：\n ");
    //使用 gets()得到一个字符串
    gets(line);
    //循环判断只要没有回车则统计空格
    while(line[i] != '\0')
    {
        if(line[i] == ' ')
        count++;
        i++;
    }
    printf("\n 其中的空格总数为 %d \n ",count);
}
```

输出结果：如图 5.26 所示。

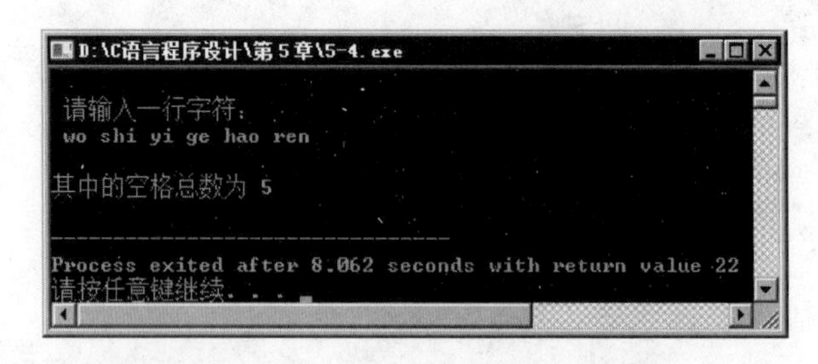

图 5.26　程序案例 5.4 输出结果

说明：使用 gets()函数获取字符串可以接收空格，这里不能使用 printf()和格式符"%s"。

while(line[i] != '\0')表示只要没有接收到回车符则继续循环。

5.6 本章小结

- 数组是在一块连续的空间内存储相同类型的多个值。数组按照维度分为一维与二维数组。
- 数组的下标是从 0 开始的，因此最大下标为长度减去 1。
- 数组属于构造数据类型。数组中的每一个元素都属于同一个数据类型。使用统一的数组名和下标来唯一确定要访问的数组中的元素。
- 一维数组是指有一个下标的数组，用来存储相同类型的多个值。
- 数组名是用户定义的数组标识符，必须满足标识符的命名规则，不能与其他变量重名，数组的名字代表数组的首地址。
- 数组定义之后将会在计算机内存里面开辟一块连续的地址空间来存储整个数组。数组在编译时分配连续内存空间：内存字节数=数组大小*sizeof(元素数据类型)。
- 没有赋初值的数组里面的值是内存中的一组随机数，对程序中数据处理没有实际性意义。因此，数组定义之后需要对数组进行初始化。
- 数组初始化是在编译阶段进行的，因此会减少程序运行运行时间，提高程序运行效率。
- 数组的使用过程分为 3 个步骤：数组的定义、数组的初始化、数组的引用。
- 二维数组可以理解为：一个一维数组的每一个元素也是相同类型相同长度的一个一维数组。
- 如果二维数组的所有元素均已赋值，则二维数组的第一维坐标“行”可以省略，不论什么情况第二维坐标“列”一定不能省略。
- 二维数组元素的引用和一维数组一样，也是采用“数组名+下标”的方式。引用二维数组的元素采用行和列双下标。
- 字符数组也分为一维与二维，使用过程也分为数组的定义、初始化与引用 3 个步骤。
- C 语言中的字符是以 ASCII 码形式存储的，因此字符数组可以认为是整型数组的一种，可以使用整型数组存储字符串。
- 如果在字符数组定义时进行初始化，一般不会指定数组的长度，因为指定的长度往往大于实际存储需要的长度，会造成内存空间的浪费。
- 在实际的程序开发中，关注的不是字符数组的长度，而是实际字符串的长度。
- 字符串以'\0'作为结束标志。把一个字符串存入一个数组，也把结束符'\0'存入数组，并以此作为该字符串是否结束的标志。
- 在 printf()函数中，使用的格式字符串为“%s”，表示输出的是一个字符串。而在输出表列中使用的是数组的名字。
- 字符串函数应包含头文件“string.h”。常用的字符串处理函数有 puts()、gets()、strlen()、strcat()、strcpy()等。

实训任务五 数组的应用

1. 实训目的

- 掌握什么是数组和为什么要使用数组。

- 掌握一维数组的定义、初始化与引用。
- 掌握二维数组的定义、初始化与引用。
- 掌握字符数组的定义、初始化与引用。
- 掌握常用字符串函数的应用。

2. 项目背景

随着学习的进一步深入，小菜已经可以编写一些简单的小程序了，但在不断的编程实践中小菜发现使用的变量越来越多，这给数据的处理造成了很大的不便。最关键的是有时候用的变量多了，有些代码过几天再回头看自己都搞不清什么意思了，小菜很苦恼，带着满满的疑惑向老师大鸟请教。大鸟老师没有马上回答小菜的问题，而是让小菜先分析一下自己写的程序，找一下这些令自己苦恼的变量有没有什么规律。经过仔细分析，小菜发现这些变量基本都是同一类型，并且数据的赋值与处理都存在一定规律。于是大鸟老师给小菜说了一句话："数组是在一块连续的地址空间内存储多个相同类型的值，它可以通过数组名和下标来唯一确定要访问的数组中的元素"。在得到大鸟老师的指导后小菜决定认真研究与实践数组的应用。

3. 实训内容

任务 1：将 10 名学生的"C 语言程序设计"课程的成绩存储到数组之中，并求 10 名学生这门课程的平均成绩。

任务 2：假设一个数组的长度是 6，为其赋值，并求所有元素的平均数、最大值和最小值。

任务 3：定义一个一维数组，为其赋值，编写程序统计该数组中奇数的个数、偶数的个数。

任务 4：编写程序，使用冒泡排序思想对存入数组的 10 个数进行排序，并输出。

任务 5：有 10 个数，请将这 10 个数存储到一个数组中，并排序，从键盘输入一个数，将输入的数按照排序的位置放到该放的位置。

任务 6：编写程序，将 5 个学生的 3 门课的成绩存储到二维数组中，并求每门课的平均成绩和每个学生的总成绩。

任务 7：编写程序，测试字符串长度，实现字符串连接、比较、复制、大小写转换。

任务 8：编写程序，对键盘输入的字符串进行逆序，逆序后的字符串仍然保留在原来字符数组中，最后输出。例如：输入"hello world"，输出"dlrow olleh"。（不得调用任何字符串处理函数，包括 strlen()）

任务 9：编写程序，对从键盘任意输入的字符串，将其中所有的大写字母都改为小写字母，而将所有小写字母都改为大写字母，其他字符不变。例如：输入"Hello World!"，输出"hELLO wORLD!"（不调用任何字符串处理函数）

任务 10：一个数如果恰好等于它的因子之和，这个数就称为"完数"，如 6=1+2+3。编写程序，找出 1000 以内的所有完数，使用数组存储完数。

习题 5

一、选择题

1. 若有定义为 int a[3]={1,2,3};，则 a 代表数组的（　　）。

A．全部元素　　B．首地址　　C．第一个元素　　D．无法确定

2．已知 int a[10]；则对 a 数组元素引用不正确的是（　　）。

A．a[10]　　B．a[3+5]　　C．a[10-10]　　D．a[5]

3．若有定义为 int a[3];，则以下对数组元素非法引用的是（　　）。

A．a[1/2]　　B．a[1]　　C．a[4-4]　　D．a[3]

4．以下程序结束后屏幕输出（　　）。

```
char str[]="ab\\cd";printf("%d",strlen(str));
```

A．4　　B．5　　C．6　　D．7

5．若有定义为 char str[6]={'a','b''\0','d','e','f'};，则语句 printf("%s",str);的输出结果是（　　）。

A．ab\　　B．abdef　　C．ab\0　　D．ab

6．若有定义语句：int m[]={5,4,3,2,1},i=4;，则下面对 m 数组元素的引用中错误的是（　　）。

A．m[--i]　　B．m[2*2]　　C．m[m[0]]　　D．m[m[i]]

7．以下能正确定义一维数组的选项是（　　）。

A．int a[5]={0,1,2,3,4,5};　　B．char a[]={0,1,2,3,4,5};

C．char a={'A','B','C'};　　D．int a[5]="0123";

8．已有定义：char a[]="xyz",b[]={'x','y','z'};，以下叙述中正确的是（　　）。

A．数组 a 和 b 的长度相同　　B．a 数组长度小于 b 数组长度

C．a 数组长度大于 b 数组长度　　D．上述说法都不对

9．以下叙述中错误的是（　　）。

A．对于 double 类型数组，不可以直接用数组名对数组进行整体输入或输出

B．数组名代表的是数组所占存储区的首地址，其值不可改变

C．当程序执行中，数组元素的下标超出所定义的下标范围时，系统将会给出“下标越界”的出错信息

D．可以通过赋初值的方式确定数组元素的个数

10．以下错误的定义语句是（　　）。

A．int x[ ][3]={{0},{1},{1,2,3}};

B．int x[4][3]={{1,2,3},{1,2,3},{1,2,3},{1,2,3}};

C．int x[4][ ]={{1,2,3},{1,2,3},{1,2,3},{1,2,3}};

D．int x[ ][3]={1,2,3,4};

11．若有定义：int a[2][3];，则以下选项中对 a 数组元素正确引用的是（　　）。

A．a[2][!1]　　B．a[2][3]　　C．a [0][3]　　D．a[1>2][!1]

12．有以下程序：

```
main()
{ int i,t[][3]={9,8,7,6,5,4,3,2,1};
  for(i=0;i<3;i++) printf("%d",t[2-i][i]);
}
```

程序执行后的输出结果是（　　）。

A．7 5 3　　B．3 5 7　　C．3 6 9　　D．7 5 1

13．有以下程序：

```
main()
{ char p[]={'a', 'b', 'c'}, q[]="abc";
```

```
  printf("%d %d\n", sizeof(p),sizeof(q));
};
```

程序运行后的输出结果是（　　）。

A. 4 4　　B. 3 3　　C. 3 4　　D. 4 3

14. 有以下程序：

```
#include<studio.h>
main()
{
    int p[8]={11,12,13,14,15,16,17,18},i=0,j=0;
    while(i++<7) if(p[i]%2) j+=p[i];
    printf("%d ",j);
}
```

程序运行后的输出结果是（　　）。

A. 42　　B. 45　　C. 56　　D. 60

15. 有以下程序：

```
#include <stdio.h>
main()
{ int s[12]={1,2,3,4,4,3,2,1,1,1,2,3},c[5]={0},i;
  for(i=0;i<12;i++)  c[s[i]]++;
  for(i=1;i<5;i++)printf("%d",c[i]);
  printf("\n");
}
```

程序的运行结果是（　　）。

A. 1 2 3 4　　B. 2 3 4 4　　C. 4 3 3 2　　D. 1 1 2 3

二、看程序写结果

1. 以下程序的运行结果是（　　）。

```
#include <stdio.h>
void fun(int a, int b)
{ int t;
  t=a; a=b; b=t;}
main()
{ int c[10]={1,2,3,4,5,6,7,8,9,0}, i;
  for (i=0; i<10; i+=2) fun(c[i], c[i+1]);
  for (i=0; i<10; i++) printf("%d,", c[i]);
  printf("\n");
}
```

2. 以下程序运行后的输出结果是（　　）。

```
main()
{ int a[4][4]={{1,4,3,2},{8,6,5,7},{3,7,2,5},{4,8,6,1}},i,j,k,t;
  for(i=0;i<4;i++)
    for(j=0;j<3;j++)
      for(k=j+1;k<4;k++)
        if(a[j][ i]>a[k][ i])
          {t=a[j][ i];a[j][ i ]=a[k][ i ];a[k][ i]=t;} /*按列排序*/
```

```
    for(i=0;i<4;i++)printf("%d,",a[ i ][j]);
}
```

3. 以下程序的运行结果是（　　）。

```
#include <stdio.h>
#define N 4
void fun(int a[ ][N], int b[ ])
{ int i;
  for(i=0; i<N; i++) b[i]=a[i][i];}
main()
{ int x[ ][N]={{1,2,3},{4},{5,6,7,8},{9,10}},y[N], i;
  fun(x,y);
  for (i=0; i<N; i++) printf("%d,", y[i]);
  printf("\n");
}
```

4. 以下程序的运行结果是（　　）。

```
#include <stdio.h>
int fun(int (*s)[4],int n, int k)
{ int m, i;
  m=s[0][k];
  for(i=1; i<n; i++) if(s[i][k]>m) m=s[i][k];
  return m; }
main()
{ int a[4][4]={{1,2,3,4},{11,12,13,14},{21,22,23,24},{31,32,33,34}};
   printf("%d\n", fun(a,4,0));
}
```

5. 以下程序的运行结果是（　　）。

```
#include "string.h"
main()
{  char ch[]="abc",x[3][4]; int i;
   for(i=0;i<3;i++) strcpy(x[i],ch);
   for(i=0;i<3;i++) printf("%s",&x[i][i]);
   printf(" ");
}
```

6. 冒泡排序法。补充以下程序中的 sort()函数，用冒泡法对数组中 m 个元素从大到小排序。

```
#include <stdio.h>
#include <math.h>
void sort(int a[], int m)
{ int i, j, t,swap;
  for( i=0; i< /**/ m-1 /**/ ; i++ )
  {
     swap = 0;
     for( j=0; j < m-i-1; j++)
     {
       if______
       {
```

```
            swap = 1;
            t = a[j];
            a[j] =_____
            a[j+1] = t;
          }
        }
        if(!swap) break;
    }
}
void main()
{
    int a[] = {23,55,8,32,18,2,9};
    int i,k = sizeof(a)/sizeof(int);
    sort(a,k);
    for(i=0;i<k;i++)
      printf("%d  ",a[i]);
    printf("\n");
    getch();
}
```

三、编程题

1．编写程序，把一个整数按大小顺序插入已排好序的数组中。

2．编写程序，在二维数组 a 中选出各行最大的元素组成一个一维数组 b。

3．输入 5 个国家的英文名称并按字母顺序排列输出。

程序思路分析：5 个国家名应由一个二维字符数组来处理。然而 C 语言规定可以把一个二维数组当成多个一维数组处理。因此本题又可以按 5 个一维数组处理，而每一个一维数组就是一个国家名字符串。用字符串比较函数比较每个一维数组的大小，并排序，输出结果即可。

第 6 章　程序的模块化——函数

在信息化时代，很多事情的实现都需要团队协作，需要将复杂的任务划分成一个个小的任务，然后分而治之，逐个解决，通过一个个小任务的完成，最终实现大的任务。这样便于实现项目协作与代码复用，有效避免了所有事情从头开始的情况。任务的划分使不同人员负责的事情更加明确、具体，责任更加清晰，可以有足够的时间去测试与检验，保证相应模块的质量与效率。

在学习了 C 语言的基本语法和流程结构之后，已经能够编写一些简单的程序，并且程序代码都写到了 main()函数之中。随着学习的深入，需要解决的问题日益复杂，编写的代码也越来越多，main()函数逐渐变得臃肿、庞杂且不易于维护和阅读。当程序中的同一功能或相近功能需要多次实现时，将会出现大量冗余代码。C 语言引入函数解决上述问题。

本章将详细介绍：①函数的认知；②函数的定义、调用、声明；③函数的嵌套；④函数的递归；⑤变量的作用域。

6.1　函数的认知

微课

通过前面章节的学习，已经清晰地认知到 C 语言的基本组成单位是函数。每个 C 语言程序都有一个且只有一个 main()函数，main()函数被称为程序的入口，是程序的组织者，C 语言程序的执行是从 main()函数开始的。由 main()函数直接或间接地调用其他函数来辅助完成整个程序的功能。因此，一个 C 语言程序中除了有且只有一个 main()函数外，还可以由若干个其他的函数共同组成，函数之间的关系是平行的。这些函数可以在一个文档之中，也可以分布到不同的源文件之中。

6.1.1　什么是函数

“函数”的英文为 function，函数是其字面意思的翻译。function 还有功能、作用的意思。其实函数的本意就是用来完成一定功能的代码块。为了便于使用，函数要有一个名字，函数名满足用户标识符的规则，并能够清晰地呈现函数的功能。

一个较大的程序为了设计与实现方便，一般会划分为若干个程序模块，每一个模块用来实现一个特定的功能，划分的每一个模块就是一个函数。所有的高级语言中都有函数的概念（在面向对象的程序语言中将函数称为方法），函数用来实现程序模块化的功能。一个 C 语言程序可由一个主函数和若干（大于等于零）个普通函数构成。由主函数调用其他函数，其他函数也可以互相调用。同一个函数可以被一个或多个函数调用任意多次。

6.1.2 为什么使用函数

程序编写的目的是解决现实中的某些问题。因此，程序模拟的是客观的世界，函数用来完成客观世界中的一个相对独立的事情或者功能，将其封装起来，对外提供访问的接口。C 语言程序的组织方式就是通过多个函数相互协作来完成的。函数的调用不用关心函数的具体细节与实现过程，只需关注函数所能完成的具体功能和其调用的方法就够了。利用函数可以大大降低整个程序总的代码量。

使用函数有以下四个理由。

（1）封装，通过代码的封装可以起到保护程序核心机密的作用。

（2）协作，通过多个函数相互协同工作，完成程序功能，提高效率。

（3）复用，复用不是重复，通过代码段的封装，利用函数的调用，多次调用函数完成具体功能。

（4）代码模块分工明确，容易实现代码的维护。

下面通过一个案例来说明函数使用的必要性。

【实例 6.1】 未来软件公司承接了一个软件项目，其功能是使用 C 语言编写简单的计算器，完成加减乘除的运算。

项目要求：采用最优设计，利用最短时间完成项目开发，项目具有可扩充性，且不能让所有程序员都知道项目的核心算法。

在学习第 6 章之前已经可以解决这个问题，解决方法如下。

程序代码：

```
#include "stdio.h"                                  //预处理
void main()                                         //主函数
{//定义变量存储参数及和差积商
    int canshu1,canshu2,he,cha,ji,shang;
    printf("请输入两个数:\n");
    scanf("%d%d",&canshu1,&canshu2);                //输入参数
    he=canshu1+canshu2;                             //求和
    cha=canshu1-canshu2;                            //求差
    ji=canshu1*canshu2;                             //求积
    if(canshu2!=0)                                  //0 不能做除数
    {
        shang=canshu1/canshu2;                      //求商
    }
    printf("%d 和%d 的和是%d\n",canshu1,canshu2,he);
    printf("%d 和%d 的差是%d\n",canshu1,canshu2,cha);
    printf("%d 和%d 的积是%d\n",canshu1,canshu2,ji);
    printf("%d 和%d 的商是%d\n",canshu1,canshu2,shang);
}
```

程序运行结果如图 6.1 所示。

说明：上述程序代码能够完成实例 6.1 的功能，但是不符合要求，主要体现如下。

（1）所有程序都写在 main()函数中，代码不够清晰，可读性差，只能一个人完成，无法实现团队协作，耗时肯定不是最短的。

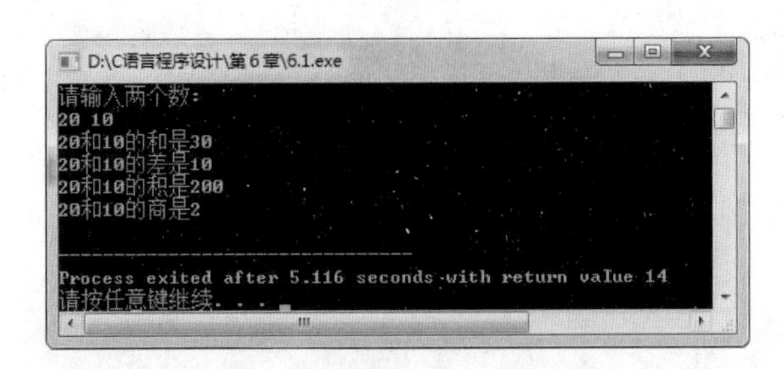

图 6.1　实例 6.1 运行结果

（2）没有采用最优设计，代码扩充性差。对于上面的程序代码，如果程序中再一次用到了加减乘除，或者多次用到，每次都要重写代码的逻辑，这种逻辑不是复用而是冗余重复。

（3）没有实现核心逻辑的封装，本实例中的核心逻辑是如何计算加减乘除，按照上面的代码不管是哪个程序员都可以看到整个项目的核心逻辑，这无法满足保护公司核心技术与隐私的要求。

针对存在的问题，对程序代码采用函数的机制进行改进。

程序代码：

```
#include "stdio.h"                               //预处理
int qiuhe(int x,int y);
int qiucha(int x,int y);
int qiuji(int x,int y);
int qiushang(int x,int y);
void main()                                      //主函数
{//定义变量存储参数及和差积商
    int canshu1,canshu2,he,cha,ji,shang;
    printf("请输入两个数:\n");
    scanf("%d%d",&canshu1,&canshu2);             //输入参数
    he=qiuhe(canshu1,canshu2);                   //求和
    cha=qiucha(canshu1,canshu2);                 //求差
    ji=qiuji(canshu1,canshu2);                   //求积
    shang=qiushang(canshu1,canshu2);             //求商
    printf("%d 和%d 的和是%d\n",canshu1,canshu2,he);
    printf("%d 和%d 的差是%d\n",canshu1,canshu2,cha);
    printf("%d 和%d 的积是%d\n",canshu1,canshu2,ji);
    printf("%d 和%d 的商是%d\n",canshu1,canshu2,shang);
}
int qiuhe(int x,int y)                           //求和函数
{
    int z;
    z=x+y;
    return z;
}
int qiucha(int x,int y)                          //求差函数
{
```

```
    int z;
    z=x-y;
    return z;
}
int qiuji(int x,int y)                          //求积函数
{
    int z;
    z=x*y;
    return z;
}
int qiushang(int x,int y)                       //求商函数
{
    int z;
    if(y!=0)
    {
        z=x/y;
    }
    else
    {
        z=0;
    }
    return z;
}
```

程序运行结果如图 6.2 所示。

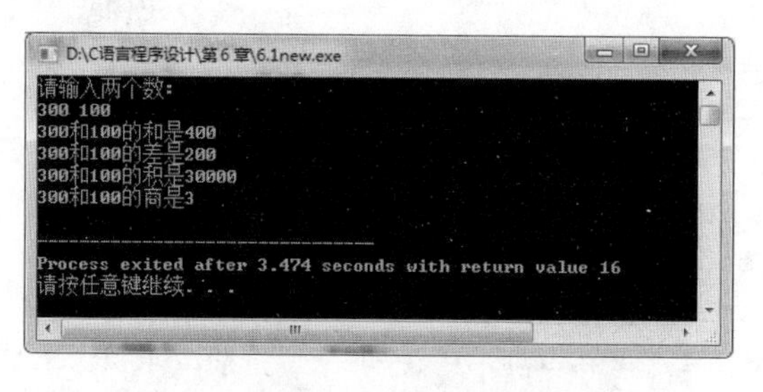

图 6.2　实例 6.1 改进后的运行结果

说明 1：改进实现方法后的代码长度比原来长了很多，但是程序代码实现了核心逻辑的封装，可以实现代码复用，并且可以按照函数进行模块化的分工协作，比如每个程序员负责编写一个函数。

说明 2：本例中使用了函数的定义与调用，这将在 6.2 节中详细介绍，4 个求和差积商的函数和 main()函数是平行的，当放到了 main()函数的后面，需要在 main()函数前进行函数的声明。

说明 3：求商函数中的分支结构是为了保证除数不能为 0，从而保证程序的健壮性与容错性，一名合格的程序员应该能够充分考虑程序的各种可能。

说明 4：不同的函数可以分布到不同的源文件中，本例中仅为说明使用函数的必要性，将所有函数放到了同一个文件中，当然，若放到不同的文件中，则函数在使用前需要包含该函数对应的源文件。

6.1.3　函数的分类

微课

在 C 语言中可从不同的角度对函数进行分类。

1. 从函数定义的角度看，可分为库函数和用户自定义函数

（1）库函数：由 C 系统提供，用户无须定义，也不必在程序中作类型说明，只需在程序前包含有该函数原型的头文件，即可在程序中直接调用。前面章节的例题中反复用到 printf()、scanf()、getchar()、putchar()、gets()、puts()、strcat()等函数均属库函数，C 语言中常用的库函数详见附录 B。

使用库函数应注意：

- 函数功能；
- 函数参数的数目、顺序，各参数的意义和类型；
- 函数返回值的意义和类型；
- 需要使用的包含文件。

（2）用户自定义函数：由用户按需要编写的函数。对于用户自定义函数，不仅要在程序中定义函数本身，而且在主调函数模块中还必须对该被调函数进行类型说明，然后才能使用。

【实例 6.2】 利用库函数求 1～5 的平方根和立方。

程序代码：

```
#include <stdio.h>                                //预处理输入输出
#include <math.h>                                 //预处理数学相关
void main()                                       //主函数
{
  int x=1;
  double pingfanggen,lifang;
  while(x<= 5)
  {
   pingfanggen=sqrt(x);                           //使用库函数 sqrt()
   lifang=pow(x,3);                               //使用库函数 pow()
   printf(" %d 的平方根:%3.2f\t  %d 的立方:%5.0f\n",x,pingfanggen,x,lifang);
   x++;
  }
}
```

程序运行结果如图 6.3 所示。

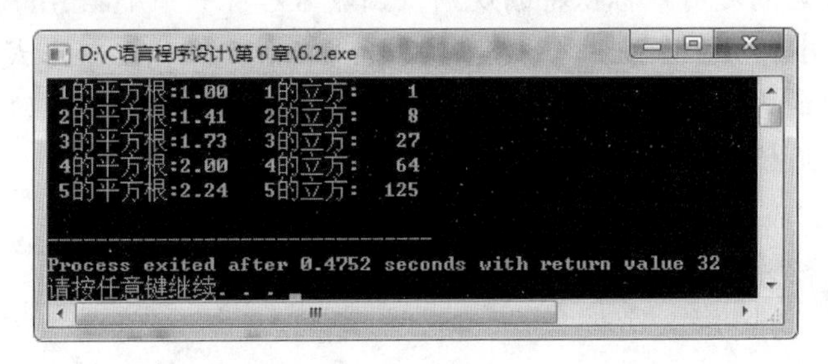

图 6.3　实例 6.2 运行结果

说明 1：使用库函数应该包含相应的头文件，比如本例中使用了 sqrt()函数和 pow()函数，则需要在程序开头包含头文件#include <math.h>。

说明 2：库函数的应用在包含相应头文件的基础上，使用函数名加上相应参数。

2. 从函数调用的角度，可分为无参函数和有参函数

（1）无参函数：函数定义、说明及调用中均不带参数，主调函数和被调函数之间不进行参数传送。此类函数通常用来完成一组指定的功能，可以返回或不返回函数值。

（2）有参函数：在函数定义、说明时有参数，称为形式参数（简称形参）；在函数调用时也必须给出参数，称为实际参数（简称实参）。进行函数调用时，主调函数将把实参的值传送给形参，供被调函数使用。

main()函数是主函数，它可以调用其他函数，而不允许被其他函数调用。因此，C 语言程序的执行总是从 main()函数开始，完成对其他函数的调用后再返回到 main()函数，最后由 main()函数结束整个程序。一个 C 源程序必须有也只能有一个主函数 main()。

6.2 函数的定义、调用与声明

微课

在 C 语言中，所有的函数定义，包括主函数 main()在内，都是平行的。也就是说，在一个函数的函数体内，不能再定义另一个函数，函数的定义不能嵌套。但是函数之间允许相互调用，也允许嵌套调用。习惯上把调用者称为主调函数。函数还可以自己调用自己，称为递归调用。

6.2.1 函数的定义

C 语言中所有要使用的函数都必须“先定义、后使用”，在 C 编译环境中是必须先有这个函数，才能去调用的。

1. 无参函数的定义

```
类型标识符 函数名()
{
函数体
}
```

说明 1：类型标识符和函数名构成了函数头。其中，类型标识符指明了函数的类型，函数的类型实际上指的是函数返回值的类型。如果类型标识符不为 void，则需要在函数体内使用 return 关键字进行返回，且返回的数值类型与类型标识符标识的类型一致。

说明 2：函数名满足用户标识符的规则，函数名后有一个小括号，里面没有参数，但括号不可缺少，在小括号中加上一个 void 也是无参函数定义的正确形式。

说明 3：{ }中的内容称为函数体。一般函数体内包括变量、数组的声明，以及函数体的具体执行部分，函数体是对函数功能的具体封装。

例如：

```
void printstar( )
{
  printf("**********\n");
}
```

或

```
printstar(void )
{
  printf("**********\n");
}
```

2. 有参函数的定义

```
类型标识符 函数名(形式参数1,形式参数2,……形式参数n)
{
    函数体
}
```

说明 1： 有参函数和无参函数的差别在于函数名后面括号中是否有参数。有参函数的参数称为形式参数，可以有多个。形参可以是各种类型的变量，各参数之间用逗号分隔。

说明 2： 函数调用时，主调函数将给形式参数传递实际的值，传递的实际值称为实参，形参和实参应该一一对应。

说明 3： 实例 6.1 中定义使用的 4 个求加减乘除的函数都是有参函数，函数的参数都有两个，分别代表进行运算的两个参数。

例如：定义一个函数，实现将大写字母转换为小写字母。

```
char tolower (char a)
{
      char z;
      if (a>='A'&& a<='Z')
      {
         z=a+32;
      }
      else
      {
         z='\0';
      }
      return z;
}
```

说明 1： tolower()是一个自定义的返回值为 char 类型的函数，其返回的函数值是一个字符。形参 a 为字符类型，函数体中定义的 z 也为字符类型，z 也是一个变量用来存储需要返回的值。a 的具体值是由主调函数在调用时传送过来的。

说明 2： 在{}中的函数体内使用 z 存储需要返回的字符，根据不同情况计算得到 z 的值，并最终通过 return 语句进行返回。

说明 3： 在 C 语言程序中，函数的定义可以放在任意位置，既可放在主函数 main()之前，也可放在 main()之后，但当自定义函数放到了 main()函数后面的时候，在调用时需要在主函数前进行声明。

6.2.2　函数的调用

在编写程序解决现实中问题的过程中，不可能将所有程序写到一个函数中，使用函数模块化程序，对程序进行分工，通过函数之间的相互协作来完成程序功能是最常用的情况。函数相互协作的过程在于一方进行函数定义，另一方进行函数调用。

在程序中是通过对函数的调用来执行函数体，实现函数的具体功能的。C 语言中，函数调用的一般形式为：

函数名(实际参数 1,实际参数 2,……,实际参数 n)

说明：无参函数调用不存在实际参数。实参可以是常数、变量或其他构造类型数据及表达式。各实参之间用英文半角逗号分隔。

在 C 语言中，函数调用方式有以下三种。

1. 函数作为表达式调用

函数出现在表达式中，称为函数表达式。函数表达式的值是将函数的返回值参与表达式的运算最终得到的值，这需要函数有确定的返回值。

例如：c= tolower ('T');。

说明：函数 tolower ()是表达式的一部分，将字符'T'转换为小写，再赋给 c。

2. 函数作为语句调用

函数出现在语句之中，把函数调用作为一个语句。

例如：printf("我是一个好人！\n");。

说明：printf()为库函数，没有返回值，函数完成既定操作即可。

3. 函数作为参数调用

函数出现在另一个函数中作为参数，函数调用作为另一个函数（可以自己调用自己）的参数。

例如：m=max(a,max(b,c));。

说明 1：max(x,y)为一个求最大值的函数。在本例中 max(b,c)是一次函数调用，它的值作为 max 另一次调用的实参。m 的值是 a、b、c 三者的最大值。

说明 2：函数除了自己调用自己外，很多时候会将一个函数作为 printf()函数的参数使用。

6.2.3 函数的参数和返回值

函数是具有一定功能的代码块，函数的调用是为了完成一定的功能。要调用函数完成一定的功能就需要进行数据的传递。在函数调用过程中数据传递的两种方式为：函数参数传递和函数的返回值传递。其中通常的函数参数传递是数据从主调函数到被调函数之间的流动，函数的返回值传递是数据从被调函数传递给主调函数。

1. 函数的参数

在有参函数的调用过程中，主调函数中的数据通过函数参数传递给被调函数。前面已提到，其中函数定义时函数名后面小括号中的变量，称为“形式参数”，简称“形参”。在主调函数中调用另一个函数时，函数名后面括弧中的参数称为“实际参数”，简称“实参”。

【实例 6.3】 利用函数求两个数的最小值。

程序代码：

```
#include "stdio.h"                              //预处理
int min(int a,int b);                           //因为min()声明在主函数后，因此需要声明
void main()                                     //主函数
{
    int a,b,c;
    printf("请输入两个数:\n");
    scanf("%d,%d",&a,&b);                       //输入两个数
```

```
    c=min(a,b);                          //调用求最小值函数
    printf("%d 和%d 中的最小值是%d\n",a,b,c);
}
int min(int x,int y)                     //封装求最小值的函数
{
    int z;                               //定义变量存储最小值
    if(x<y)
    {
        z=x;
    }
    else
    {
        z=y;
    }
    return z;                            //将最小值返回
}
```

程序运行结果如图 6.4 所示。

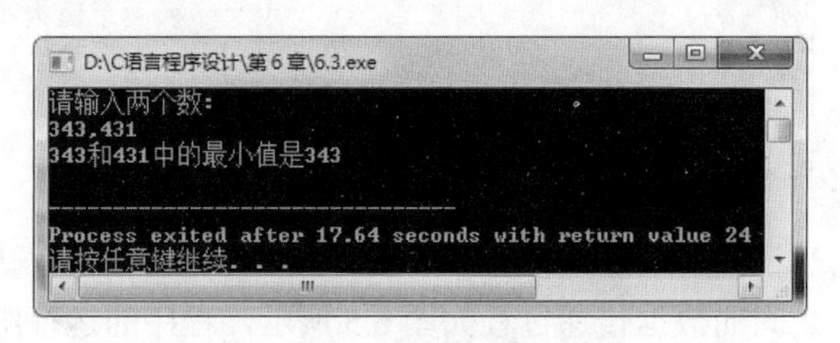

图 6.4　实例 6.3 运行结果

说明 1：函数 min(int x,int y)的定义在主函数之后，因此需要在 main()函数的前面或者 main()函数中的最前面进行函数的声明。c=min(a,b);表示使用 c 存储 min()函数的返回结果。

说明 2：在 min()函数定义过程中的 x 和 y 被称为形参，c=min(a,b);中的 a 和 b 被称为实参。

说明 3：从数据传递的角度，c=min(a,b);由于输入了两个数“343,431”，因此在调用的时候 a 的值是 343，b 的值为 431，c=min(343,431);将“343,431”传递给形式参数 x 和 y。形式参数和实际参数之间通过函数的调用发生关系。

形参和实参的说明如下。

- 实参必须有确定的值。
- 形参必须指定类型。
- 形参与实参类型一致，个数相同。
- 若形参与实参类型不一致，则在函数调用时，自动按形参类型转换。
- 形参在函数被调用前不占内存，函数调用时为形参分配内存，调用结束，内存释放，不能再次访问形参的值。

2. 值传递和地址传递

（1）值传递。函数调用发生数据传送是单向的。即只能把实参的值传送给形参，而不能把形参的值反向传送给实参。因此在函数调用过程中，形参的值发生改变，而实参中的值不会变化，这种参数的传递方式称为“值传递”。

传递方式：函数调用时，为形参分配单元，并将实参的值复制到形参中；调用结束时，形参单元被释放，实参单元仍保留并维持原值。

传递特点：形参与实参占用不同的内存单元，由实参到形参单向传递。

【实例 6.4】 采用函数的值传递方式求两个数的最小值。

程序代码：

```
#include <stdio.h>                              //预处理
swap(int a,int b);
void main()                                     //主函数
{   //定义两个变量存储要交换的两个数
    int x=100,y=200;
    printf("交换前两个值是:\n");
    printf("x=%d,\ty=%d\n",x,y);                //第一次输出
    swap(x,y);                                  //调用交换函数
    printf("交换后两个值是:\n");
    printf("x=%d,\ty=%d\n",x,y);                //第三次输出
}
swap(int a,int b)                               //定义交换两个值大小的函数
{   int temp;
    temp=a; a=b; b=temp;
    printf("交换函数中经过交换后两个值是:\n");
    printf("x=%d,\ty=%d\n",a,b);                //第二次输出
}
```

程序形参和实参之间的数据传递过程如图 6.5 所示，程序的运行结果如图 6.6 所示。

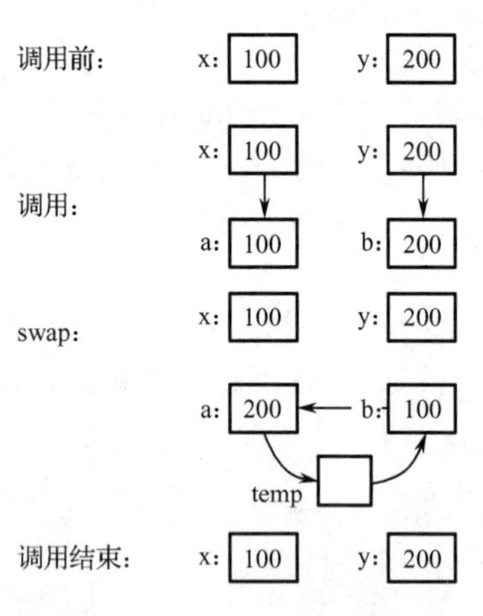

图 6.5　实例 6.4 数据传递过程

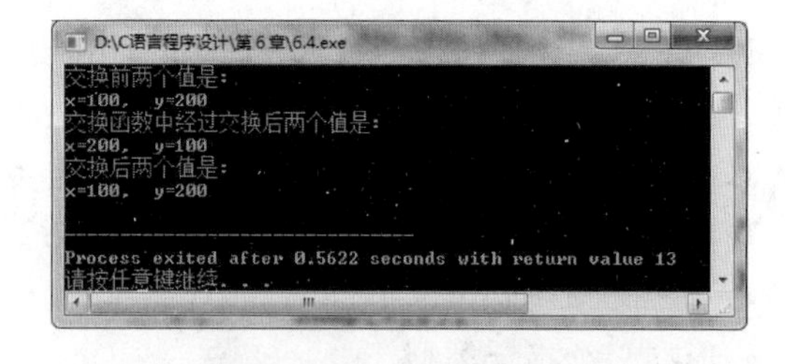

图 6.6　实例 6.4 运行结果

说明 1：本例中希望通过值传递的方式调用封装的函数完成两个数值的交换，但是发现调用函数交换之后，两个值并没有发生变化。

说明 2：本例中一共有三次输出，第一次是直接输出两个数；第二次是在调用 swap()函数中间输出的其实是形式参数在得到实参传递后其内存空间中的值，形参的内存空间的值发生了改变，但是没有传递给实参；因此第三次输出的 x 和 y 的值和第一次是一样的。

说明 3： 本例中充分利用了值传递的单向性，只能通过形参传递给实参，反之则不能。

（2）地址传递。有些时候，希望通过函数调用来改变实际参数中的值。

传递方式：函数调用时，将数据的存储地址作为参数传递给形参。

传递特点：形参与实参占用同样的存储单元，“双向”传递，实参和形参必须是地址常量或变量。

【实例 6.5】 采用函数的地址传递方式求两个数的最小值。

程序代码：

```
#include <stdio.h>                              //预处理
swap(int *a,int *b);
void main()                                     //主函数
{   //定义两个变量存储要交换的两个数
    int x=100,y=200;
    printf("交换前两个值是:\n");
    printf("x=%d,\ty=%d\n",x,y);               //第一次输出
    swap(&x,&y);                                //调用交换函数，采用地址传递
    printf("交换后两个值是:\n");
    printf("x=%d,\ty=%d\n",x,y);               //第三次输出
}
swap(int *a,int *b)                             //定义交换两个值大小的函数
{   int temp;
    temp=*a; *a=*b; *b=temp;
    printf("交换函数中经过交换后两个值是:\n");
    printf("x=%d,\ty=%d\n",*a,*b);             //第二次输出
}
```

程序形参和实参之间的数据传递过程如图 6.7 所示，程序的运行结果如图 6.8 所示。

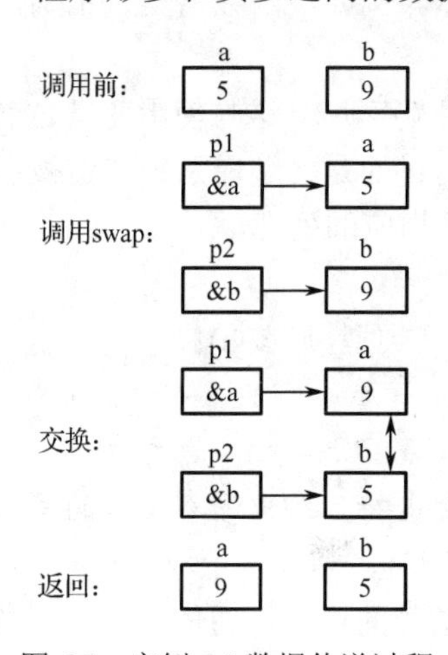

图 6.7　实例 6.5 数据传递过程

图 6.8　实例 6.5 运行结果

说明 1： 地址传递时实参传给形参的是地址，也就是形参和实参指向了同一块地址空间，在这种情况下，形参对于数值的变化当然会影响到实参，从而实现了数值的双向传递。

说明2：C语言中*a代表a是一个指针，其中存储的是一个地址，第7章中将详细介绍指针的使用，读者在这里只要知道使用指针来传递一个地址就够了。

3. 函数的返回值

函数值是指函数被调用之后，执行函数体中的程序段所取得并返回给主调函数的值。换句话说，函数的返回值是通过函数调用，主调函数从被调函数的 return 语句中获得的一个确定的值。如调用实例6.3的min()函数取得的最小值等。

函数的值只能通过return语句返回主调函数。

return 语句的一般形式为：return 表达式;

或者为：return (表达式);

说明：return语句中表达式的值就是被返回的值。

return语句的功能是计算表达式的值，并返回给主调函数。

（1）在函数中允许有多个return语句，但每次调用只能有一个return 语句被执行，因此只能返回一个函数值。

（2）函数值的类型和函数定义中函数的类型应保持一致。如果两者不一致，则以函数类型为准，自动进行类型转换。

（3）函数值为整型，在函数定义时可以省去类型说明。也就是函数默认返回值为整型。

（4）不返回函数值的函数，可以明确定义为“空类型”，类型说明符为“void”。

6.2.4 函数的声明

函数的“定义”和“声明”不是一回事。函数的定义是指对函数功能的确立，包括指定函数名、函数值类型、形参及其类型，以及函数体等，它是一个完整的、独立的函数单位。而函数声明的作用则是把函数的名字、函数类型及形参的类型、个数和顺序通知编译系统，以便在调用该函数时进行对照检查，它不包括函数体。例如，函数名是否正确，实参与形参的类型和个数是否一致。

在主调函数中调用某函数之前应对该被调函数进行说明（声明），这与使用变量之前要先进行变量声明是一样的。在主调函数中对被调函数说明的目的是使编译系统知道被调函数返回值的类型，以便在主调函数中按此种类型对返回值作相应的处理。

函数声明的一般形式为：

类型说明符 被调函数名(类型 形参1,类型 形参2,……, 类型 形参n);

另外一种形式为：

类型说明符 被调函数名(类型,类型……);

说明：括号内给出了形参的类型和形参名称，C语言中支持只给出形参类型的写法。这便于编译系统进行检测，以防止可能出现的错误。

实例6.1～6.5中都在main()函数的前面进行了自定义函数的声明，通俗地讲，函数的声明就是为了告诉主调函数，在它的后面已经定义了一个某功能的函数，参数是什么？返回值是什么？它可以调用完成某些功能。

例如：

```
#include<stdio.h>
void main()
```

```
{
    float set_discount();
    float displayDiscount();
    ......
    set_discount();
    displayDiscount();
     ......
}
float set_discount()
{
  ......
}
float displayDiscount()
{
 ......
}
```

说明：在主函数内部的最前面进行函数声明是最为普遍的使用形式。

C语言规定，以下几种情况可以省去主调函数中对被调函数的函数声明。

（1）如果函数类型为整型，可以不对被调函数作说明，而直接调用。这时系统将自动对被调函数返回值按整型处理。

（2）当被调函数的函数定义出现在主调函数之前时，主调函数中可以不对被调函数再作说明，而是直接调用。

（3）如在所有函数定义之前，在函数外预先说明了各个函数的类型，则在以后的各主调函数中，可不再对被调函数作说明。

例如：

```
char f1(int a);
float f2(float b);
void main()
{
  ......
}
char f1(int a)
{
  ......
}
float f2(float b)
{
  ......
}
```

说明1：这种函数声明方式在函数的头部基础上加了一个分号，其中变量的名称可以省略，函数声明的位置在主函数的前面，可以供后面的所有函数使用。这种函数声明的方式叫作函数原型声明。

说明2：在所有函数之前对f1()函数和f2()函数进行了函数声明。因此在其后的代码中使用这两个函数，可直接调用。

（4）库函数的使用，在使用 include 命令包含了相应的头文件后，对库函数的调用不需要再作函数说明。例如，实例 6.2 中包含了 math.h 头文件，因此在使用 sqrt()函数和 pow()函数的时候不需要再作任何函数的声明。

微课　微课

6.3 函数的嵌套

C 语言中不允许函数嵌套定义，因此各函数之间是平行的，不存在上一级函数和下一级函数的问题。但是 C 语言允许在一个函数中调用另一个函数，被调函数中又调用其他函数，这种函数调用的方法称为函数的嵌套调用。

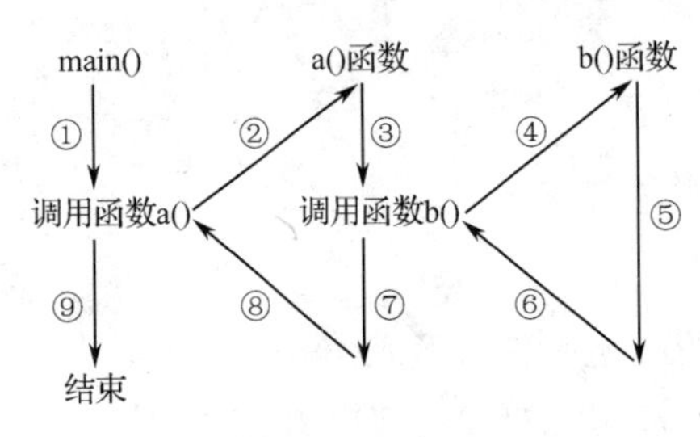

图 6.9　函数的嵌套调用示意图

函数不可以嵌套定义，但是可以嵌套调用。函数的嵌套调用关系如图 6.9 所示。

说明 1： 图 6.9 表示了两层函数嵌套的情况。其执行过程是：执行 main()函数中调用 a()函数的语句时，程序转去执行 a()函数，在 a()函数中执行调用 b()函数时，又转去执行 b()函数，b()函数执行完毕返回 a()函数的调用点，并继续执行，a()函数执行完毕返回 main()函数的调用点继续执行。

说明 2： 图 6.9 中按照序号给出了函数调用与返回的整个过程。

【实例 6.6】 采用嵌套函数调用的方式求三个数中最大值与最小值的差。

程序代码：

```
#include <stdio.h>                  //预处理命令
//三个函数的声明采用函数原型方式
 int dif(int x,int y,int z);
 int max(int x,int y,int z);
 int min(int x,int y,int z);
void main()                         //主函数
 {//定义四个整型变量，前三个存储三个值，最后一个存储最大值与最小值的差
    int a,b,c,d;
    printf("请输入三个整型值以空格分隔！\n");
    scanf("%d%d%d",&a,&b,&c);
    d=dif(a,b,c);                   //调用求最大值与最小值的差的函数
    printf("最大值与最小值的差为:%d\n",d);
 }
 //定义函数求最大值与最小值的差
int dif(int x,int y,int z)
{  //调用求最大值函数和最小值函数并设计算法求二者之差
   return max(x,y,z)-min(x,y,z);
}
//定义函数求三个数的最大值
int max(int x,int y,int z)
 {
   //采用条件表达式求最大值
   int r;
```

```
    r=x>y?x:y;
    return(r>z?r:z);
  }
  //定义函数求三个数的最小值
int min(int x,int y,int z)
  {  //采用条件表达式求最小值
     int r;
     r=x<y?x:y;
     return(r<z?r:z);
  }
```

实例 6.6 的函数调用过程如图 6.10 所示，程序的运行结果如图 6.11 所示。

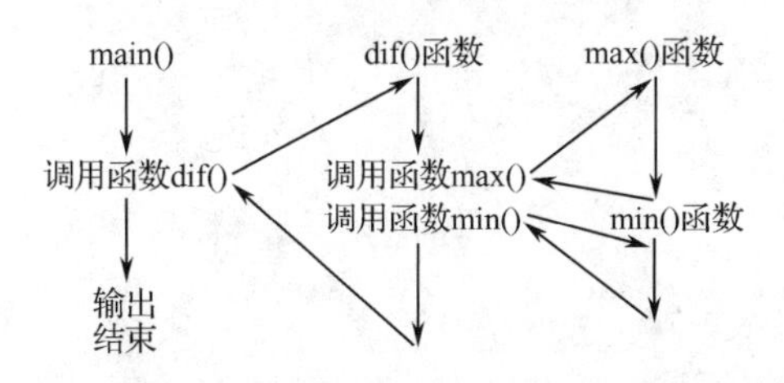

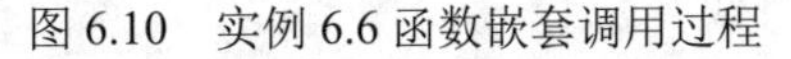
图 6.10　实例 6.6 函数嵌套调用过程

图 6.11　实例 6.6 运行结果

说明： 本例中充分利用了函数的嵌套调用。使用函数完成程序模块化划分，利用函数间的分工协作完成求三个数中最大值与最小值的差。本例中共设计使用了 4 个函数，其中 main()函数是程序的主体逻辑；dif()函数用来求三个数中最大数与最小数的差；max()用来求最大值，min()用来求最小值。

6.4 函数的递归

微课

在上一小节中讲到函数在被调用的过程中可以调用其他函数，是函数的嵌套调用，那么函数嵌套调用的函数可以是当前函数自身吗？答案是肯定的，函数在被调用的过程中调用函数本身称为函数的递归调用。

例如：

```
int f(int x)
{
     int y;
     z=f(y);
     return z;
}
```

说明： 这个函数是一个递归函数。但是运行该函数将无休止地调用其自身，这当然是不正确的。为了防止递归调用无终止地进行，必须在函数内有终止递归调用的手段。常用的办法是添加判断条件，满足某种条件后就不再作递归调用，然后逐层返回。

下面给出一个自然数相加的实例，这里不再使用先前学过的 for 循环，而使用函数的递归调用实现。

【实例 6.7】 实现 1+2+3+…+n 自然数相加。

程序代码：

```
#include<stdio.h>
//求 1 到 n 的和
int getsum(int n)
{
    if(n==1)
    {
        return 1;                          //当 n=1 时，递归结束
    }
    int temp = getsum(n-1);                //递归调用函数自身，求 1 到 n-1 的和
    return temp + n;
}
void main()
{
    int i ;
    printf("请输入 1 到 n 中 n 的值：\n");
    scanf("%d",&i);                        //输入 1 到 n 中 n 的值
    int sum = getsum(i);                   //调用递归函数 getsum()，求出 1 到 i 的和
    printf("1+2+…+%d= %d",i, sum );
}
```

程序运行结果如图 6.12 所示。

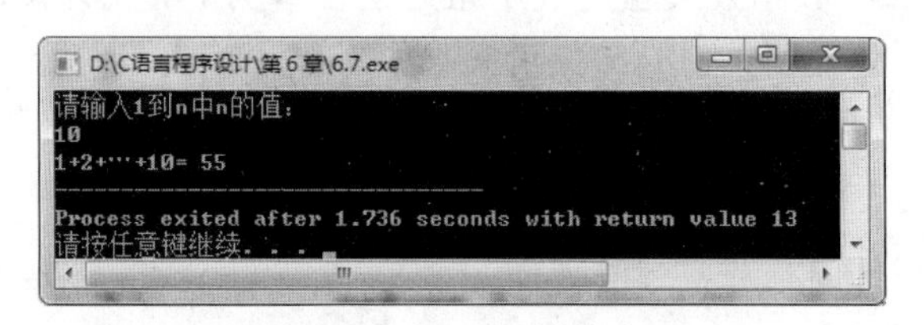

图 6.12　实例 6.7 运行结果

程序解析：本例中 getsum()自己调用了自己是函数的递归调用，用于求 1 到 n 的和并返回结果。当 n 不等于 1 时，1 到 n 的和是由“getsum(n-1);”语句调用函数求出 1 到 n-1 的和后，再加上 n，调用的函数正是自身，当 n=1 时，直接返回 1 而不再调用函数自身。

说明 1：递归调用就是在函数内部调用自身的过程。

说明 2：递归调用必须有结束条件，否则会陷入无限的递归状态，永远无法结束递归调用。

6.5 数组作为函数的参数

微课

在 6.2.3 节中函数的参数部分讲解过值传递与地址传递两种参数传递的方式。数组也可以作为函数的参数使用，进行数据传送。

数组用作函数参数也有以下两种形式。

（1）值传递：把数组元素作为实参使用，值传递过程中的实参可以是常量、变量、表达式。数组元素的作用和变量一样，凡是变量可以出现的地方，均可用数组元素代替，因此数组元素作为函数实参的用法和变量相同。

（2）地址传递：把数组名作为函数的形参和实参使用，传递的是数组第一个元素的地址。

6.5.1　数组元素作为函数实参

数组元素就是下标变量，它与普通变量没有区别，数组元素可以作为函数的实参，不能作为形参。因此它作为函数实参使用与普通变量是完全相同的，在发生函数调用时，把作为实参的数组元素的值传送给形参，实现单向的值传送。

【实例 6.8】 输出数组中所有大于 0 的元素。

程序代码：

```
#include <stdio.h>
void panduan(int v)                          //封装函数，判断 v 对应的值是否大于 0
{
    if(v>0)
    {
    printf("%d ",v);                         //如果大于 0 则输出
    }
}
void main()                                  //主函数
{
    int a[5],i;                              //定义数组及循环变化因子 i
    printf("请输入五个数组元素以空格分隔\n");
    for(i=0;i<5;i++)
    {
        scanf("%d",&a[i]);
        panduan(a[i]);                       //调用函数判断
    }
}
```

程序运行结果如图 6.13 所示。

图 6.13　实例 6.8 运行结果

程序解析：本例中首先定义一个无返回值函数 panduan()，并说明其形参 v 为整型变量。在函数体中根据 v 值输出相应的结果。在 main()函数中用一个 for 语句输入数组各元素，每输入一个就以该元素作实参调用一次 panduan()函数，即把 a[i]的值传送给形参 v，供 panduan()函数使用。

说明 1：panduan()函数的定义在 main()前面，因此不需要函数的声明。

说明 2：panduan(a[i]);是把数组的元素作为函数的参数，这和把变量作为函数参数是一样的，数据从实参向形参单向传递。

数组元素作为函数参数，只要数组类型和函数的形参变量的类型一致，那么作为下标

变量的数组元素的类型也和函数形参变量的类型是一致的。因此，并不要求函数的形参也是下标变量。换句话说，对数组元素的处理是按普通变量对待的。普通变量或下标变量作函数参数时，形参变量和实参变量是由编译系统分配的两个不同的内存单元。在函数调用时发生的值传送是把实参变量的值赋予形参变量。

6.5.2 数组名作为函数参数

用数组名作函数参数时，则要求形参和相对应的实参都必须是类型相同的数组，都必须有明确的数组说明。当形参和实参二者不一致时，就会发生错误。

在用数组名作函数参数时，不是值传送，即不是把实参数组的每一个元素的值都赋予形参数组的各个元素。因为实际上形参数组并不存在，编译系统不为形参数组分配内存。在数组的章节曾经介绍过数组名就是数组的首地址。因此在数组名作函数参数时所进行的传送就是地址的传送，也就是说把实参数组的首地址赋予形参数组名。形参数组名取得该首地址之后，也就指向了实参数组所在的地址空间。实际上形参数组和实参数组为同一数组，共同拥有一段内存空间。

【实例 6.9】 通过函数实现 5 个学生成绩的排序。

程序代码：

```
#include <stdio.h>                          //预处理
#define N 5                                 //定义长度 5
void sort(float[]);                         //函数声明
void main()                                 //主函数
{
    float grade[N];
    int i;
    printf("输入 %d 个学员的成绩：\n",N);
    for(i=0;i<N;i++)
    {
       scanf("%f",&grade[i]);
    }
    sort(grade);                            //调用函数排序
    printf("排序后的成绩为：\n");
    for(i=0;i<N;i++)                        //输出排序后的结果
    {
       printf("%5.2f ",grade[i]);
    }
    printf("\n");
}
void sort(float a[N])                       //封装排序函数
{
    int i,j;  float temp;
    for(i=0;i<N;i++)
    {
       for(j=0;j<N-i-1; j++)
       {
```

```
            if(a[j] > a[j+1])
            {//如果 a[j] > a[j+1]则交换
                temp = a[j+1];
                a[j+1] = a[j];
                a[j] = temp;
            }
        }
    }
}
```

程序运行结果如图 6.14 所示。

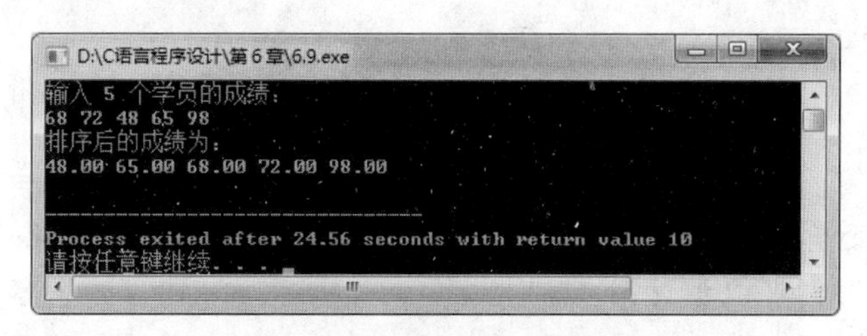

图 6.14　实例 6.9 运行结果

程序解析：本例中定义了一个没有返回值的函数 sort()，sort()函数的参数是一个数组，函数的功能是完成数组元素按照升序排序。在 main()函数中通过一个循环输入 N 个学生的成绩，调用 sort()函数进行排序，然后再通过一个循环进行输出。

说明：sort(grade);传递的是数组名字 grade，因为数组名字代表数组的首地址，因此形参和实参均指向了共同的地方，通过形参对数组排序，因为是地址传递，形参的变化影响到了实参，因此在第二个循环输出的时候，数组元素的值将发生改变，并按从小到大进行排序。

微课

6.6 变量的作用域

无论是在先前章节中介绍的程序只包含一个 main()函数，还是本章节介绍的程序包含的多个函数，变量都是在函数的开头处进行定义的，这些变量在本函数的范围内有效，可以被引用。那么有的读者可能存在如下疑问。一个函数中定义的变量能在其他函数中被引用吗？变量只能定义在函数开头处吗？变量定义在不同的位置，是否具有不同的含义，引用方式有什么区别？

以上问题都是变量的作用范围问题。变量的作用范围称为变量的作用域，变量定义的位置决定了其作用域。变量除了可以定义在函数内，也可以定义在函数外。C 语言的变量，按照作用域可分为局部变量和全局变量。

6.6.1 局部变量

在函数内部定义的变量称为局部变量，局部变量的作用域是本函数范围内，即变量只能在本函数内才能被访问。局部变量定义有以下两种情况。

1. 变量定义在函数开头

例如：

```
char f1(int a, char c)                    //定义函数 f1
{
    //变量 a、c、i、j 在函数 f1 内有效
    int i,j;                              //在函数 f1 中定义变量 i、j
    ...
}
void main()                               //主函数
{
    //变量 i、j、k 在主函数 main 内有效
    int i,j,k;
    ...
}
```

说明 1：局部变量的作用域是从其定义行开始，到本函数结束标记“}”之间的范围内有效的，在这个范围内可以被访问。

说明 2：不同的函数中，变量的名称可以一样，它们占用的是不同的内存单元，互不干扰。如主函数中定义变量 i 和 j，函数 f1 也可以定义变量 i 和 j，不可混淆它们。

说明 3：主函数中定义变量（如 i、j、k）的作用域也只在主函数范围内，在其他定义的函数（如 f1）中是无效的，并不能被引用到。

说明 4：函数的形式参数也是局部变量，变量的作用域在对应的函数范围内，如上面函数 f1 的形参 a 和 c。其他函数可以调用 f1 函数，将实参的值传递给函数的形参，但不能引用函数 f1 的形式参数 a 或者 c。

2. 函数内部，复合语句定义的变量

在一个函数内部，可以使用大括号括起来一些语句，被大括号括起来的语句称为复合语句或语句块。而在复合语句中可以定义变量，这些变量的作用域只是在本复合语句的范围内有效。

例如：

```
void main()                          //主函数
{
    int i,j,k;                       //变量 i、j、k 在主函数 main 内有效
    ...
    {int sum;                        //变量 sum 在复合语句内有效
     sum = i + j;
     ...
    }
    ...                              //此处无法引用到复合语句中定义的变量 sum
}
```

说明 1：变量 sum 只在复合语句中有效，离开复合语句该变量是无效的，系统会释放该变量所占用的内存单元。

说明 2：其实通俗点总结，变量的作用域是从其定义行开始，到与其定义行之前的“{”配对的“}”结束的。

6.6.2　全局变量

在 C 语言中，程序的编译单位是源程序文件，在本节之前都是在一个源文件中编写程序，包含一个或多个函数。变量按作用域可分为局部变量和全局变量，与函数内定义的局部变量相对应，在函数外定义的变量称为外部变量，也称为全局变量。全局变量的作用域是从定义变量处开始到本源程序文件结束的。

【实例 6.10】 定义一个全局变量，在源程序文件的两个函数处调用全局变量。

程序代码：

```
#include<stdio.h>
int x = 256;
char ch = 'A';
show()
{    ch='C';                      //一个函数改变全局变量的值，其他函数也受到影响
     printf("show()函数中，x=%d，ch=%c\n",x,ch);
}
void main()
{    show();
     printf("main()函数中，x=%d，ch=%c",x,ch);
}
```

程序运行结果如图 6.15 所示。

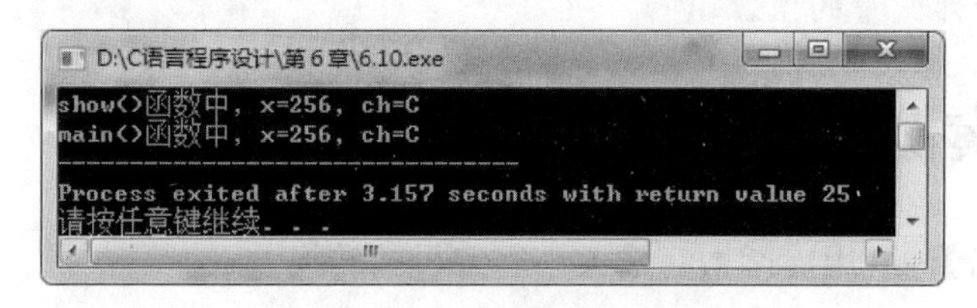

图 6.15　实例 6.10 运行结果

程序解析：变量 x 和 ch 是在函数外定义的，所以是全局变量，可以被本源程序文件的 show()和 main()函数访问，而且在 show()函数中改变变量 ch 的值，程序按顺序执行，show()函数之后的程序在使用 ch 时将会受到影响。当本源程序文件结束，全局变量 x 和 ch 也随之结束，系统会释放这些全局变量所占用的内存单元。

说明 1：全局变量的作用域是从定义变量处开始到本源程序文件结束的，如果一个函数改变全局变量的值，其后的程序访问该变量都随之受到影响。

说明 2：由于函数只能有一个返回值，可以使用全局变量增加函数间联系渠道，通过函数调用获得多个值。

局部变量和全局变量可在一个源文件内同时使用，但当局部变量和全局变量的变量名相同时，引用变量会有什么变化呢？下面通过实例 6.11 演示。

【实例 6.11】 定义全局变量和局部变量同变量名时，输出变量，查看结果变化。

程序代码：

```
#include<stdio.h>                     //预处理
int x = 256;                          //定义全局变量 x
char ch = 'A';                        //定义全局变量 ch
```

```
show()                              //自定义函数
{
    int x = 100; char ch = 'B';  //定义和全局变量同名的两个局部变量并赋值
    printf("show()函数中, x=%d, ch=%c\n",x,ch);
}
void main()
{
    int x = 200; char ch = 'C';  //定义和全局变量同名的两个局部变量并赋值
    show();                         //调用自定义函数
    printf("main()函数中, x=%d, ch=%c",x,ch);
}
```

程序运行结果如图 6.16 所示。

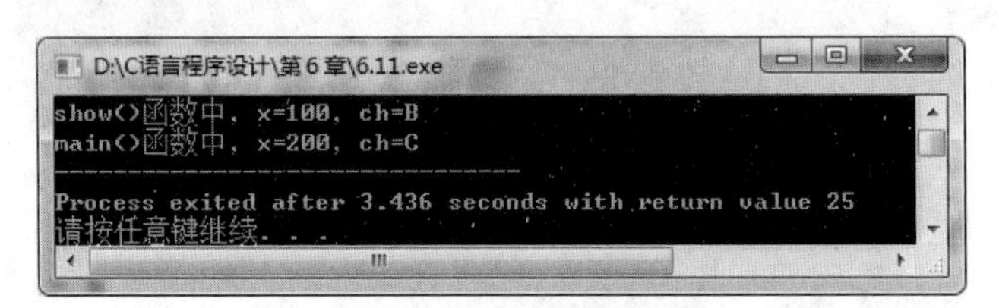

图 6.16　实例 6.11 运行结果

说明：当局部变量和全局变量的变量名相同时，全局变量会被屏蔽，在 show()和 main()函数中输出的是局部变量的值。

6.7 程序案例

【程序案例 6.1】 利用库函数完成大小写字母的转换。

程序代码：

```
#include<stdio.h>                   //预处理包含输入输出头文件
#include<ctype.h>                   //预处理包含字符相关头文件
void main()
{
    char msg1,msg2,to_upper,to_lower;
    printf("请输入一个小写字母: ");
    msg1=getchar();                 //获取一个字符
    to_upper=toupper(msg1);         //利用库函数小写变大写
    printf("转换为大写: %c\n",to_upper);
    printf("请输入一个大写字母: ");
    fflush(stdin);                  //清除缓存残留
    msg2=getchar();
    to_lower=tolower(msg2);         //利用库函数大写变小写
    printf("转换为小写: %c\n",to_lower);
}
```

程序运行结果如图 6.17 所示。

说明：使用字符处理的库函数需要包含 ctype.h 头文件。fflush(stdin);前面详细介绍过，用来清除缓冲区的残留。toupper()函数用来完成小写变大写，tolower()函数用来完成大写变小写。

图 6.17　程序案例 6.1 输出结果

【程序案例 6.2】 利用库函数产生 10 个 100 以内的随机数。

程序代码：

```
#include<stdio.h>                      //包含输入输出
#include<stdlib.h>                     //包含随机数函数
void main()
{
      int i;
      printf("产生 10 个 0～99 之间的随机数序列：\n\n");
      for(i=0; i<10; i++)
      {
         //rand()函数用来产生随机数%100 保证在 0～99 之间
         printf("%d ", rand() % 100);
       }
      printf("\n");
}
```

程序运行结果如图 6.18 所示。

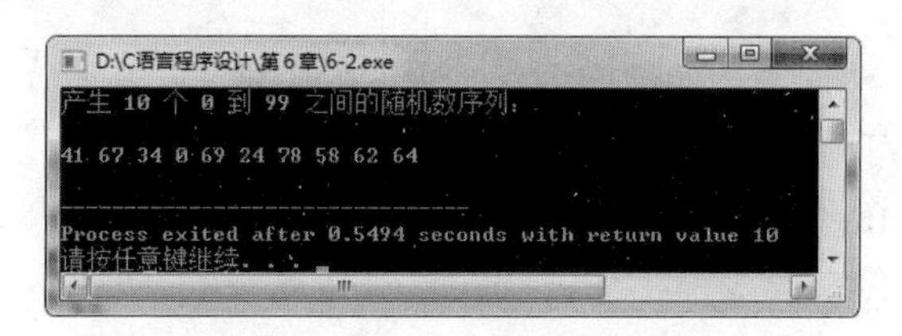

图 6.18　程序案例 6.2 输出结果

说明：rand()函数在实际的编程中非常有用，使用 rand()函数需要包含 stdlib.h 头文件。因为 C 语言中的 rand()函数是无参的，无法指定产生的随机数的范围，因此需要依靠自己编程限制其范围。

【程序案例 6.3】 利用函数的地址传递，实现输入两个数，调用函数完成对这两个数分别加 1。

程序代码：

```
#include <stdio.h>                          //预处理
void increment(int*, int*);                 //函数声明采用地址传递
void main()                                 //主函数
{
   int num1,num2;                           //定义两个变量
```

```
    printf("请输入两个数:\n ");
    scanf("%d%d",&num1,&num2);          //输入两个值
    printf("递增前的值是%d 和%d\n",num1,num2);
    increment(&num1,&num2);             //调用函数完成递增，这里传递的是地址
    printf("递增后的值是 %d 和%d\n",num1,num2);
}
//函数封装，(*ptr1)取地址里面的值，并且自加 1
void increment(int *ptr1, int *ptr2)
{
     (*ptr1)++;
     (*ptr2)++;
     printf("被调函数中值%d 和%d\n", *ptr1, *ptr2);
}
```

程序运行结果如图 6.19 所示。

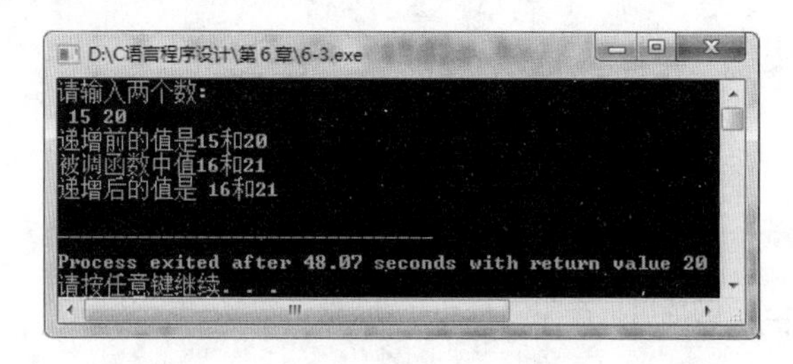

图 6.19　程序案例 6.3 输出结果

说明： 如果采用值传递，被调函数中数值的改变不会影响到主函数，本例中采用地址传递的方式进行参数传递。ptr1 里面存储的是地址，*ptr1 代表求地址里面的值，(*ptr1)++;完成变量的自增运算。

【程序案例 6.4】 利用函数的递归调用，求 n 的阶乘。

用递归法计算 n!可用下述公式表示：

n!=1　　　(n=0,1)

n* (n-1)!　　　(n>1)

程序代码：

```
#include "stdio.h"                    //预处理
long ff(int n)                        //定义函数采用递归方式实现求阶乘公式
{
    long f;
    if(n<0) printf("n<0,input error");
    else if(n==0||n==1) f=1;
    else f=ff(n-1)*n;                 //如果 n 不为 0 和 1 则调用自己
    return(f);
}
void main()                           //主函数
{
    int n;
    long y;
```

```
    printf("请输入一个整数:\n");
    scanf("%d",&n);
    y=ff(n);//调用函数求阶乘
    printf("%d!=%ld",n,y);
}
```

程序运行结果如图 6.20 所示。

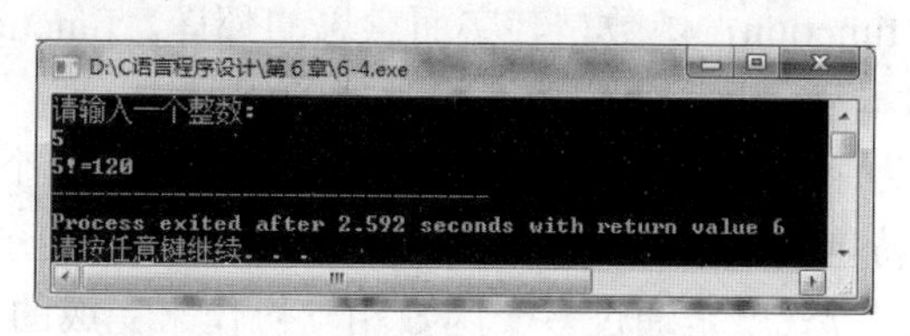

图 6.20　程序案例 6.4 输出结果

说明： 根据设计的公式，采用自己调用自己的函数递归方式实现求 n 的阶乘。这里需要说明的是递归一定要有结束的条件，也就是出口，比如这里当 n 为 0 或者 1 的时候其阶乘为 1，就是递归的出口。

【程序案例 6.5】 采用全局变量和函数模块化的思想求两个数的和。

程序代码：

```
#include <stdio.h>                    //预处理
int sum=0;                            //定义全局变量 sum
void addNumbers()                     //定义求和函数
{
    int num1,num2;
    printf("请输入两个数:\n");
    scanf("%d%d",&num1,&num2);        //输入两个值
    sum=num1+num2;                    //求和逻辑
    printf("被调函数中 sum 的值是%d\n",sum);
}
void main()
{
    addNumbers();                     //调用求和函数
    //输出全局变量 sum 的值
    printf("主函数中 sum 的值是 %d \n ",sum);
}
```

程序运行结果如图 6.21 所示。

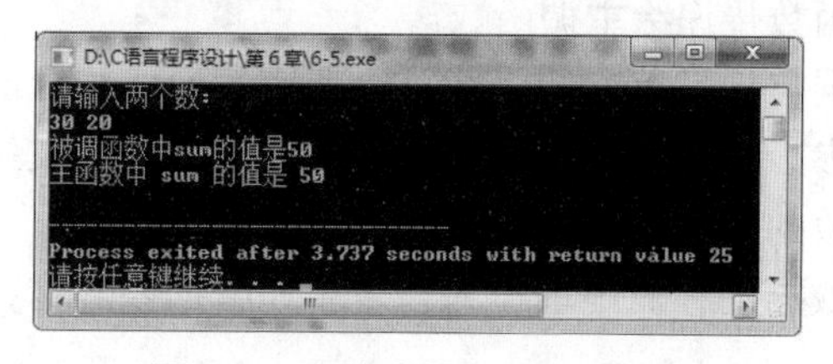

图 6.21　程序案例 6.5 输出结果

说明： sum 是全局变量，两个函数中都没有在自己的范围内定义 sum，因此使用的都是全局变量的值，一个函数改变了全局变量的值，另一个函数引用 sum 中的值时会随之改变。

6.8 本章小结

- 每个 C 语言程序都有一个且只有一个 main()函数，main()函数被称为程序的入口，是程序的组织者，C 语言程序的执行是从 main()函数开始的。
- “函数”英文为 function，函数是其字面意思的翻译。function 还有功能、作用的意思。其实函数的本意就是用来完成一定功能的代码块。
- 一个较大的程序为了设计与实现方便，一般会划分为若干个程序模块，每一个模块都用来实现一个特定的功能，划分的每一个模块就是一个函数。
- C 语言程序的组织方式就是通过多个函数相互协作来完成的。
- 从函数定义的角度看，可分为库函数和用户自定义函数两种。
- 库函数由 C 系统提供，用户无须定义，也不必在程序中作类型说明，只需在程序前包含有该函数原型的头文件，即可在程序中直接调用。前面章节中反复用到 printf()、scanf()、getchar()、putchar()、gets()、puts()、strcat()等函数均属库函数。
- 用户自定义函数：由用户按需要编写的函数。对于用户自定义函数，不仅要在程序中定义函数本身，而且在主调函数模块中还必须对该被调函数进行类型说明，然后才能使用。
- 从函数调用的角度，可分为无参函数和有参函数两种。
- 在 C 语言中，所有的函数定义，包括主函数 main()在内，都是平行的。也就是说，在一个函数的函数体内，不能再定义另一个函数，函数的定义不能嵌套。但是函数之间允许相互调用，也允许嵌套调用。
- C 语言中所有要使用的函数都必须“先定义、后使用”，在 C 编译环境中是必须先有这个函数，才能去调用的。
- 函数名满足用户标识符的规则，函数名后有一个小括号，里面没有参数，但括号不可缺少，在小括号中加上一个 void 也是无参函数定义的正确形式。
- 有参函数和无参函数的差别在于函数名后面括号中是否有参数。有参函数的参数称为形式参数，可以有多个。形参可以是各种类型的变量，各参数之间用逗号分隔。
- 函数调用方式有三种：①函数作为表达式调用；②函数作为语句调用；③函数作为参数调用。
- 在函数调用过程中数据传递的两种方式为：函数参数传递和函数的返回值传递。其中通常的函数参数传递是数据从主调函数到被调函数之间的流动，函数的返回值传递是数据从被调函数传递给主调函数。
- 函数调用发生数据传送是单向的。即只能把实参的值传送给形参，而不能把形参的值反向传送给实参。因此在函数调用过程中，形参的值发生改变，而实参中的值不会变化，这种参数的传递方式称为“值传递”。
- 函数调用时，将数据的存储地址作为参数传递给形参，这种参数传递方式称为地址传递。
- 函数值是指函数被调用之后，执行函数体中的程序段所取得并返回给主调函数的值。换句话说，函数的返回值是通过函数调用，主调函数从被调函数 return 语句中获得的一个确定的值。

- 函数的“定义”和“声明”不是一回事。函数的定义是指对函数功能的确立，包括指定函数名，函数值类型、形参及其类型，以及函数体等，它是一个完整的、独立的函数单位。而函数声明的作用则是把函数的名字，函数类型及形参的类型、个数和顺序通知编译系统，以便在调用该函数时进行对照检查，它不包括函数体。
- C 语言允许在一个函数中调用另一函数，被调函数中又调用其他函数，这种函数调用的方法称为函数的嵌套调用。
- 函数在被调用的过程中调用函数本身称为函数的递归调用。
- 数组用作函数参数也有两种形式：数组元素作为参数和数组名作为参数。
- 变量的作用范围称为变量的作用域，变量定义的位置决定了其作用域。变量除了可以定义在函数内，也可以定义在函数外。

实训任务六　函数的应用

1. 实训目的

- 了解什么是函数？为什么要使用函数？
- 掌握函数的定义、调用。
- 掌握函数的声明与函数的参数传递。
- 掌握函数的嵌套和递归调用。
- 掌握变量的作用域。

2. 项目背景

小菜在大鸟老师的指导和自己的努力下已经可以大量地写代码了，但随着学习的深入，解决问题的日益复杂，小菜很苦恼。苦恼的原因是很多程序代码看上去相同或者相似，但是要解决面对的问题，不得不一遍遍地复制或重写。小菜知道把所有程序都写到 main()函数的做法虽然可以解决目前遇到的问题，但是肯定有更好的方法。带着疑惑小菜向大鸟老师请教，在大鸟老师的指导下小菜接触到了函数，顿时有种茅塞顿开的感觉，于是迫不及待地开始做下面的实验。

3. 实训内容

任务 1：编写函数，求 1～100 的和。

任务 2：编写函数，实现求一维数组的最大值，并在主程序中调用。

任务 3：调用库函数，完成猜数游戏，产生一个随机数，猜对时提示猜对，猜错时提示错误。

任务 4：编写函数，完成加减乘除求模运算，在主函数中调用这些函数完成相应功能。

任务 5：编写函数，实现求一个字符串中空格的个数、大写字母的个数、小写字母的个数，并调用输出。

任务 6：编写函数，完成计算 100～999 之间的水仙花数，并在主函数中调用。

任务 7：编写函数，不能使用 string.h 中的函数完成统计字符串长度。

任务 8：编写函数，实现求一维数组的最大值、最小值和二维数组的最大值、最小值，并在主程序中调用。

任务 9：编写函数，实现一维数组的排序，并在主程序中调用。

任务 10：编写函数，实现一维数组排序，并能够插入一个数，插入后仍能够排序，并在主程序中调用完成其功能。

任务 11：利用递归编程完成下面的问题。小猴子第一天摘下若干桃子，当即吃掉一半，又多吃一个；第二天早上又将剩下的桃子吃一半，又多吃一个；以后每天早上吃前一天剩下的一半多一个；到第 10 天早上猴子想再吃时发现，只剩下一个桃子了。问第一天猴子共摘多少个桃子？

习题 6

一、选择题

1．以下说法中正确的是（　　）。

A．C 语言程序总是从第一个定义的函数开始执行的

B．在 C 语言程序中，要调用的函数必须在 main()函数中定义

C．C 语言程序总是从 main()函数开始执行的

D．C 语言程序中的 main()函数必须放在程序的开始部分

2．以下函数的类型是（　　）。

```
ff(float x){printf("\n%d",x*x); }
```

A．与参数 x 的类型相同　　B．void 类型

C．int 类型　　D．无法确定

3．关于使用函数的目的正确的说法是（　　）。

A．提高程序的执行效率　　B．提高程序的可读性

C．减少程序的篇幅　　D．减少程序文件所占内存

4．以下正确的说法是（　　）。

A．用户若需要调用标准库函数，调用前必须重新定义

B．用户可以重新定义标准库函数，若如此，该函数将失去原有意义

C．用户系统根本不允许用户重新定义标准库函数

D．用户若需要调用库函数，调用前不必使用预编译命令将该函数所在文件包括到用户

5．在 C 语言中以下不正确的说法是（　　）。

A．实参可以是常量、变量或表达式

B．形参可以是常量、变量或表达式

C．实参可以为任意类型

D．形参应与其对应的实参类型一致

6．以下正确的函数定义形式是（　　）。

A．double fun(int x,int y)　　B．double fun(int x;int y)

C．double fun(int x,int y);　　D．doubel fun(int x;int y);

7．以下正确的说法是（　　）。

A．实参和与其对应的形参占用独立的存储单元

B．实参和与其对应的形参共占用一个存储单元

C．只有当实参和与其对应的形参同名时才共同占用一个存储单元

D．形参是虚拟的，不占用存储单元

8．关于 return 语句，下列正确的说法是（　　）。

A．在主函数和其他函数中均要出现

B．必须在每个函数中出现

C．可以在同一个函数中出现多次

D．只能在除主函数之外的函数中出现一次

9．简单变量的实参和形参的数据传递方式是（　　）。

A．地址传递

B．单向值传递

C．由实参传给形参，再由形参传回实参

D．由用户指定传递方式

10．下面函数调用语句含有实参的个数为（　　）。

```
fun((exp1,exp2),(exp3,exp4,exp5));
```

A．1　　B．2　　C．4　　D．5

11．以下正确的函数形式是（　　）。

A．double fun(int x,int y){z=x+y;return z;}

B．double fun(int x,y){int z;return z;}

C．fun(x,y){int x,y;double z; z=x+y; return z;}

D．double fun(int x,int y){double z;z=x+y;return z;}

12．C 语言规定，函数返回值的类型是由（　　）所决定的。

A．return 语句中的表达式类型　　B．调用该函数时的主调函数类型

C．调用该函数时系统临时指定　　D．在定义该函数时所指定的函数类型

13．设函数 fun 的定义形式为

```
void fun(char ch, float x ) { … }
```

则以下对函数 fun 的调用语句中，正确的是（　　）。

A．fun("abc",3.0);　　B．t=fun('D',16.5);

C．fun('65',2.8);　　D．fun(32,32);

14．有以下程序：

```
int f1(int x,int y){return x>y?x:y;}
int f2(int x,int y){return x>y?y:x;}
main()
{ int a=4,b=3,c=5,d=2,e,f,g;
  e=f2(f1(a,b),f1(c,d));
  f=f1(f2(a,b),f2(c,d));
  g=a+b+c+d-e-f;
  printf("%d,%d%d ",e,f,g);
}
```

程序运行后的输出结果是（　　）。

A．4，3，7　　B．3，4，7　　C．5，2，7　　D．2，5，7

15．若有以下程序：

```
#include <stdio.h>
void f(int  n);
main()
{
```

```
    void f(int n); f(5);
}
void f(int n)
{ printf("%d\n",n);  }
```

则以下叙述中不正确的是（　　）。

A．若只在主函数中对函数 f 进行说明，则只能在主函数中正确调用函数 f

B．若在主函数前对函数 f 进行说明，则在主函数和其后的其他函数中都可以正确调用函数 f

C．对于以上程序，编译时系统会提示出错信息：提示对 f 函数重复说明

D．函数 f 无返回值，所以可用 void 将其类型定义为无值型

16．有以下程序：

```
void f(int *x,int *y)
{
    int t;
    t=*x;*x=*y;*y=t;
}
main()
{
    int a[8]={1,2,3,4,5,6,7,8},i,*p,*q;
    p=a;q=&a[7];
    while(p<q)
    {
        f(p,q);
        p++;
        q--;
    }
    for(i=0;i<8;i++)
        printf("%d,",a[i]);
}
```

程序运行后的输出结果是（　　）。

A．8，2，3，4，5，6，7，1　　　B．5，6，7，8，1，2，3，4

C．1，2，3，4，5，6，7，8　　　D．8，7，6，5，4，3，2，1

17．有以下程序：

```
#define N 20
fun(int a[],int n,int m)
{
    int i,j;
    for(i=m;i>=n;i--)
    a[i+1]=a[i];
}
main()
{
    int i,a[N]={1,2,3,4,5,6,7,8,9,10};
    fun(a,2,9);
    for(i=0;i<5;i++)
```

```
    printf("%d",a[i]);
}
```

程序运行后的输出结果是（　　）。

A．10234　　B．12344　　C．12334　　D．12234

18．有以下函数：

```
fun(char *a,char *b)
{
    while((*a!='')&&(*b!='')&;&(*a==*b))
    { a++; b++;}
    return (*a-*b);
}
```

该函数的功能是（　　）。

A．计算 a 和 b 所指字符串的长度之差

B．将 b 所指字符串复制到 a 所指字符串中

C．将 b 所指字符串连接到 a 所指字符串后面

D．比较 a 和 b 所指字符串的大小

19．有以下程序：

```
#include <stdio.h>
int fun(int a,int b)
{
    if(b==0) return a;
    else return(fun(--a,--b));
}
main()
{
    printf("%d\n", fun(4,2));
}
```

程序的运行结果是（　　）。

A．1　　B．2　　C．3　　D．4

20．有以下程序：

```
#include <stdio.h>
int f(int x)
{
    int y;
    if(x==0||x==1) return (3);
    y=x*x-f(x-2);
    return y;
}
    main()
{
    int z;
    z=f(3);printf("%d\n",z);
}
```

程序的运行结果是（　　）。

A．0　　B．9　　C．6　　D．8

二、看程序写结果

1．以下程序的输出结果是（　　）。

```
#include <stdio.h>
int fun(int x)
{
    static int t=0;
    return(t+=x);
}
main()
{
    int s,i;
    for(i=1;i<=5;i++) s=fun(i);
    printf("%d\n",s);
}
```

2．以下程序的输出结果是（　　）。

```
#include <stdio.h>
void fun(int x)
{
    if(x/2>0) fun(x/2);
    printf("%d",x);}
main()
{
    fun(3);
    printf("\n");
}
```

3．以下程序的输出结果是（　　）。

```
#include <studio.h>
fun(int a,int b)
{
    int c; c=a+b; return c;
 }
 main()
{
    int x=6,y=7,z=8,r;
    r=func((x--,y++,x+y),z--);
    printf("%d\n",r);
 }
```

4．以下程序运行后的输出结果是（　　）。

```
#include "string.h"
void fun(char *s,int p,int k)
{
    int i;
    for(i=p;i<k-1;i++)
    s[i]=s[i+2];
```

```
}
main()
{
    char s[]="abcdefg";
    fun(s,3,strlen(s));
    puts(s);
}
```

5．有以下程序：

```
float f1(float n)
{
   return n*n;
}
float f2(float n)
{
   return 2*n;
}
main()
{
   float(*p1)(float),(*p2)(float),(*t)(float), y1, y2;
   p1=f1; p2=f2;
   y1=p2(p1(2.0));
   t = p1; p1=p2; p2 = t;
   y2=p2( p1(2.0) );
   printf("%3.0f, %3.0f\n",y1,y2);
}
```

程序运行后的输出结果是（　　）。

三、编程题

1．采用函数的思想编写程序，实现求一维数组的最大值、最小值，以及最大值与最小值的差。

2．编写一个函数，将 3 个数按由小到大的顺序排列并输出。在 main()函数中输入 3 个数，调用该函数完成这 3 个数的排序。

3．采用函数嵌套+递归完成求两个数的阶乘的和。

4．有 5 个人坐在一起，问第 5 个人多少岁？他说比第 4 个人大 2 岁。问第 4 个人，他说比第 3 个人大 2 岁。问第 3 个人，说比第 2 个人大 2 岁。问第 2 个人，又说比第 1 个人大 2 岁。最后问第 1 个人，他说是 10 岁。请问第 5 个人多大？

分析上述问题，总结公式如下。请根据总结的公式，采用递归的方法编程实现。

$$\mathrm{age}(n)=\begin{cases}10 & (n=1)\\ \mathrm{age}(n-1)+2 & (n>1)\end{cases}$$

第 7 章 程序性能优化——指针

指针是C语言中广泛使用的一种数据类型，也是C语言最显著的特点之一，使用起来很灵活。在C语言编程中如果能用好指针，不但可以实现存储空间的动态分配，还能提高程序的编译效率和执行速度。编写高质量的C语言程序离不开指针的运用。

当然，如果指针使用不当，也很容易造成系统错误，程序挂死。因此，只有系统地学习指针，规范运用，才能得到事半功倍的效果。

本章详细介绍：①什么是指针？②为什么要使用指针？③指针变量的使用；④指针在数组中的应用；⑤字符型指针的应用；⑥指针数组与指向指针的指针；⑦指针在函数中的应用。

7.1 什么是指针

微课

要想理解指针，就要先弄清楚系统里的数据是如何存储，又是如何读取的。

假设有一个班级的学生一起出去旅游，需要在宾馆入住。如果按学号来排序，1 号学生入住 1 号房间，2 号学生入住 2 号房间……以此类推。那么，想要找到某位同学就非常简单，只需要按照他的学号，去相应的房间就可以了。

但通常一个宾馆并不会只入住这么一个班级的学生，还有其他散客，每天都有人入住也有人退房。也就是说，宾馆并不一定有那么多连号的房间预备给这些学生。再比如，学生希望按自己的意愿选择房间，而不是按学号机械地排好顺序。该如何解决这个问题呢？

其实很简单，想要找到一名学生，我们就必须知道他的房间号。那么只要事先把每个学生和他所入住的房间号记录下来，想要找到这个学生，去记录中查一下他的房间号，再去对应的房间即可。

把这个问题做一个类比。宾馆的一个房间，就相当于存储空间里的一个存储单元。入住的学生，就相当于这个存储单元里的内容。宾馆的房间号，就相当于这个存储单元的起始地址编号。因为这个地址标示了一个存储单元的位置，也形象化地把这个存储单元的地址称为“指针”。

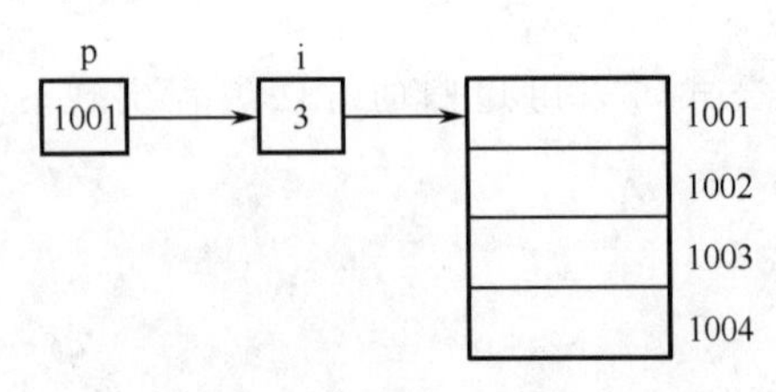

图 7.1 变量的直接访问和间接访问

如图 7.1 所示，假如定义一个整形变量 i，内存中就会分配4B的空间给它。假设这4个字节编号从1001到 1004，那么，指向变量 i 的指针的值，就是这个空间的起始地址 1001。如果写“int i=3;”就会把 3 这个数值直接送入 1001 到 1004 的地址空间。

想要访问这个变量的内容，可以直接通过变量名 i 找到内存中的 1001 到 1004 号位置，取出整数值 3。这种访问方式，就是直接访问。

可以把变量 i 所在存储空间的起始地址及变量的类型，记录在另一个变量 p 上面。也就是说，p 的类型，是一个整型数据的指针；p 的值，就是变量 i 的存储空间起始地址 1001。想要找到 i 的值，就先查看 p 的数据，找到 i 的存储位置，然后取整型的 4 个字节数据即可。这种将变量地址存放在另一个变量中，通过另一个变量找到变量的地址，就是间接访问。

可以直接去某学生的房间找到他；也可以先到记录学生的数据里，查到某学生的房间号，然后找到他。

在 C 语言中，像 p 这种专门存储其他变量地址的变量，就是指针变量。“指向”的动作，就是通过将一个变量的地址值赋值给指针变量来实现的。

微课

7.2 为什么要使用指针

关于为什么要用指针这种间接访问的方式，有以下几个方面的理由。

（1）指针为 C 语言的动态内存分配系统提供了支持。还是前面宾馆入住的例子，如果有一整班人入住宾馆，就好比一批数据要存储在内存中。在没有指针的情况下，可能需要使用数组这种方式来申请存储空间，这就意味着需要连续的空间，但内存中的空间不停地被分配和被回收，并不一定有正好大小的连续空间。而如果有了指针，就可以利用不连续的散碎空间。另外，指针还可以为实现动态数据结构（如链表、队列、二叉树等）提供支持。

（2）指针为函数提供修改变量值的方法。在第 6 章函数的应用中，可知值传递中函数的形参是不能修改实参的值的，但如果想让数据在形参和实参之间双向传递，就应该采用地址传递（址传递）。其实使用指针直接引用实参的地址本身就是地址传递的一种。

（3）指针可以改善某些程序的效率。假如程序需要频繁地进行大量数据传递，利用指针变量只传递地址而不是实际的数据的特性，既可以节约内存，也能大大提高传递速度。

微课

7.3 指针变量的使用

7.3.1 指针变量的声明

指针变量声明的语法格式：类型说明符 *指针变量名;

说明 1：类型说明符是定义指针变量必须要指定的“基类型”。它规定了指针变量可以指向的变量的类型。可能有人会问，指针变量的值都是内存地址，为什么还要规定基类型呢？这是因为，不同基类型的变量，占据存储空间的长度是不同的。

例如，整型一般占 4B，字符型只占 1B。而指针变量存储的只是该空间的第一个字节的地址编号，至于要操作多长的数据，就要看基类型的规定了。因此，指针变量是基本数据类型派生出来的特殊类型，它不能脱离基类型而独立存在。

说明 2：“*” 表示这是一个指针变量。

说明 3：指针变量名需要遵循 C 语言用户标识符的命名规范。

例如：int *p;

说明：不能笼统地说 p 是一个指针变量，int *p;的含义为 p 是一个指向整型数据的指针变量。

7.3.2 指针变量的赋值

指针变量和普通的变量一样，使用前不仅要声明，还必须要赋值。如果未经赋值，该指针变量是不可使用的。与普通变量不同的一点是，给指针变量赋值，只能赋予地址，这就需要使用取地址符“&”来表示变量的地址。

变量地址的获取形式：&变量名

例如：&i

说明：&i 代表了变量 i 的内存地址。

给指针变量赋值有以下两种方法。

（1）在指针变量声明的时候直接初始化。

例如：

```
int i;
int *p=&i;
```

（2）先定义指针变量，然后赋值。

例如：

```
int a;
int *p
p=&a;
```

说明 1：指针变量本身代表的就是地址，注意如果已经先行定义了指针变量，后续再赋值指针变量就不能加“*”了。注意两种赋值的区别。

说明 2：不能直接将内存地址的数值（一个无符号的常整数）赋给指针变量，因为系统无法分辨这个数值到底是不是一个内存地址。所以如果使用类似“p=1001;”这种写法则程序会报错，要避免。

7.3.3 指针变量的引用

1. 引用指针变量指向的变量

引用指针变量是对被指向的变量进行间接访问的一种形式。这里要用到指针运算符“*”。在 7.3.1 节中，它仅是声明指针变量的一个标志。但现在，它有了新的含义。

引用指针变量的方式：*指针变量名

说明：以图 7.1 为例，“*p”就相当于引用变量 i 的值，也就是 3。

例如：语句“printf("%d",i);”和语句“printf("%d",*p);”执行的结果也是一样的，都是输出 3。

例如：给变量 i 赋值 1，可以写“i=1;”，也可以写“*p=1;”。

2. 引用指针变量的值

如前所述，指针变量的值，就是一个内存地址。而内存地址是一个无符号整数，它也可以被引用，被显示。在这时，指针变量与普通的整数变量使用方法相似。

例如：

```
int i;
int *p=&i;
```

```
printf("%d",p);
```

说明：以上语句的含义是，声明了一个整型变量 i，系统会为 i 分配 4 个字节的存储空间，再声明一个指向整型变量的指针变量 p，并使 p 指向 i。输出 p，即输出 i 在内存中的地址。

【实例 7.1】 输入西红柿和土豆的价格，并比较它们的价格高低。

程序代码：

```
#include "stdio.h"                                              //预处理
void main()                                                     //主函数
{
  float tomato,potato;
  float *price_low=&tomato,*price_high=&potato;              //指针变量的定义和初始化
  printf("请输入西红柿和土豆的价格：");
  scanf("%f%f",&tomato,&potato);                                //输入价格
  if(tomato>potato)                          //如果西红柿价格高于土豆，则指针交换
  {
  price_low=&potato;
  price_high=&tomato;
  }
  printf("价格低的是：%f\n",*price_low);                        //输出价格较低的值
  printf("价格高的是：%f\n",*price_high);                       //输出价格较高的值
}
```

运行程序，输入测试数据 3.5 和 2.6，运行结果如图 7.2 所示。

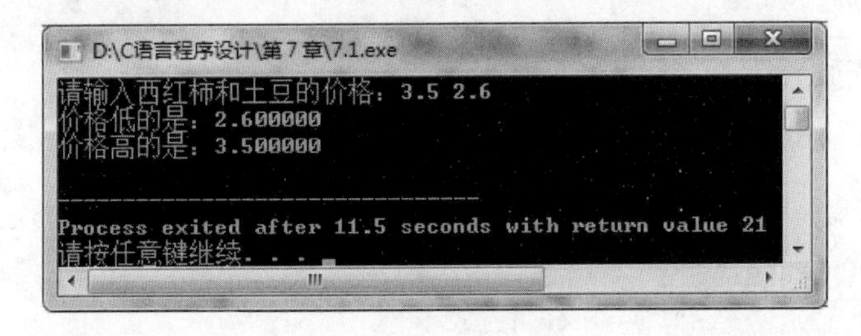

图 7.2　实例 7.1 运行结果

说明 1：实例中先定义了两个变量用来保存西红柿和土豆的价格，之后定义了两个指针变量分别初始化指向这两个变量，如图 7.3 左侧所示。当西红柿价格高于土豆时，两个指针变量做了交换，原本的低价指针指向了土豆，而高价指针指向了西红柿，如图 7.3 右侧所示。这样，在输出*price_low 和*price_high 时，其实先输出的是土豆的价格，后输出的是西红柿的价格。

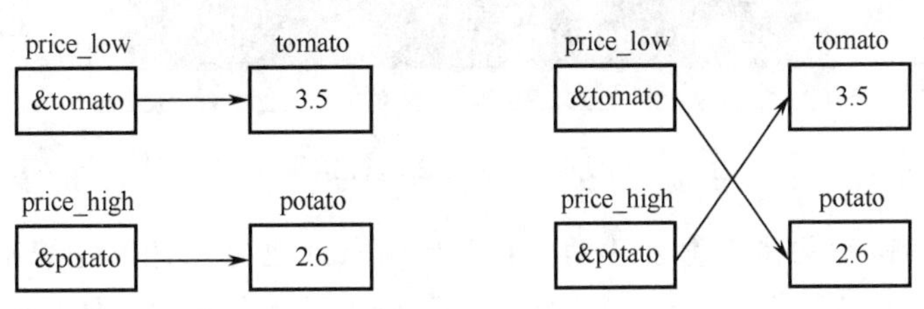

图 7.3　指针变量的交换

说明 2：程序运行中，保存价格的两个变量中的数据并没有变化，而是指针变量的指向做了交换。交换指针变量，并不需要一个同类型的指针变量做中间变量，直接使用取地址符“&”获取变量地址对指针变量赋值即可。

3. 引用指针指向的结构体成员

在下一章我们将学习结构体的应用，结构体变量的引用可以借助本章的指针来完成。这里需要介绍一个指向结构体成员的运算符，也就是间接引用运算符“->”。下面通过一个实例来说明它的使用方法。

说明：本部分在学完第 8 章结构体后再学习会更加清晰。

【实例 7.2】 输出学生信息。

程序代码：

```
#include "stdio.h"                    //预处理
struct students                       //定义结构体表示学生信息
{
    int No;
    char name[30];
    char gender;
    int age;
};
void main()
{
    struct students stu1=             //定义一个结构体变量并初始化
    {
        100001,"张三",'M',19
    };
    struct students *p;               //定义指针变量并指向结构体变量
    p=&stu1;
    printf("学号：%d\n",p->No);
    printf("姓名：%s\n",p->name);
    printf("性别：%c\n",p->gender);
    printf("年龄：%d\n",p->age);
}
```

程序运行结果如图 7.4 所示。

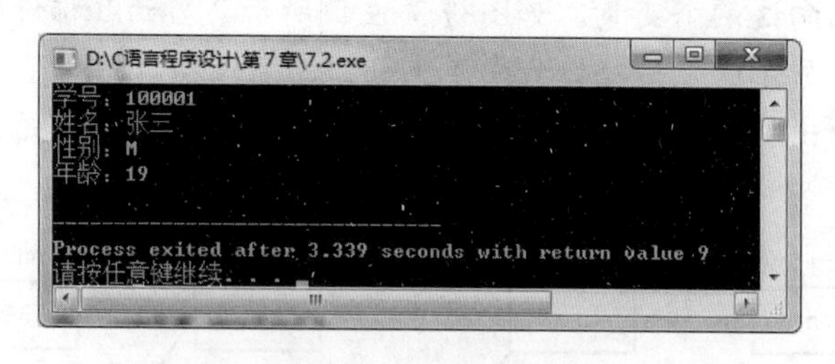

图 7.4 实例 7.2 运行结果

说明：p 是指向结构体变量 stu1 的指针，所以 stu1 也可以使用*p 来引用。也就是说，“*p.No”相当于“stu1.No”。而表达式“p->No”引用了 p 所指向的结构体变量 stu1 里的成员 No，它等价于“stu1.No”，也等价于“*p.No”。

7.3.4　指针的加减运算

微课

指针变量可以做加法或者减法，加减运算与普通变量不同，并不是简单的数字增减。下面通过一个例子进行分析。

【实例 7.3】 变量的地址输出。

程序代码：

```
#include "stdio.h"                              //预处理
void main()                                     //主函数
{
  int i;
  int *p=&i;                                    //定义指针变量 p 指向变量 i
  printf("变量 i 的地址是：%d\n",p);            //输出变量 i 的地址，即 p 的值
  p++;
  printf("p++后的结果是：%d\n",p);              //输出 p++的值
}
```

程序输出结果如图 7.5 所示。

说明： 指针变量在做加减运算的时候，可以加上或者减去一个整数。通过运行这一程序会发现，指针变量经过自加 1 的操作后，值却增大了 4。其实是因为，我们定义的变量是一个整型变量，而整型变量在内存中占据 4B 的空间。而指针变量 p 指向变量 i 的内存地址，当它做自加 1 操作的时候，会向后跳跃一个存储单元的距离，对于整型变量的存储空间来说，这个距离就是 4 个字节。因此 p 的值实际上增大了 4，如图 7.6 所示。如果变换其他的基类型，指针变量做加减运算的数值变化也会发生变化。例如，指向数组元素的指针，在做自加减运算时，跳跃的距离是一个数组元素的存储单元大小。

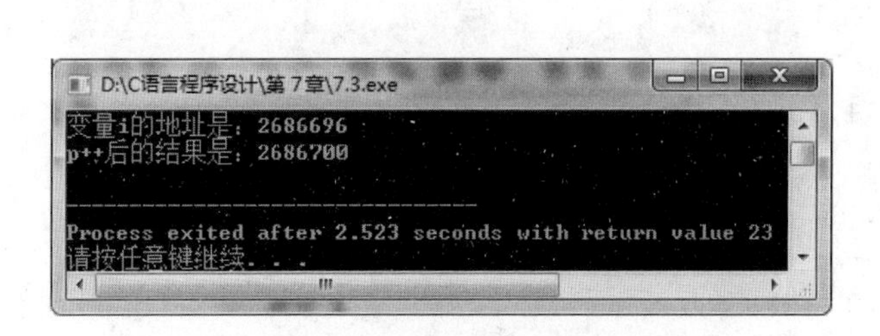

图 7.5　实例 7.3 的运行结果

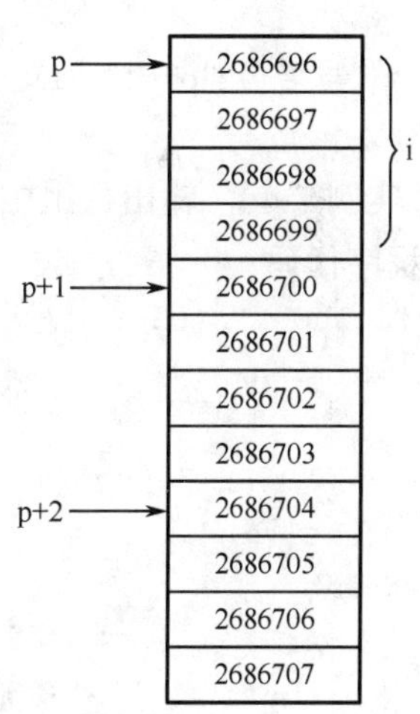

图 7.6　指针变量的自加运算

7.4　指针在数组中的应用

定义一个数组，需要系统提供连续的内存空间来存储数组中的各个元素，如果把数组的地址赋值给指针变量，就可以通过指针变量来引用数组中的元素。

7.4.1 使用指针引用一维数组的元素

微课

在前面的章节中已经得知，定义了一个一维数组，系统会在内存中为该数组分配一个连续的存储空间，而数组的名字就是该数组在内存中的首地址。如果将数组的首地址赋值给一个指针变量，那么该指针变量就指向了这个一维数组。

例如：

```
int a[10],*p;
p=a;
```

当然，因为 a 是数组的首地址，其实也就是数组中第一个元素的地址，所以上面的语句也可以改写为：

```
int a[10],*p;
p=&a[0];
```

将一个指针变量指向了某一个一维数组，就可以进一步利用指针变量引用数组中的元素了。p 和 a 都表示数组第一个元素的地址，所以，“*p”或“*a”就是数组的第一个元素 a[0]。根据 7.3.4 小节的介绍可知，指针变量 p 如果做自增运算向后跳跃，会直接跳跃一个数组元素所占内存空间的距离，因此“*(p+1)”或“*(a+1)”等价于数组的第二个元素 a[1]，后续数组元素以此类推，如图 7.7 所示。也就是说，如果 p 已经指向了数组中的某一个元素，那么 p+1 指向这个元素的后一个元素，而 p-1 指向这个元素的前一个元素。

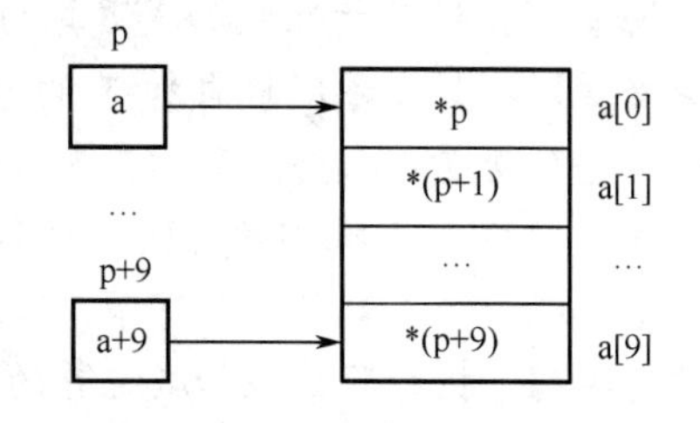

图 7.7 通过指针引用数组中的元素

说明：虽然 a 作为数组名，表示的是该数组的首地址，但 a 本身并不是一个指针变量，而是一个指针常量。也就是说，不可以试图更改数组名 a 的值。所以，如果写语句“p++;”则是合法的，表示指针 p 指向了数组的下一个元素。但若写“a++;”则不合法。

【实例 7.4】 输出数组中的元素。

程序代码：

```
#include "stdio.h"                                  //预处理
void main()                                         //主函数
{
    int a[10]={1,3,5,7,9,11,13,15,17,19};           //定义整型数组 a 并初始化
    int *p;
    int i;
    p=a;                                            //定义指针变量 p 指向数组 a
    printf("数组 a 中的元素为：\n");
    for(i=0;i<10;i++)                    //利用指针 p 向后跳跃，依次输出数组 a 的元素
    {
        printf("%5d",*p);
        p++;
    }
}
```

说明 1：本程序是利用指针引用数组元素，其效果与直接使用数组下标引用数组元素

一致。循环体内部的输出语句等价于“printf("%5d",a[i]);”。

说明 2： 假如有两个指针变量指向了同一个数组的元素，那么它们是可以比较大小的。指向前面元素的指针变量“小于”指向后面元素的指针变量。另外，指向同一个数组元素的两个指针变量也可以相减，其含义就是两个指针所在位置之间的元素个数。

说明 3： C 语言的指针变量对数组是不做越界检查的。如果不在 for 循环体中使用计数变量 i 来限制循环次数，p++是可以无限制地向后跳跃的，即使已经输出了 10 个数组元素，如果还要执行“p++”，则指针越界访问内存，编译器不会提示错误。如果指针越界读写内存，轻则程序结果错误，重则直接导致程序崩溃，因此要特别注意。在循环输出数组元素之前，也要记得初始化指针 p，例如指向数组的起始位置。

当然，也可以不使用计数变量 i，而直接使用数组的元素地址做边界，循环体可以写为：

```
for(p=a;p<=(a+10);p++)
    printf("%5d",*p);
```

说明 4： 利用指针而非数组元素下标输出数组元素，从程序运行效率来说，这是更快的。这是因为利用数组下标法输出时，每次都需要从数组的首地址先处理（a+i），计算元素的地址后，再做输出。而使用指针变量 p 输出数组元素，则不必每次都重新计算地址，只需要规律地做 p++自增运算，因此能提高程序的运行效率。

7.4.2　使用指针引用二维数组的元素

微课

根据之前所学，假设定义了一个 3 行 4 列的整型二维数组 a，那么，二维数组在内存中的存储方式，如图 7.8 所示。假设该数组在内存中的起始地址是 1000，那么 a、&a[0]、a[0]、&a[0][0]在数值上都等于 1000，但含义略有不同。a 和&a[0]表示的是第 0 行的首地址，也就是数组的首地址，a[0]和&a[0][0]表示的是第 0 行第 0 个元素的地址。因此，a+1 或者&a[0]+1 表示下一行的地址，即&a[1]；a[0]+1 或&a[0][0]+1 表示下一个元素的地址，即&a[0][1]。

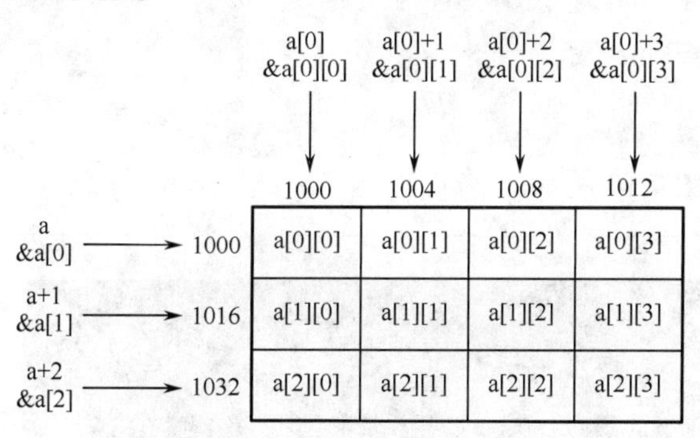

图 7.8　二维数组的存储形式

那么，假设定义一个指针变量指向二维数组，指针的定义方式和数组元素的输出方式就有所区别了。

【实例 7.5】 利用指向数组元素的指针，将二维数组线性输出。

程序代码：

```
#include "stdio.h"                                //预处理
```

```
void main()                                              //主函数
{
    int a[3][4]={{1,2,3,4},{5,6,7,8},{9,10,11,12}};//定义整型二维数组 a 并初始化
    int *p;
    for(p=&a[0][0];p<&a[0][0]+12;p++)          //将二维数组视为一维数组线性输出
        printf("%d ",*p);
}
```

程序输出结果如图 7.9 所示。

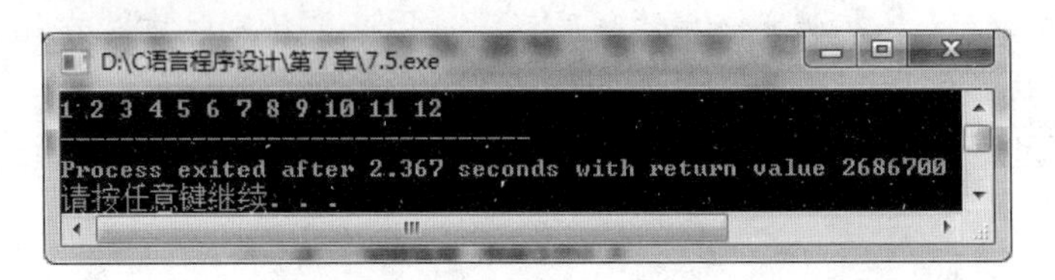

图 7.9　实例 7.5 执行结果

说明：这里定义了指向整型变量的指针变量 p，使得 p 直接指向数组的第一个元素 a[0][0]，那么 p 依次向后跳跃一个整型元素，将二维数组视为一维数组线性输出即可。

【实例 7.6】 利用指向一维数组的指针，将二维数组的矩阵输出。

程序代码：

```
#include "stdio.h"                                   //预处理
void main()                                          //主函数
{
    int a[3][4]={{1,2,3,4},{5,6,7,8},{9,10,11,12}};//定义整型二维数组 a 并初始化
    int (*p)[4],*q;              //p 是指向“一个含有 4 个整型元素的一维数组”的指针
    for(p=a;p<a+3;p++)           //p 指向二维数组 a 的首行，每次循环向后跳跃一行
    {
        for(q=*p;q<*p+4;q++)  //q 指向“p 所指一维数组”的首地址
            printf("%d\t",*q);
        printf("\n");
    }
}
```

程序输出结果如图 7.10 所示。

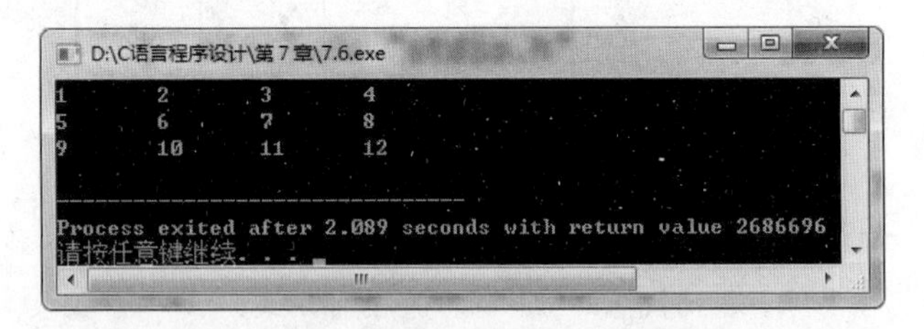

图 7.10　实例 7.6 的执行结果

说明 1：将指针变量 p 定义为指向“一个含有 4 个整型元素的一维数组”的指针变量，它每次做自增运算，将向后跳跃一个数组的存储长度，因此可以利用它的自增运算，向后跳跃二维数组的一行。“*p”的含义，就是 p 所指向的这个一维数组的首地址。然后定义指向整型变量的指针变量 q，它每次自增都会向后跳跃一个整型变量的存储长度，可以利用

它来跳跃二维数组的一列。最终使用循环嵌套的方式按照矩阵的格式输出二维数组的每一个元素。

说明 2： 需要区分一下“int (*p)[4];”和“int *p[4];”。前者是一个指针变量，指向一个含有 4 个整型元素的一维数组。后者是一个数组，由 4 个指向整型元素的指针元素组成将在 7.6 节讲到。

微课

7.5 字符型指针引用字符串

访问一个字符串，可以通过两种方式：一种是在数组章节中所学的使用字符数组来存放和操作一个字符串，通过数组名和下标引用一个字符，或者通过数组名和格式声明“%s”输入或输出该字符串；另一种方式就是即将要学习的利用字符型指针引用一个字符串，在这种方式下，不需要定义字符数组，也就不需要提前划定一片连续的存储空间，而是用多少占多少。

【实例 7.7】 使用字符型指针保存一个字符串的首地址，并输出该字符串。

程序代码：

```
#include "stdio.h"                    //预处理
void main()                           //主函数
{
    char *string="\n 纸上得来终觉浅，绝知此事要躬行。\n";
    printf("%s",string);
}
```

程序输出结果如图 7.11 所示。

图 7.11　实例 7.7 执行结果

说明 1： 程序中没有定义字符数组，只定义了一个字符型指针变量，并使用字符串常量对它进行了初始化。但事实上，C 语言程序仍然会在内存的常量区中开辟一个字符数组的空间用来存放这个字符串常量，只不过该字符数组没有定义名字，只能通过字符型指针变量来引用，字符型指针变量里存放的就是这个字符数组的首地址。字符型指针变量的初始化，也可以写成两句，注意第二句 string 前不应该有“*”号。

```
char *string;
string="\n 纸上得来终觉浅，绝知此事要躬行。\n";
```

说明 2： %s 是输入或输出字符串时所使用的格式符，在输出项上指定了字符型指针 string，那么系统会输出 string 指向的字符串第一个字符，然后自动将 string+1，指向第二个字符并输出，以此类推，直至遇到字符串结束标志'\0'停止。

【实例 7.8】 利用字符型指针复制字符串。

程序代码：

```
#include "stdio.h"                    //预处理
void main()                           //主函数
{
    char str1[]="行是知之始，知是行之成。";
    char str2[50];
    char *p1,*p2;
    for(p1=str1,p2=str2;*p1!='\0';p1++,p2++)
        *p2=*p1;
    *p2='\0';
    printf("原字符串是：%s\n",str1);
    printf("复制字符串：%s\n",str2);
}
```

程序输出结果如图 7.12 所示。

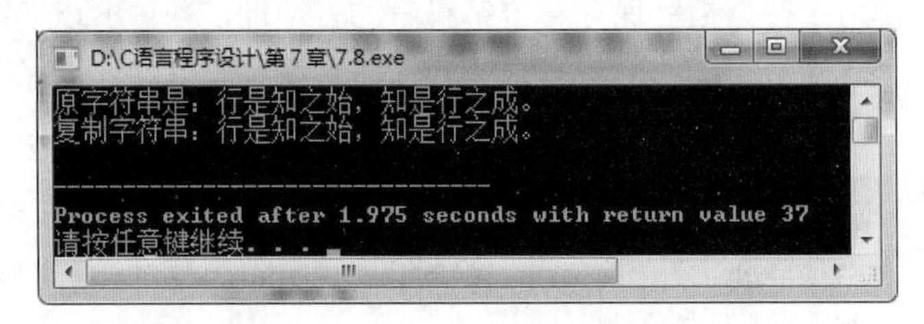

图 7.12　实例 7.8 执行结果

说明 1：将字符型指针 p1 和 p2 分别指向两个字符数组的首地址。将第一个字符数组的元素赋值给第二个字符数组的元素，之后两个字符型指针分别向后跳跃一个字符元素，直到第一个字符型指针指向字符串结束标志'\0'为止。

说明 2：字符数组与字符型指针变量不同之处在于，指针变量的值是可以改变的，而数组名是一个常量，不可以改变。可以移动字符型指针指向数组中的任何位置，却不能移动数组本身的位置。

7.6 指针数组和指向指针的指针

微课

7.6.1 指针数组的概念

一个数组的元素均为指针类型的数据，就是指针数组。换句话说，指针数组中每一个元素都相当于一个同类型的指针变量，用来存放一个地址。定义一维指针数组的语法为：

类型名 *数组名[数组长度];

例如：

```
int *p[4];
```

说明：此句表示的是声明一个含有 4 个元素的数组 p，每一个元素都是一个指向整型数据的指针。

我们经常使用指针数组来指向一个二维数组，即指针数组的每一个元素都指向二维数组的每一行首地址，也就是指向一个一维数组。而这种应用特别适合指向若干个字符串。

【实例 7.9】 已知 5 本图书的名称，将它们排序后输出。

程序代码：

```
#include "stdio.h"                              //预处理
#include "string.h"
void main()
{
  char *book[5]={"程序设计基础","计算机组成原理","汇编语言","编译原理","数据结构"};
  char *temp;
  int i,j;
  for(i=0;i<4;i++)                              //使用选择法将指向字符串的指针进行排序
  {
     for(j=i+1;j<5;j++)
        if(strcmp(book[i],book[j])>0)           //字符串比较函数
        {
           temp=book[i];
           book[i]=book[j];
           book[j]=temp;
        }
  }
  for(i=0;i<5;i++)
    printf("%s\n",book[i]);
}
```

程序运行结果如图 7.13 所示。

说明：在本例中，定义了有 5 个元素的字符型指针数组，并对其进行了初始化，如图 7.14 所示。实际上就是将各个字符串的首地址赋值给了数组中的各个指针元素。之后使用选择法通过 strcmp 函数对字符串进行了比较和排序。但是请注意在排序时，交换和移动的并不是字符串，而是指向字符串的指针。假如交换的是字符串，那么因为字符串长度各不相同，需要先定义一个足够宽度的二维字符数组来存放这几个字符串，这样无形中增加了存储空间的浪费，而且交换字符串需要进行字符串的复制，程序执行速度就会变慢。而如果仅对指向字符串的指针进行交换和排序，这样可以减少系统执行的时间和空间开销，提高程序的运行效率。排序后的指针指向结果，如图 7.15 所示。

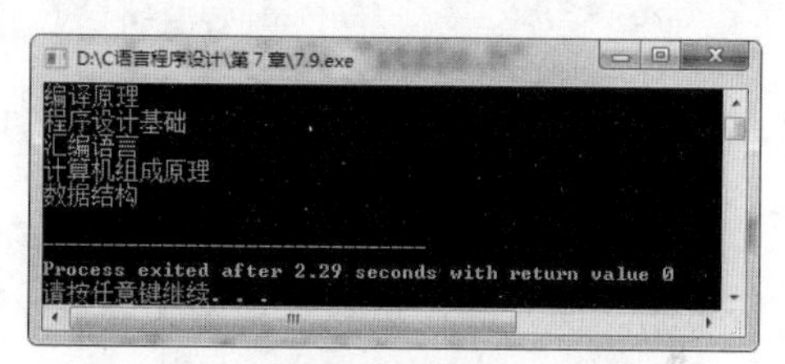

图 7.13　实例 7.9 执行结果

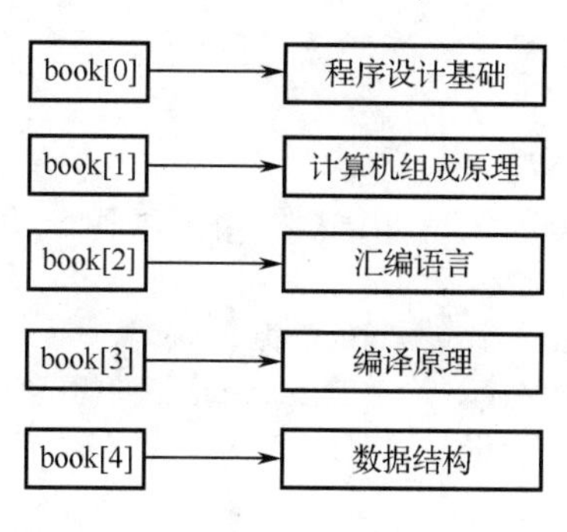

图 7.14　字符型指针数组的初始化

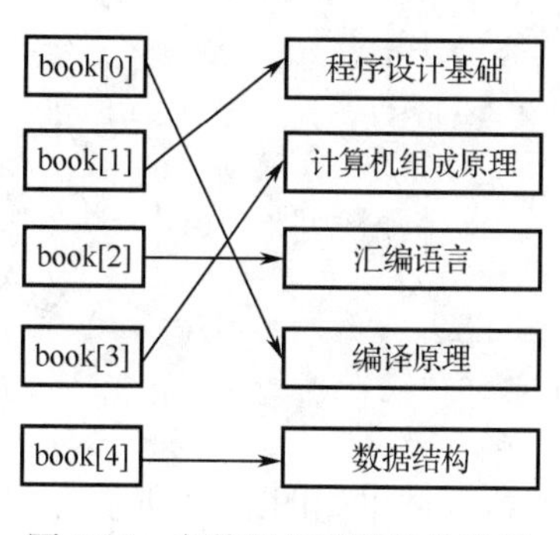

图 7.15　字符型指针数组排序后

7.6.2 指向指针的指针

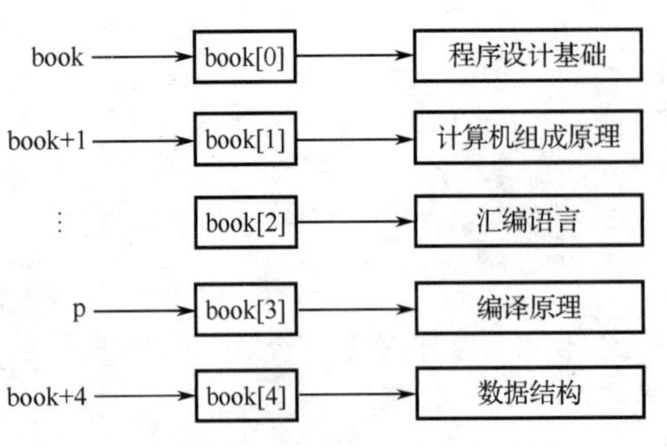

图 7.16 指向指针数组元素的指针

通过学习指针数组可以得知，指针数组的数组名代表了该指针数组所有元素的首地址。例如实例 7.9 中的 book 数组。book 就代表了 book[0]这个字符型指针所在的地址，book+i 就代表了 book[i]的地址，*(book+i)则代表了 book[i]里面的值。假如设一个指针变量 p，用它指向 book 数组中的元素，那么 p 就是一个指向指针的指针，如图 7.16 所示。

指针变量可以指向整型变量、实型变量、字符型变量，当然也可以指向指针变量。定义一个指针的指针的语法为：类型名 **指针变量名;

例如：

```
char **p;
```

说明：p 代表一个指向"指向字符型数据指针"的指针。这个写法相当于"char *(*p);"。

如果要初始化 p，以实例 7.9 中的字符数组为例，可以为 p 进行如下赋值：

```
p=book;        //p 指向 book[0]
p=&book[1];  //p 指向 book[1]
p=book+3;          //p 指向 book[3]
```

例如：

```
int i=15;
int *p1=&i;
int **p2=&p1;
```

说明：这几句代码的含义是，声明了一个整型变量 i 并初始化赋值 15；接下来声明了一个指向整型变量的指针 p1，并将它指向变量 i；再声明了一个指向"指向整型变量的指针"的指针 p2，并将它指向 p1，如图 7.17 所示。引用变量 i，可以是*p1，也可以是**p2。

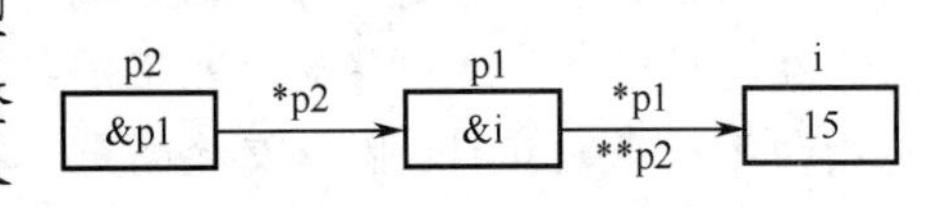

图 7.17 指向指针的指针

【实例 7.10】 依次输出实例 7.9 中的图书名称。

程序代码：

```
#include "stdio.h"                    //预处理
void main()
{
  char *book[5]={"程序设计基础","计算机组成原理","汇编语言","编译原理","数据结构"};
  char **p;                       //定义指向字符型指针的指针
  for(p=book;p<book+5;p++)       //指针初始化指向字符型指针数组 book
    printf("%s\n",*p);            //依次输出数组中每一个字符型指针所指向的字符串
}
```

程序的执行结果如图 7.18 所示。

说明 1：如图 7.19 所示，指针 p 指向字符指针数组的第一个元素 book[0]，而 book[0]

也就是*p 是第一个字符串“程序设计基础”的首地址，用格式字符“%s”输出*p 即可。

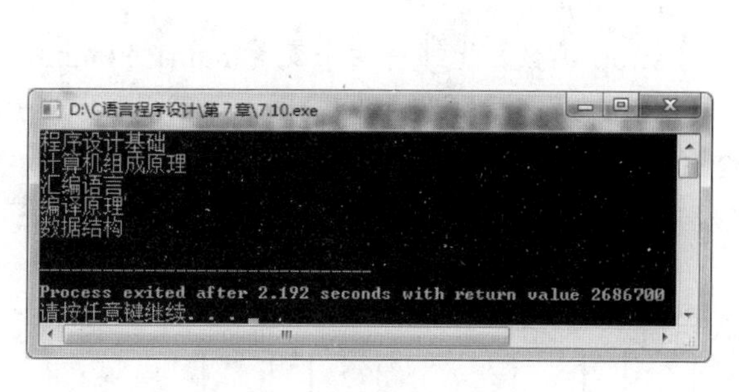

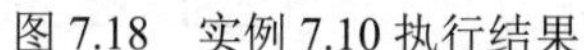

图 7.18　实例 7.10 执行结果

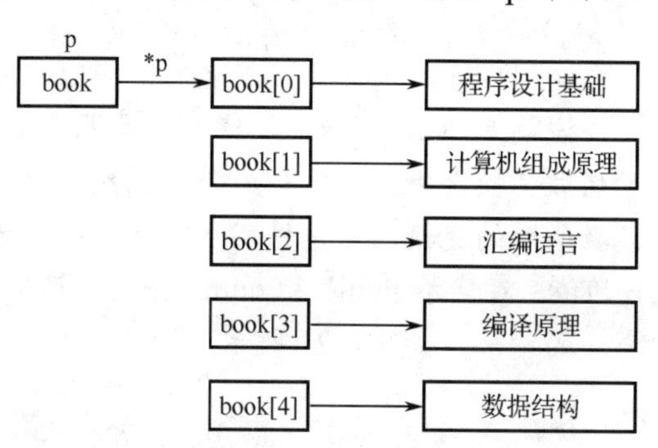

图 7.19　应用指向指针的指针输出字符串

说明 2：在本章的开头曾提到变量的间接访问，从理论上讲，可以将指针延伸出更多的层级，即多重指针。但在实际程序应用中一般很少出现超过二级的间接访问，因为容易出现理解和管理困难。

7.7 指针在函数中的应用

微课

7.7.1　使用指针做函数参数

前面曾提到函数的形参是不能修改实参的值的，因为形参所做的任何运算，都是通过“值传递”的方式进行的，只将实参的数值传递给形参，之后的运算都是在形参上操作的，与实参无关了。

但有些时候，如果确实需要定义子函数来操作实参的数值，那就不能使用值传递的方式，而必须使用“地址传递”的方式，即把实参的指针作为形参使用。

【实例 7.11】 交换两个变量的值。

错误的程序代码：

```
#include "stdio.h"                //预处理
void swap(int a, int b)           //错误的交换函数
{
    int temp;
    temp=a;
    a=b;
    b=temp;
}
void  main()
{
    int num1, num2;
    printf("请输入两个整数：\n");
    scanf("%d%d",&num1,&num2);
    swap(num1,num2);
    printf("两数交换后的结果为：\n");
```

```
    printf("%d %d",num1,num2);
}
```

运行程序，输入3和6之后，输出结果如图7.20所示。

说明1： 此段代码，期望通过调用自定义的swap函数，能够将两个变量num1和num2的值做交换，输出“6 3”，但很显然，得到的结果却并不像预期中的那样。原因是，swap函数所做的交换，是先将实参num1和num2的值传递给形参a和b，然后交换了形参a和b的值，对实参num1和num2并没有产生任何影响，因此输出num1和num2得到了完全不变的结果，如图7.21所示。

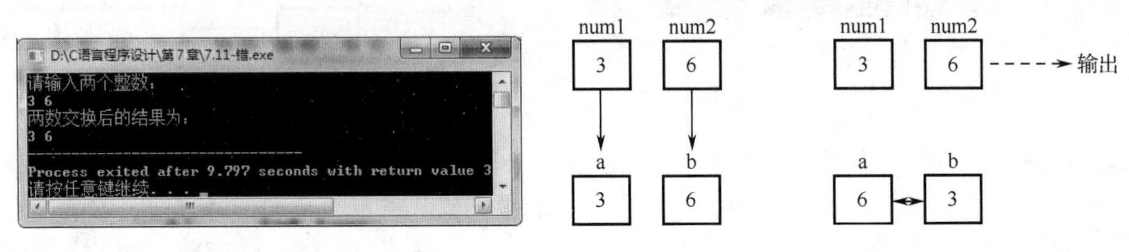

图7.20　实例7.11错误代码的执行结果　　　　图7.21　函数值传递

要想解决这个问题，就要想办法让形参引用到实参所在的地址，直接操作该地址内的数据。也就是说，利用指针作为函数的参数，自定义函数swap的两个形参a和b分别是指向实参num1和num2的两个指针，调用swap函数，就是将实参的地址直接传递给形参。这样，当交换形参两个指针所指向的内存中的数据时，实际上就是交换了num1和num2的数据，如图7.22所示。

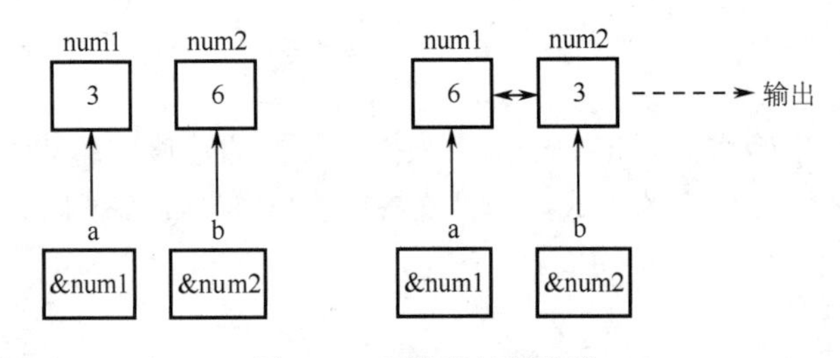

图7.22　函数的地址传递

正确的程序代码：

```
#include "stdio.h"                    //预处理
void swap(int *a, int *b)             //使用指针做参数的交换函数
{
    int temp;
    temp=*a;
    *a=*b;
    *b=temp;
}
void main()
{
    int num1, num2;
    printf("请输入两个整数：\n");
    scanf("%d%d",&num1,&num2);
```

```
    swap(&num1,&num2);                    //将实参的地址传递给指针形参
    printf("两数交换后的结果为：\n");
    printf("%d %d",num1,num2);
}
```

运行程序，再次输入 3 和 6 后，输出结果如图 7.23 所示。

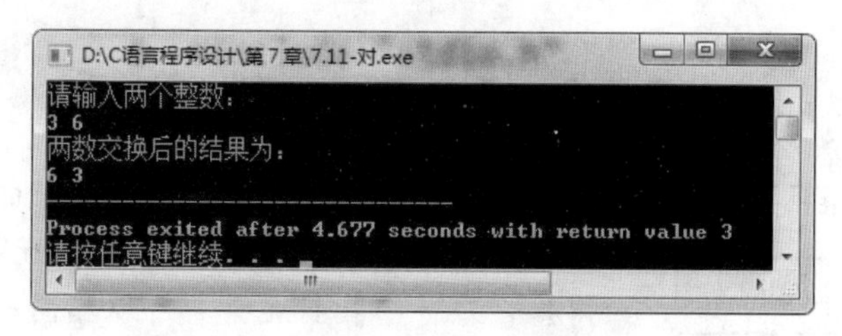

图 7.23　实例 7.11 正确代码的执行结果

说明 2：通过指针传递参数，还可以减少值传递带来的系统开销，并且，通过传递的地址可以直接改变指定内存中的值，提高程序的运行效率。

7.7.2　用指针做函数的返回值

微课

一个函数可以带回返回值，返回值的类型既可以是整型、字符型、实型等，也可以返回指针，即数据的地址。返回值为指针数据的函数也被简称为指针函数。

定义指针函数的语法为：

类型名 *函数名(参数列表);

例如：

```
int *fun(int x);
```

说明：这句声明的含义是声明了一个名为 fun 的函数，x 是 fun 函数的整型形参，这个函数调用后可以得到一个指向整型数据的指针。函数名前的“*”，就表示此函数是指针函数。

【实例 7.12】 输入一个学生的学号，输出他的名字。

程序代码：

```
#include "stdio.h"                              //预处理
char *result_name(char *stu_name[],int stu_num)
{ //返回指针数组 stu_name 的第 stu_num 个元素，即指向学生名字字符串首字符的指针
    return *(stu_name+stu_num-1) ;
}

void main()                                     //主函数
{
    char 
*name[]={"Tom","Jerry","Tuffy","Speike","John","Julies","Joshua","Monica"};
    int num;
    printf("请输入学生的学号：");
    scanf("%d",&num);
    printf("%s",result_name(name,num));
}
```

运行程序，输入学号 6，输出结果如图 7.24 所示。

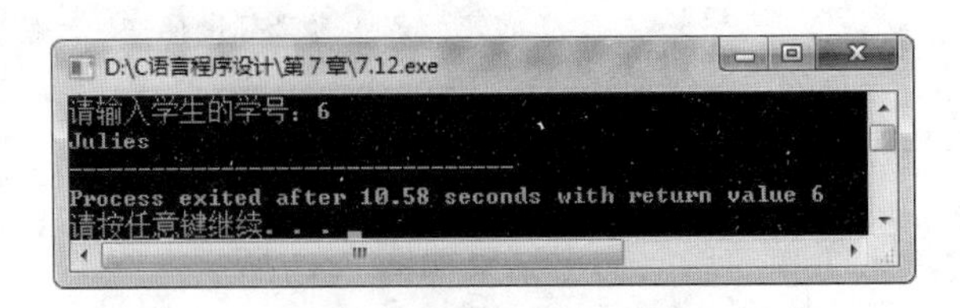

图 7.24　实例 7.12 的执行结果

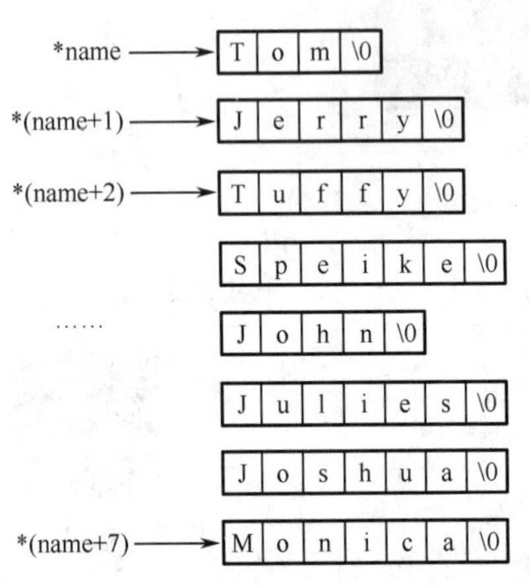

图 7.25　指向字符型的指针数组

说明 1：主函数的开始，定义了一个指向字符型数据的指针数组，也就是说，数组中的每一个元素都是一个指向字符型数据的指针，根据 7.5 节和 7.6 节内容可以得知，每一个指针元素都可以指向一个字符串的首字符地址。name[0]等价于*name，指向的是第一个学生名字字符串“Tom”的首地址；name[1]等价于*(name+1)，指向的是第二个学生名字字符串“Jerry”的首地址，以此类推，如图 7.25 所示。因此，想要输出第 num 号学生的姓名，只需要拿到第 num 号学生名字字符串的首地址，即只需要拿到*(name+num-1)的值即可。

说明 2：理解了上一层含义，就容易理解自定义函数 result_name 了。此函数返回一个指向字符型数据指针数组 stu_name 的第 stu_num 号元素，也就是说，返回值是一个字符型指针。

说明 3：关于自定义函数 result_name 的第一个形参 stu_name，用数组名做函数的参数，事实上 C 语言编译的时候，都是将形参数组名当做指针变量来处理的，类似 7.7.1 节的内容。实参数组名 name 代表的是该数组首元素的地址，也就是第一个字符型指针的地址。而形参 stu_name 是用来接收从实参传递过来的数组首元素的地址，因此 stu_name 实际上是一个指针变量，指向实参 name 的第一个字符型指针，因此它是指向指针的指针。自定义函数 result_name 的首部也可以写为：

```
char *result_name(char **stu_name,int stu_num)
```

说明 4：最后，利用格式符%s 输出字符型指针所指向的字符串。

7.7.3　使用指针调用函数

微课

一个函数在程序编译的时候会被分配一段存储空间，函数名代表空间的起始地址，被称为该函数的指针。我们也可以定义一个指针变量来指向函数，然后通过该指针变量来调用此函数，这种指针就叫做函数指针。定义函数指针的语法为：

类型名(*指针变量名) (函数参数表列);

例如：int (*p)(int,int);

说明：声明了一个指向函数的指针 p，函数的返回值类型为整型，带有两个整型的形参。也就是说，函数指针并不是随意指向任何一个函数，函数的类型必须与函数指针的定义相一致。注意与 7.7.2 节用指针做函数返回值中函数声明区别，因为优先级的关系，“*指针变量名”必须使用圆括号括起来。

【实例 7.13】　找出三个整数中最大的一个数。

程序代码：

```
#include "stdio.h"                           //预处理
int max(int a,int b,int c)                   //定义 max 函数，找出 a、b、c 三者的最大值
{
    int max_int=a;
    if(max_int<b) max_int=b;
    if(max_int<c) max_int=c;
    return max_int;
}

void main()                                  //主函数
{
    int x,y,z;
    int (*p)(int,int,int);//声明一个指向“三个整型参数且返回值为整型的函数”的指针
    p=max;                                   //将指针 p 指向函数 max
    printf("请输入三个整数：");
    scanf("%d%d%d",&x,&y,&z);
    printf("三个数中最大的是：%d\n",(*p)(x,y,z)) ; //通过*p 调用 max 函数
}
```

运行程序，输入 3、6 和 12 后，运行结果如图 7.26 所示。

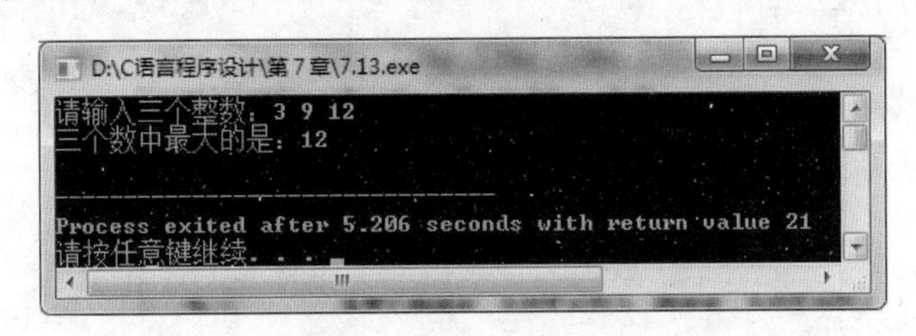

图 7.26　实例 7.13 的运行结果

说明 1：将一个函数指针指向一个函数，只需要将函数名赋值给该指针，不需要传递参数。

说明 2：使用函数指针调用函数时，只需使用（*p）代替函数名即可，如果函数带有参数，则必须携带实参才可以调用。

说明 3：指向函数的指针，是不可以进行加减等运算的，因为没有意义。

明白了函数指针的用法，那为什么还要多此一举，使用函数指针来调用函数呢？直接使用函数名来调用函数不是更好吗？这是因为，如果使用函数名调用函数，被调用的函数就是被固定了的，不能随意改动，而在使用函数指针的情况下，具体调用哪个函数，可以在程序运行时确定。请看实例 7.14。

【实例 7.14】　先输入 10 个整数，接下来由用户选择输入 0 或者 1。如果输入 0，则将这组数字逆序输出；如果用户输入 1，则正序输出。

程序代码：

```
#include "stdio.h"                           //预处理
void sort_po(int *a)                         //10 个元素的数组正排序函数
{
```

```
    int temp,*i,*j;
    for(i=a;i<a+10-1;i++)
        for(j=i+1;j<a+10;j++)
        {
            if(*i>*j)
            {
                temp=*i;
                *i=*j;
                *j=temp;
            }
        }
}
void sort_in(int *a)                        //10 个元素的数组逆排序函数
{
    int temp,*i,*j;
    for(i=a;i<a+10-1;i++)
        for(j=i+1;j<a+10;j++)
        {
            if(*i<*j)
            {
                temp=*i;
                *i=*j;
                *j=temp;
            }
        }
}

void main()                                 //主函数
{
    int x[10];
    int i,m;
    void (*p)(int *);//声明一个函数指针，指向没有返回值并有一个整型指针参数的函数
    printf("请输入 10 个整数：\n");
    for(i=0;i<10;i++)                       //数组初始化
        scanf("%d",&x[i]);
    printf("请选择输出方式，0 为逆序，1 为正序：\n");
    scanf("%d",&m);
    if(m==0) p=sort_in;         //如果用户选择 0，则将函数指针指向正序函数
    if(m==1) p=sort_po;         //如果用户选择 1，则将函数指针指向逆序函数
     (*p)(x);                   //调用 p 指向的函数，携带整型指针实参 x
    for(i=0;i<10;i++)           //输出结果
       printf("%d ",x[i]);
}
```

运行程序，输入“1 3 5 7 9 2 4 6 8 10”，选择 0，结果如图 7.27 所示。输入“1 3 5 7 9 2 4 6 8 10”，选择 1，结果如图 7.28 所示。

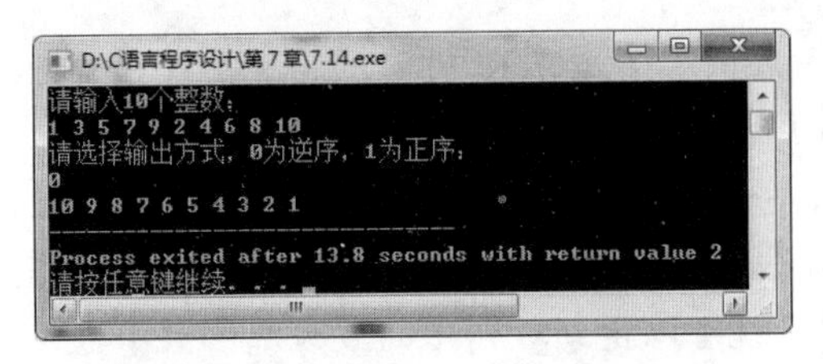

图 7.27　实例 7.14 运行结果（1）

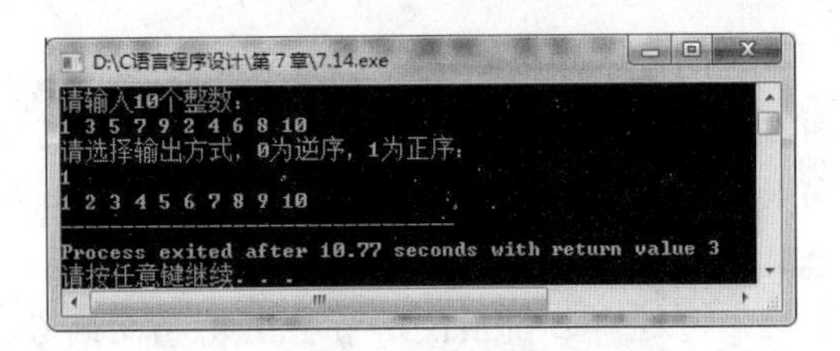

图 7.28　实例 7.14 运行结果（2）

说明 1： 自定义函数 sort_po 和 sort_in 的参数类型是指向整型的指针，因此，声明函数指针 p 时，被指向的函数的参数类型写为 “int *”。

说明 2： 主函数中调用函数的语句是 “(*p)(x);”，单从这一句是看不出到底调用了哪个函数的，需要在程序运行过程中，结合用户的选择，再决定指针变量 p 到底指向哪个函数，最终调用哪个函数。在许多实际的应用程序中，都存在这种类似的操作，根据用户输入信息的不同，提供不同的程序功能。

7.8 程序案例

【程序案例 7.1】 输入 10 个整数，使用指针查找数列中的最大值和最小值。

程序代码：

```
#include "stdio.h"                    //预处理
void main()                           //主函数
{
  int a[10];
  int i;
  int *p_max,*p_min,*p;
  printf("请输入 10 个整数：\n");
  for(p=a;p<a+10;p++)
    scanf("%d",p);
  p_max=p_min=a;
  for(p=a+1;p<a+10;p++)
  {
    if(*p>*p_max) p_max=p;
    if(*p<*p_min) p_min=p;
  }
  printf("该数列最大的数字是：%d\n",*p_max);
  printf("该数列最小的数字是：%d\n",*p_min);
}
```

运行程序，输入一组数字后，运行结果如图 7.29 所示。

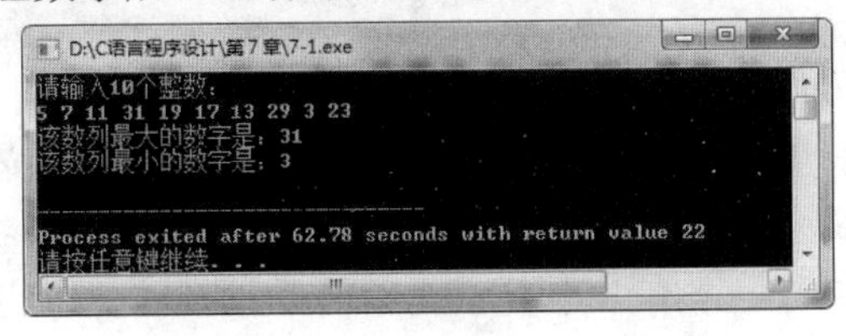

图 7.29　程序案例 7.1 运行结果

说明：本例中共使用了三个指向整型变量的指针，如图 7.30 所示。其中指针 p 初值指向数列的第一个元素，并通过 p++的操作逐步向后查找直至数列末尾。指针 p_max 负责指向数列中最大的数字，初值也指向数列的开头，一旦 p 查找到更大的数字，p_max 马上就令自己指向 p 所在位置。指针 p_min 负责指向数列中最小的数字，原理基本与 p_max 相同。最后，通过输出 p_max 和 p_min 所指向的数据，就可以得到数列中的最大数和最小数。

【程序案例 7.2】 一个班级有 3 名学生参加了 3 门课程的考试，如图 7.31 所示。输入课程号，求该门课程的平均分。

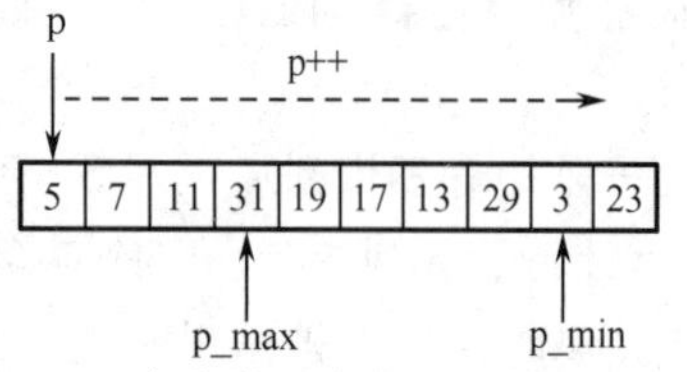

图 7.30　查找数列中的最大值和最小值

科目	胡歌	刘涛	王凯
唱歌	85	89	83
跳舞	87	85	90
表演	100	95	90

图 7.31　考试成绩

程序代码：

```
#include "stdio.h"          //预处理
void main()                 //主函数
{
  int a[3][3];
  int (*p)[3],*q;           //p 是指向一维整型数组的指针，该数组有 3 个元素
  int i,score=0;
  float average;
  printf("请输入各科成绩：\n");
  for(p=a;p<a+3;p++)        //p 指向二维数组的第一行，每次外循环向下移动一行
    {                       //q 指向 p 所指那一行的第一个元素，每次循环向后移动一个元素
       for(q=*p;q<*p+3;q++)
       {
           scanf("%d",q);
       }
    }
  printf("请输入要查询的课程编号：");
  scanf("%d",&i);
  p=a+i-1;                  //p 指向对应课程所在的行
  for(q=*p;q<*p+3;q++)      //q 从该门课程的第一个分数向后查询并使 score 累加
  {
    score=score+*q;
  }
  average=(float)score/3;
  printf("第%d 门课程的平均成绩是：%f\n",i,average);
}
```

程序运行结果如图 7.32 所示。

说明：设二维数组 a 保存考试成绩，每一行代表一门课程的成绩。定义 p 为一个指向 3 个整型元素的一维数组的指针。那么，当 p 初始化为二维数组 a 的首地址时，它就指向了二维数组的第一行所在的一个有 3 个整型元素的一维数组。每当 p 做自增操作时，都会向后跳跃一行。因此，通过 p 可以很容易地找到某一课程所在的行。而 q 被定义为指向一

个整型数据的指针，初始化 q 为 p 所指向行的第一个元素的地址。q 做自增操作，就会向后跳跃一个元素，如图 7.33 所示。

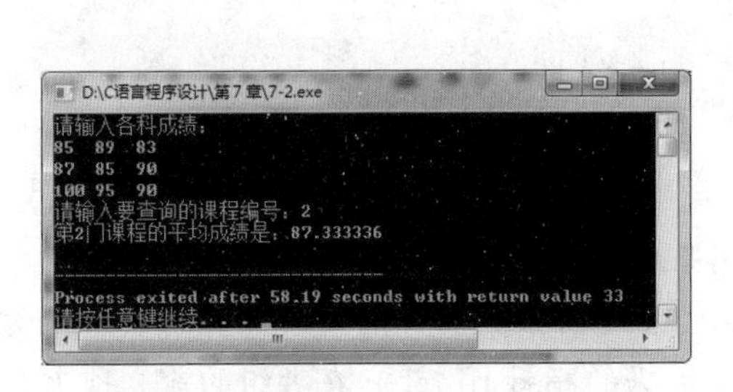

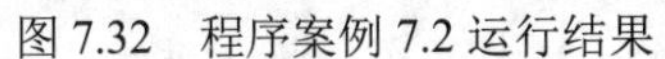
图 7.32　程序案例 7.2 运行结果

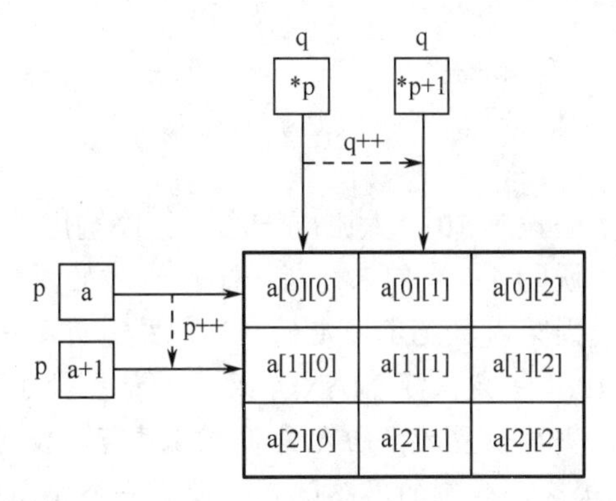

图 7.33　二维数组的行指针和每一行的元素指针

如果求一门课程的平均分，只需要先将 p 指向对应行，再通过 q 逐一累加各元素，就可以得到总分，再计算平均分。

【程序案例 7.3】 有 *n* 个人围成一圈，按顺序排好。现在从第一个人开始报数，凡是报到数字是 3 的倍数的，就退出圈子。请问最后留下来的是原来的第几号？

程序代码：

```
#include "stdio.h"                //预处理
#define MAX 100                   //设最多有 100 人
void main()                       //主函数
{
  int a[MAX],i,m,n,*p;   //n 代表总人数，m 代表报数过程中剩余的人数，i 代表所报的数字
  printf("请输入共有几人：");
  scanf("%d",&n);
  i=1;                            //初始化，从 1 开始报数
  m=n;                            //初始化，剩余人数 n 人
  for(p=a;p<a+n;p++)              //初始化数组，数组前 n 个元素置 1，表示 n 个人在圈中
    *p=1;
  p=a;                            //p 重新指向数组的第一个元素
  //查找逻辑
  while(1)
  { if(*p==1)                     //如果 p 所指当前位置的人还在圈中
    {
       if(i%3==0||i%10==3)        //如果此人符合退圈条件，则该位置数组元素置 0，总人数减 1
       {
           *p=0;
           m--;
       }
       if(m==0) break;            //如果符合退圈条件的是最后一人，则退出循环
    }
    p++;                          //指针向后移动一位
```

```
    if(p==(a+n)) p=a;          //如果指针已经移动到n个人的末尾，则转回数组起始位置
    if(*p==1) i++;             //如果p指向的下一个位置的人还没有退圈，报数加1
  }
//输出结果
  printf("剩下的是第%d个人\n",(p-a)+1);
}
```

假设是 10 个人围成一圈，程序输出结果如图 7.34 所示。

说明 1：我们来分析一下此程序的逻辑。

因为人数是不固定的，所以尽量开辟一个足够的空间，因此预设了一个常量 MAX 值为 100，并定义了 MAX 个元素的整型数组 a 用来表示每一个人的位置。如果某个人还在圈内，则该位置的数组元素用 1 来表示。如果他已经退出报数圈，则将该位置的数组元素置 0。那么，我们的思路就是，设置一个指向整型数据的指针 p，让它在数组的前 *n* 项上循环往复地移动，如图 7.35 所示。在移动的过程中，如果 p 指向某个位置的元素是 1，证明该位置的人还在报数圈中，那么就要看他将要报的数字是否符合被 3 整除的退圈条件了。符合退圈条件的，就把他位置上的数组元素置 0，同时，将剩余人数减 1。然后 p 继续向后移动。如果 p 移动到了第 *n* 个元素之后，则让 p 重新指向数组的起始位置。直到最后一个人达到了退圈条件，就可以将最后一个人所在位置输出了。

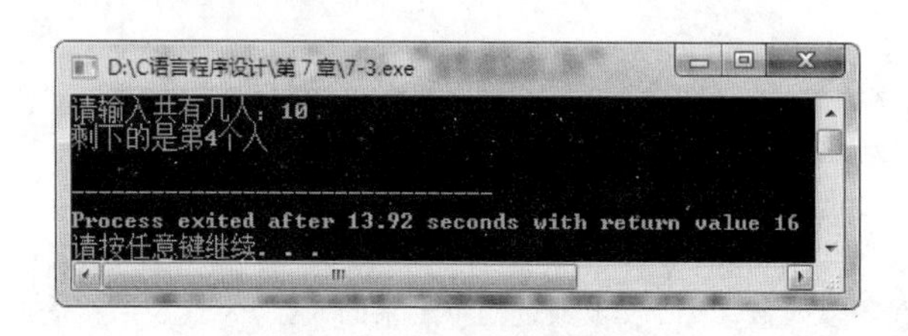

图 7.34　程序案例 7.3 执行结果

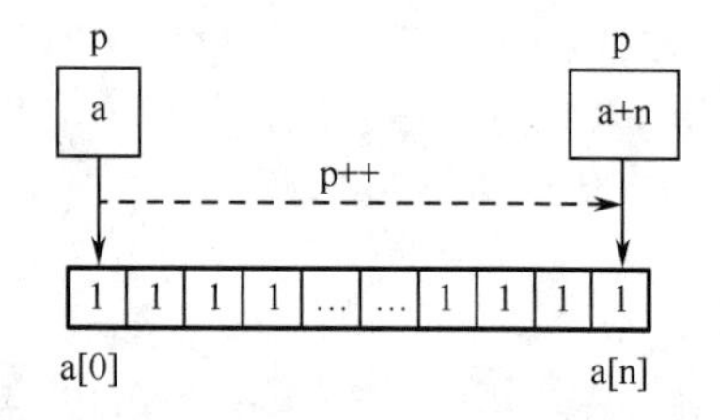

图 7.35　指针 p 在数组上逐项查找

说明 2：指针之间是可以做减法的，想知道 p 当前指向数组的哪一个元素，只需要用 p 减去数组的起始地址 a 即可。

7.9 本章小结

- 合理地使用指针，可以提高程序的运行性能。
- 指针的含义就是内存地址。指针变量存储的值是一个内存地址。
- 声明一个指针变量，必须指定它所指向数据的类型。
- 所谓“指向”，就是指针变量被赋值了一个地址，能够通过该地址找到这个地址上的数据。
- 指针能够进行加减运算，其含义是改变指针的地址数值，变化量是它指向的数据所占内存大小的整数倍。
- 指针变量之间可以比较大小。
- 各类指针定义和含义如表 7.1 所示。

表 7.1　各类指针定义及其含义

定　义	含　义
int *p;	定义一个指向整型数据的指针
int *p[3];	定义一个含有 3 个元素的指针数组，每一个元素都是指向整型数据的指针
int (*p)[3];	定义一个指向数组的指针，数组类型为整型，含有 3 个元素
int *p();	定义一个函数，返回值类型为指向整型数据的指针
int (*p)();	定义一个指向函数的指针，函数的返回值类型为整型
int **p;	定义一个指向“指向整型数据的指针”的指针

实训任务七　指针的使用，字符串的处理

1. 实训目的

- 掌握指针的概念，能正确定义和使用指针变量。
- 掌握字符型指针和指向字符串的指针变量，以及指针与数组的关系。
- 能区分指针数组与数组指针的差异，能运用指向指针的指针、指向函数的指针变量。
- 能运用指针编程解决实际问题和分析程序功能。

2. 项目背景

经过一段时间的学习，小菜已经对 C 语言编程有了一些基本认识。他听说“指针”是 C 语言编程的精髓所在，编写高质量的 C 语言程序，离不开指针的应用，一个不会使用指针的程序员，称不上是 C 语言的高手。但什么是指针呢？什么时候适合使用指针编程？为什么有些用指针编写的程序可以得到事半功倍的效果？带着这些疑问，小菜请教了大鸟老师。大鸟老师说：“指针的实质就是内存地址。至于指针该如何应用，那就要多多练习喽!”

3. 实训内容

任务 1：自行写一个函数，用来实现 strcmp 函数的功能，函数原型为：

```
int strcmp(char *p1,char *p2)
```

要求比较两个字符串，当字符串相等的时候，返回值为 0。如果字符串不同，则返回两个字符串中第一个不同的字符之间的 ASCII 码差值。

任务 2：输入一个整型数组，编写函数，求该数组中所有奇数之和及所有偶数之和。

任务 3：有一个数组 int A[nSize]，要求写一个函数：Int *func(int *p,int nSize);，将 A 中的 0 都移至数组末尾，将非 0 的移至开始（保持原顺序不变）。例如，A 原来是：1、0、3、4、0、-3、5，那么处理后的结果为：1、3、4、-3、5、0、0。

任务 4：定义一个 4×4 的整型矩阵，将该整型矩阵转置。

任务 5：请编写一个函数，用指针实现将用户输入由数字字符和非数字字符组成的字符串中的数字提取出来，例如输入“zxdt123yu456*#789$”，则产生的数字分别是 123，456，789。

任务 6：设计函数 char *insert(s1,s2,n)，用指针实现在字符串 s1 中的指定位置 *n* 处插入字符串 s2。

任务 7：分别编写下列字符串处理函数 char *strcat1(char *s,const char *ct)，将串 ct 接到串 s 的后面，形成一个长串。注意，参数和返回值类型均为指向字符型数据的指针。

任务 8：编写程序对键盘输入的字符串进行逆序，逆序后的字符串仍然保留在原来字符数组中，最后输出。要求使用指针实现（不得调用任何字符串处理函数，包括 strlen）。

例如：输入 hello world，输出 dlrow olleh。

习题 7

一、选择题

1．变量的指针，其含义是指该变量的（　　）。

A．值　　B．地址　　C．名　　D．一个标志

2．若有语句 int *point,a=4;和 point=&a;，则下面均代表地址的一组选项是（　　）。

A．a,point,*&a　　B．&*a,&a,*point

C．*&point,*point,&a　　D．&a,&*point ,point

3．若有说明：int *p1, *p2,m=5,n;，则以下均是正确赋值语句的选项是（　　）。

A．p1=&m; p2=&p1　　B．p1=&m; p2=&n; *p1=*p2

C．p1=&m; p2=p1　　D．p1=&m; *p1=*p2

4．若有程序段 char s[ ]="china"; char *p p=s;，则下面叙述正确的是（　　）。

A．s 和 p 完全相同

B．数组 s 中的内容和指针变量 p 中的内容相等

C．s 数组长度和 p 所指向的字符串长度相等

D．*p 与 s[0]相等

5．以下语句或语句组中，能正确进行字符串赋值的是（　　）。

A．char *sp; *sp="right!";　　B．char s[10]; s="right!";

C．char s[10]; *s="right!";　　D．char *sp="right!";

6．若函数 fun 的函数头为：int fun(int i, int j)，且函数指针变量 P 定义如下：int(*P)(int i, int j);，则要使指针 P 指向函数 fun 的赋值语句是（　　）。

A．P=*fun　　B．P=fun;　　C．P=fun(i,j)　　D．P=& fun

7. 在 16 位编译系统上，若有定义 int a [ ]={10,20,30},*p=& a;当执行 p++;后下列叙述错误的是（　　）。

A．p 向高地址移了一个字节　　B．p 与 a+1 等价

C．语句 printf("%d", p)；输出 20　　D．p 指向数组元素 a[1]

8．以下程序段运行后*(++p)的值为（　　）。

```
char a[6]= “work” ;
char *p;
p=a;
```

A．'w'　　B．存放'w'的地址

C．'O'　　D．存放的'O'地址

9．若有语句：char *line[5];，则以下叙述中正确的是（　　）。

A．定义 line 是一个数组，每个数组元素是一个基类型为 char 的指针变量

B．定义 line 是一个指针变量，该变量可以指向一个长度为 5 的字符型数组

C．定义 line 是一个指针数组，语句中的*号称为间址运算符

D．定义 line 是一个指向字符型函数的指针

10．设有定义：int n1=0,n2,*p=&n2,*q=&n1;，以下赋值语句中与 n2=n1;语句等价的是（　　）。

A．*p=*q;　　B．p=q;　　C．*p=&n1;　　D．p=*q;

11．若有定义：int x=0, *p=&x;，则语句 printf("%d\n",*p);的输出结果是（　　）。

A．随机值　　B．0　　C．x 的地址　　D．p 的地址

12．若有语句：double *p,a;，则以下能通过 scanf 函数正确给输入项读入数据的程序段是（　　）。

A．*p=&a; scanf("%lf",p);　　B．*p=&a; scanf("%f",p);

C．p=&a; scanf("%lf",*p);　　D．p=&a; scanf("%lf",p);

13．有以下程序：

```
main()
{
    int a[10]={1,2,3,4,5,6,7,8,9,10}, *p=&a[3], *q=p+2;
    printf("%d\n", *p + *q);
}
```

程序运行后的输出结果是（　　）。

A．16　　B．10　　C．8　　D．6

14．有以下程序：

```
main()
{
    int a[3][3],*p,i;
    p=&a[0][0];
    for(i=0;i<9;i++)
        p[i]=i;
    for(i=0;i<3;i++)
        printf("%d ",a[1][i]);
}
```

程序运行后的输出结果是（　　）。

A．0 1 2　　B．1 2 3　　C．2 3 4　　D．3 4 5

15．有以下程序：

```
main()
{
    int a[3][2]={0},(*ptr)[2],i,j;
    for(i=0;i<2;i++)
    {
        ptr=a+i;
        scanf("%d",ptr);
        ptr++;
    }
    for(i=0;i<3;i++)
    {
        for(j=0;j<2;j++)
            printf("%2d",a[i][j]);
        printf(" ");
    }
}
```

若运行程序时输入 1 2 3 并按回车键，则输出结果为（　　）。

A．产生错误信息

B. 1 0　　　　C. 1 2　　　　D. 1 0
　2 0　　　　　3 0　　　　　2 0
　0 0　　　　　0 0　　　　　3 0

16. 有以下程序：

```
main()
{
    int a[]={1,2,3,4,5,6,7,8,9,0},*p;
    for(p=a;p<a+10;p++)
        printf("%d,",*p);
}
```

程序运行后的输出结果是（　　）。

A. 1，2，3，4，5，6，7，8，9，0

B. 2，3，4，5，6，7，8，9，10，1

C. 0，1，2，3，4，5，6，7，8，9

D. 1，1，1，1，1，1，1，1，1，1，

17. 有以下程序：

```
main()
{
    char s[]="159",*p;
    p=s;
    printf("%c",*p++);
    printf("%c",*p++);
}
```

程序运行后的输出结果是（　　）。

A. 15　　　　B. 16　　　　C. 12　　　　D. 59

18. 程序中若有如下的说明和定义语句：

```
char fun(char *);
main()
{
    char *s="one",a[5]={0},(*f1)()=fun,ch;
    ......
}
```

则以下选项中对函数 fun 的正确调用语句是（　　）。

A. (*f1)(a);　　　　B. *f1(*s);　　　　C. fun(&a);　　　　D. ch=*f1(s)

19. 有以下程序：

```
main()
{
    int a[]={2,4,6,8,10}, y=0, x, *p;
    p=&a[1];
    for(x= 1; x<3; x++) y += p[x];
        printf("%d\n",y);
}
```

程序运行后的输出结果是（　　）。

A. 10　　　　B. 11　　　　C. 14　　　　D. 15

20. 有以下程序：

```
# include <studio.h>
main()
{
    int i,s=0,t[]={1,2,3,4,5,6,7,8,9};
    for(i=0;i<9;i+=2) s+=*(t+i);
       printf( "%d\n" ,s);
}
```

程序执行后的输出结果是（　　）。

A. 45　　B. 20　　C. 25　　D. 36

21. 有以下程序：

```
# include <studio.h>
main()
{
    char *p[]={"3697","2584"};
    int i,j; long num=0;
    for(i=0;i<2;i++)
    {
        j=0;
        while(p[i][j]!='\0')
        {
            if((p[i][j]-'0')%2)num=10*num+p[i][j]-'0';
            j+=2;
        }
    }
   printf( "%d\n" num);
}
```

程序执行后的输出结果是（　　）。

A. 35　　B. 37　　C. 39　　D. 3975

22. 设有以下定义和语句：

```
char str[20]="Program",*p;
p=str;
```

则以下叙述中正确的是（　　）。

A. *p 与 str[0]中的值相等

B. str 与 p 的类型完全相同

C. str 数组长度和 p 所指向的字符串长度相等

D. 数组 str 中存放的内容和指针变量 p 中存放的内容相同

23. 有以下程序：

```
main()
{
    char ch[]="uvwxyz",*pc;
    pc=ch; printf( "%c\n" ,*(pc+5));
}
```

程序运行后的输出结果是（　　）。

A. z　　B. 0　　C. 元素 ch[5]地址　　D. 字符 y 的地址

24. 以下与库函数 strcpy(char *p1,char *p2)功能不相等的程序段是（　　）。

A. strcpy1(char *p1,char *p2)

{ while ((*p1++=*p2++)!='\0') ; }

B．strcpy2(char *p1,char *p2)

{ while ((*p1=*p2)!='\0') { p1++; p2++ } }

C．strcpy3(char *p1,char *p2)

{ while (*p1++=*p2++) ; }

D．strcpy4(char *p1,char *p2)

{ while (*p2) *p1++=*p2++ ; }

25．下面程序的运行结果是（　　）。

```
main ( )
{
    int x[5]={2,4,6,8,10}, *p, **pp ;
    p=x , pp = &p ;
    printf( "%d" ,*(p++));
    printf( "%3d" ,**pp);
}
```

A. 4　4　　　　B. 2　4　　　　C. 2　2　　　　D. 4　6

二、填空题

1．以下程序的功能是：利用指针指向 3 个整型变量，并通过指针运算找出 3 个数中的最大值，输出到屏幕上，请填空。

```
#include <studio.h>
main()
{
     int x,y,z,max,*px,*py,*pz,*pmax;
     scanf("%d%d%d",&x,&y,&z);
     px=&x;
     py=&y;
     pz=&z;
     pmax=&max;
     ____________________
     if(*pmax<*py)*pmax=*py;
     if(*pmax<*pz)*pmax=*pz;
     printf( "max=%d\n" ,max);
}
```

2．以下程序的输出结果是________。

```
#include<studio.h>
# include<stdlib.h>
main()
{
     char *s1,*s2,m;
     s1=s2=(char*)malloc(sizeof(char));
     *s1=15;
     *s2=20;
     m=*s1+*s2;
     printf("%d\n",m);
}
```

3．以下函数 strcat()的功能是实现字符串的连接，即将 t 所指字符串复制到 s 所指字符串的尾部。例如，s 所指字符串为 abcd，t 所指字符串为 efgh，函数调用后 s 所指字符串为 abcdefgh。请填空。

```
# include <studio.h>
void sstrcat(char *s, char *t)
{
    int n;
    n= strlen(s);
    while (*(s+n)= _____ )
       {s++; t++;}
}
```

4．以下程序的运行结果是________。

```
main ( )
{
  char *a[]={ "Pascal" ," C Language" ," dBase" ," Java" };
  char (**p)[ ] ; int j ;
  p = a + 3 ;
  for (j=3; j>=0; j--)
    printf( "%s\n" ,*(p--)) ;
}
```

5．以下程序的运行结果________。

```
sub(char *a,int t1,int t2)
{
   char ch;
   while (t1<t2)
   {
     ch = *(a+t1); *(a+t1)=*(a+t2) ; *(a+t2)=ch ;
     t1++ ; t2-- ;
   }
}
main ( )
{
    char s[12];
    int i;
    for (i=0; i<12 ; i++) s[i]='A'+i+32 ;
       sub(s,7,11);
    for (i=0; i<12 ; i++) printf ("%c",s[i]);
       printf("\n");
}
```

三、编程题

1．编写一个函数，求一个字符串的长度，要求用字符型指针实现。在主函数中输入字符串，调用该函数输出其长度。

2．用指针方法处理。有一字符串，包含 n 个字符。编写一个函数，将此字符串中从第 m 个字符开始的全部字符复制成为另一个字符串。

3．用指针实现，编程输入一行文字，找出其中的大写字母、小写字母、空格、数字及其他字符的个数。

4．编写一个函数，输入 n 为偶数时，调用函数求 1/2+1/4+…+1/n 的和；当输入 n 为奇数时，调用函数求 1/1+1/3+…+1/n 的和（利用指针函数）。

5．利用指向行的指针变量求 5×3 数组各行元素之和。

第 8 章 复杂数据类型——结构体与共用体

前面的章节，介绍了最基本的数据类型，即使是批量数据处理时使用的数组，也是用来存放相同数据类型的数据的，然而这些类型的变量或者数组基本上无内在联系。但在现实生活中，一些密切相关、不可分割且数据类型不一样的数据在被处理时，用先前的数据类型都无法实现，所以 C 语言允许用户自己定义一些数据类型，并用它定义变量，这就是本章介绍的结构体与共用体。

本章将详细介绍：①为什么要使用结构体与共用体；②结构体类型和变量的定义、结构体变量的初始化与引用；③共用体类型和变量的定义、共体体变量的初始化与引用。

8.1 结构体的认知

微课

在程序中，常常要处理现实中的数据，其中有些数据是有内在联系且属于不同的数据类型。例如，要描述一个学生的信息，包括学号、姓名、性别、年龄、家庭住址等诸多信息，这些独立的数据构成学生整体的信息，如图 8.1 所示。

id	name	sex	age	address
200701	Angelababy	F	18	Xingtai

图 8.1　学生信息示意图

从图 8.1 可以看到，该学生的学号（id）、年龄（age）为整数类型，姓名（name）、性别（sex）、家庭地址（address）为字符类型或字符数组，如果还使用 int、char 分别定义为相互独立的简单变量，则不能体现多项信息的内在联系，使用只能存放同一数据类型的数组也不能实现。所以 C 语言允许编程者自定义一些数据类型，并用新定义的数据类型定义变量，这就是结构体（struct），它相当于其他一些高级语言中的记录。

说明：结构体与基本类型（int、char、float 等）不同，基本类型是系统提供的标准类型，可以直接拿来定义变量，而结构体必须先定义一个结构体类型，再用它定义变量。

结构体类型是由多种类型的数据组成的，其中每一个数据都称为该结构体类型的成员。结构体类型定义的语法格式如下：

```
struct 结构体类型的名称
{    数据类型 成员名 1;
     数据类型 成员名 2;
     ...
```

数据类型 成员名 n;

}；

说明 1：结构体类型定义使用 struct 关键字开头，并且不能省略，后面为对应的结构体类型的名称，结构体的命名规则满足用户标识符的基本规则。通常情况下，可将结构体类型名称的首字母大写，用以与系统提供的类型名（int、char、float 等）相区别。

说明 2：定义好一个结构体类型后，系统并不会分配一块内存单元用来存放各个数据成员，而是编译系统声明，这是一个“结构体类型”，由哪些类型的成员构成，并把它们当作一个整体来处理。

例如：在程序中，如果要表示图 8.1 中的数据，定义一个名为 Student 的结构体类型。

```
struct Student
{    int id;                    //学号
     char name[20];             //姓名
     char sex;                  //性别
     int age;                   //年龄
     char address[50];          //地址
} ;
```

上面自定义了一个结构体类型 struct Student，其中 struct 为定义结构体类型的关键字，编译系统会把 Student 当作一个“结构体类型”处理。

说明：在结构体类型定义时，结构体名称由编程者自定义，结构体类型可根据需要设计多个，并非只能建立 struct Student 一个，还可以根据需要建立名为 struct School、struct Teacher 等多个结构体类型，其成员列表包含不同个数、不同类型的成员。

8.2 结构体变量的定义、初始化与引用

微课

8.2.1 结构体变量的定义

8.1 节只是定义了结构体类型，系统并不会分配内存单元，它相当于一个数据模型，其中并没有具体数据。要使用结构体类型的数据，需要定义结构体类型的变量，并初始化具体的数据，才能使用。

说明：结构体类型和结构体变量是两个不同的概念，不能混淆，需要先定义结构体类型，才可以用结构体类型定义变量。

下面分别介绍定义结构体变量的三种方式。

1. 先定义结构体类型，再定义结构体变量

在定义好结构体类型后，定义结构体变量的语法格式如下：

struct 结构体类型的名称 结构体变量名的列表;

例如：

```
struct Student stu1,stu2;
```

说明：该语句定义了 2 个变量 stu1 和 stu2，这时 stu1 和 stu2 便具有了 struct Student 类型的结构，各自存储一组基本类型的变量，如图 8.2 所示。具体初始化赋值由后面章节进行介绍。

stu1：

200701	Han Meimei	F	18	Xingtai

stu2：

200702	Li Lei	M	18	Beijing

图 8.2　stu1、stu2 存储结构

说明：在定义结构体变量后，系统会分配一块连续的内存单元。占用内存空间长度为成员列表的数据类型对应的字节数之和。

2. 在定义结构体类型的同时定义结构体变量

该方式就是在定义结构体类型的大括号后面紧跟结构体的变量名列表，其语法格式如下：

```
struct 结构体类型的名称
{    数据类型 成员名 1;
     数据类型 成员名 2;
     ...
     数据类型 成员名 n;
}结构体变量名的列表;
```

例如：

```
struct Student
{    int id;                    //学号
     char name[20];             //姓名
     char sex;                  //性别
     int age;                   //年龄
     char address[50];          //地址
} stu1,stu2;
```

说明：在定义类型的同时定义变量，这种方式定义变量能直接看到结构体的成员列表和结构体的结构，在写小程序时使用这种方式直观、方便，但编写大程序常常使用第一种方式，因为结构体类型的定义和结构体变量的定义放在不同位置，会使程序结构清晰，程序灵活便于维护。

3. 直接定义结构体变量

与前两种方式不同的是，这里不需要指定结构体类型的名称，其语法格式如下：

```
struct
{    数据类型 成员名 1;
     数据类型 成员名 2;
     ...
     数据类型 成员名 n;
}结构体变量名的列表;
```

例如：

```
struct
{    int id;                    //学号
     char name[20];             //姓名
     char sex;                  //性别
```

```
    int age;                  //年龄
    char address[50];         //地址
} stu1,stu2;
```

说明 1：当采用第三种方式用无名的结构体类型直接定义变量时，显然不能再以此类型去定义其他的变量，因此这种方式用得不多。

说明 2：结构体类型中的成员，可以使用另一个结构体类型。

例如：

```
struct Date
{   int year;                     //年
    int month;                    //月
    int day;                      //日
};
struct Student{
    int id;                       //学号
    ...
    struct Date birthday;         //生日
} ;
```

在上面的程序中，可以看到先定义了结构体类型 Date，包含 year、month、day 三个整数类型的成员，然后在定义结构体类型 Student 时，其成员列表除了基本类型的成员外，还可以使用已经自定义的类型 struct Date，可见结构体类型和其他基本类型一样可以用于定义结构体的成员。新的 Student 的类型结构如图 8.3 所示。

id	…	address	birthday		
			year	month	day

图 8.3　struct Student 结构体类型结构

8.2.2　结构体变量的初始化

在定义结构体变量之后，如果要使用结构体变量的值，需要对结构体变量进行初始化（即赋予初始值）。结构体变量的初始化过程，就是对结构体中各个成员初始化的过程，在为每个成员赋值的时候，需要将其成员的值依次放在一对大括号中。根据结构体变量的定义的方式不同，结构体变量初始化有以下两种方式。

1. 定义好结构体类型后，定义结构体变量时初始化

例如：

```
struct Student
{   int id;                   //学号
    … …
} ;
struct Student stu = {200701,"Angelababy",'F',18,"Xingtai"};
```

2. 在定义结构体类型和定义结构体变量的同时，进行初始化

例如：

```
struct Student
{   int id;                   //学号
```

```
    … …
} stu = {200701,"Angelababy",'F',18,"Xingtai"};
```

说明：这里也可以采用不写结构体名字直接定义结构体变量的方式，在直接定义的时候初始化。

8.2.3 结构体变量的引用

在完成结构类型的定义后，结构体类型的使用与基本类型一样，都需要三步：①变量定义；②初始化；③引用变量。定义并初始化结构体变量的目的是使用结构体变量的成员。

【实例 8.1】 将一个学生信息（学号、姓名、性别、年龄、地址、生日）赋值给一个结构体变量，并输出结构体变量成员的值。

程序代码：

```
#include<stdio.h>
struct Date
{    int year;                              //年
     int month;                             //月
     int day;                               //日
};
struct Student
{    int id;                                //学号
     char name[20];                         //姓名
     char sex;                              //性别
     int age;                               //年龄
     char address[50];                      //地址
     struct Date birthday;                  //生日
} ;
void main()
{    struct Date date1 = {2017,1,1};      //初始化 struct Date 类型的变量 date1
     struct Student stu = {200701,"Angelababy",'F',18,"Xingtai",date1};
     printf("学号：%ld\n 姓名：%s\n 性别：%c\n",stu.id,stu.name,stu.sex);
     printf("生日：%d-%d-%d",stu.birthday.year,stu.birthday.month,stu.birthday.
day);
}
```

程序运行结果如图 8.4 所示。

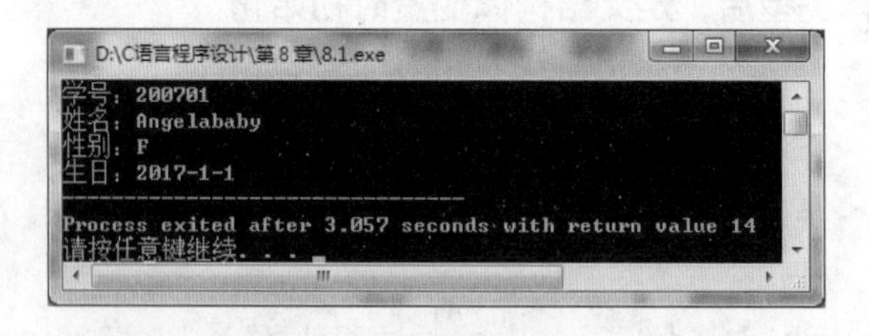

图 8.4 实例 8.1 运行结果

程序解析：程序中先建立两个结构体类型 struct Date 和 struct Student，然后使用这两个结构体类型定义了变量 date1 和 stu，并完成变量的初始化工作，最后两行 printf()语句输出结构体的成员信息。

说明 1：引用结构体变量中一个成员的语法格式如下：

结构体变量名.成员名

例如，实例 8.1 中引用结构体变量 stu 的 age 成员：stu. age。

其中“.”是结构体成员运算符，而且其优先级是所有运算符中优先级最高的，因此会把 stu.age 作为整体处理，相当于一个变量，给变量 stu 的 age 成员赋值 20，可以使用语句“stu.age=20;”，给变量 stu 的 sex 成员赋值“F”，可以使用语句“stu.sex='F';”。当结构体变量的成员是数组时，其赋值和 int、char 等基本类型赋值不一样，例如给 name 成员赋值“wang”，要使用语句“strcpy(stu.name,"wang");”，不能再使用“stu.name="wang";”，因为成员 name 是数组名。

说明 2：在输入和输出时，只能对结构体变量的成员进行操作，而不能直接对结构体变量名进行操作。输出时，不能使用语句“printf("%s\n",stu);”输出结构体变量所有成员的值。输入时，可以引用结构体成员的地址，可使用语句“scanf("%d",&stu.age);”输入变量 stu 的 age 的值，不能使用语句“scanf("%d,%s,%c,%d,%s",&stu); ”整体读入结构体变量。

说明 3：在进行赋值操作时，可以对同类的结构体变量采用整体赋值的形式。例如，为了找到年龄最大的学生时又定义了一个结构体变量“struct Student max; ”，然后“max = stu;”，此语句相当于执行 max.id=stu.id;strcpy(max.name,stu.name);max.sex=stu.sex 等语句。

说明 4：如果成员是一个结构体类型，要找到低一级别的成员，需要使用多个“.”结构体成员运算符，例如，结构体 struct Student 类型包含另一结构体 struct Date 类型的成员 birthday，则可使用 stu.birthday.year 引用到变量 stu 的成员 birthday 的成员 year 的值。

【实例 8.2】 假设学生信息包括学号、姓名、分数，编写程序，对给定的三个学生调用函数找到其中分数最高的学生。

程序代码：

```
#include<stdio.h>
struct Student
{    int id;                        //学号
     char name[20];                 //姓名
     int score;                     //分数
};

//声明函数 max_abc
struct Student max_abc(struct Student a,struct Student b,struct Student c);
void main()
{
     struct Student stu1={101,"liu",85},stu2={102,"wang",88},stu3={103,"zhao",
95};

     struct Student max = max_abc(stu1,stu2,stu3);  //调用函数 max_abc 找到
三个学生中分数最高的学生
     printf("分数最高的学生：\n");                        //显示分数最高的学生信息
     printf("学号：%ld   姓名：%s   分数：%d",max.id,max.name,max.score);
}

//找到分数最高学生的函数 max_abc
struct Student max_abc(struct Student a,struct Student b,struct Student c)
{
     struct Student max=a;
```

```
    if(max.score<b.score) max=b;
    if(max.score<c.score) max=c;
    return max;
}
```

程序运行结果如图 8.5 所示。

图 8.5　实例 8.2 运行结果

说明：可以将结构体变量作为函数的实际参数，结构体类型作为函数的返回值类型。

8.3 结构体数组

微课

一个结构体变量可以存放一组数据，这一组数据有着内在联系，如一个学生的学号、姓名、性别等信息。如果有 10 名学生的信息需要存储，显然应该采用数组，这就是结构体数组。与前面讲解的数组不同，结构体数组中的每个数组元素都是结构体类型的，它们包含多个成员项。

结构体数组的使用过程是结构体数组的定义、初始化与引用三个步骤。

8.3.1 结构体数组的定义

假设一个班有 10 名学生，要存储这 10 名学生的信息，可以定义一个长度为 10 的 struct student 类型的数组，与 8.2.1 节中结构体变量的定义一样，定义结构体数组有三种方式。

1. 先定义结构体类型，再定义结构体数组

在定义好结构体类型后，定义结构体数组的语法格式如下：

struct 结构体类型的名称　数组名[数组长度];

例如：

```
struct Student
{   int id;                //学号
    char name[20];         //姓名
    int score;             //分数
};
struct Student stus[10] ;
```

2. 在定义结构体类型的同时定义结构体数组

在定义结构体类型的同时，大括号后面紧跟结构体数组名，其语法格式如下：

struct 结构体类型的名称
{　数据类型 成员名 1;
　...
} 数组名[数组长度];

例如：

```
struct Student
```

```
{    int id;                  //学号
     char name[20];           //姓名
     int score;               //分数
}stus[10] ;
```

3. 直接定义结构体变量

与前两种方式不同的是，这里不需要指定结构体类型的名称，其语法格式如下：

struct
{　数据类型 成员名 1;
　…
} 数组名[数组长度];

例如：

```
struct
{    int id;                  //学号
     char name[20];           //姓名
     int score;               //分数
}stus[10] ;
```

8.3.2　结构体数组的初始化

与数组初始化相似，结构体数组的初始化过程也是为每个元素进行赋值。由于结构体数组中的每个数组元素都是结构体类型，因此，为每个元素赋值时，需要将其成员的值依次放在一对大括号中。结构体数组初始化有以下两种方式。

1. 先定义结构体类型，再在定义结构体数组时初始化

例如：

```
struct Student stus[3]  = {{101,"liu",85},{102,"wang",88},{103,"zhao",95}};
```

2. 在定义结构体类型和定义结构体数组的同时，完成数组的初始化

例如：

```
struct Student
{    int id;                  //学号
     char name[20];           //姓名
     int score;               //分数
}stus[3] ={{101,"liu",85},{102,"wang",88},{103,"zhao",95}} ;
```

说明 1：与数组初始化一样，也可以不指定结构体数组的长度，系统会在编译时，根据初始化大括号里面值的多少决定结构体数组的长度。

说明 2：直接赋值的方式中，结构体名称 Student 也可以不写。

例如：

```
struct
   {    int id;                    //学号
        char name[20];             //姓名
        int score;                 //分数
   }stus[] ={{101,"liu",85},{102,"wang",88},{103,"zhao",95}} ;
```

8.3.3　结构体数组的引用

结构体数组的引用是指对结构体数组元素的引用，因为其每个元素都是一个结构体变量。结构体元素的引用方式与结构体变量类似。其语法格式为：

结构体数组元素.成员名

例如，在 8.3.2 节中使用第一种方式完成初始化的 struct Student 类型的数组 stus[3]，要引用其第 1 个元素的 name 成员，采用 stus[0].name。

【实例 8.3】 假设学生信息包括学号、姓名、分数，编写程序，对给定常数 N 个学生，找到其中分数最高的学生并输出。

程序代码：

```
#include<stdio.h>
#define N 3                          //为了方便，数组元素通过符号常量给出，暂定为 3
struct Student
{    int id;                         //学号
     char name[20];                  //姓名
     int score;                      //分数
};
void main()
{
     int i = 0;
     struct Student stus[N], max;    //定义结构体数组和存放分数最高的结构体变量
     printf("输入学生信息：\n");
     for(i=0; i<N ;i++)
     //输入时%s 后面要使用空格，因为使用逗号会作为字符数组的元素存到字符数组中
         scanf("%d %s %d",&stus[i].id,&stus[i].name,&stus[i].score);

     printf("所有的学生信息：\n");
     for(i=0; i<N ;i++)
         printf("%5d %5s %5d\n",stus[i].id,stus[i].name,stus[i].score);

     max=stus[0] ;
     for(i=1; i<N ;i++)
         if(max.score<stus[i].score)
             max = stus[i];

     printf("分数最高的学生：\n");           //显示分数最高的学生信息
     printf("学号：%d   姓名：%s   分数：%d",max.id,max.name,max.score);
}
```

程序运行结果如图 8.6 所示。

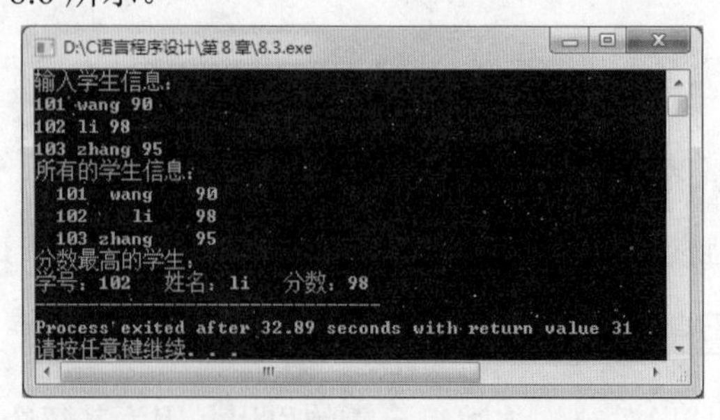

图 8.6　实例 8.3 运行结果

说明 1： 使用#define N 3 定义 *N* 的长度，方便在程序中使用。

说明 2： struct Student 是自定义类型，它是由两个整型变量和一个字符数组构造而成的构造数据类型，利用该类型的数组可以存储多个学生的信息。

8.4 结构体指针变量

在第 7 章学习指针时，指针指向的是基本类型或者基本类型的数组。既然结构体是一种数据类型，那么指针就可以指向结构体变量和结构体数组。

8.4.1 指向结构体变量的指针

要使用结构体指针变量，引用结构体的成员需要以下四个步骤。

第 1 步：定义结构体类型。

第 2 步：定义结构体类型的变量，并完成结构体变量的初始化。例如：struct Student stu = {101,"wang",90}; 。

第 3 步：定义指向结构体的指针变量，通过使用“&”把结构体变量的地址赋给指针变量，使指针指向结构体变量。例如：struct Student *p; p = &stu;或 struct Student *p= &stu;。

第 4 步：通过指针变量，引用结构体变量或者数组中的值。当指针变量指向结构体变量时，引用该结构体变量的成员有以下三种等价用法。

（1）结构体变量名.成员名，例如：stu.name。

（2）(*指针变量名).成员名，例如：(*p).name。

（3）指针变量名->成员名，例如：p->name。

说明 1： 结构体成员运算符“.”的优先级比指针运算符“*”高，所以“(*指针变量名).成员名”的圆括号不能省略，否则*p.name 等价于*(p.name)了。

说明 2： “->”是指向结构体成员运算符，等价于(*)形式，例如用 p->name 代替(*p).name。

【实例 8.4】 假设学生信息包括学号、姓名、分数，编写程序，使用结构体指针变量对学生信息进行输出。

程序代码：

```
#include<stdio.h>
struct Student
{   int id;                  //学号
    char name[20];           //姓名
    int score;               //分数
};
void main()
{
    struct Student stu = {101,"wang",90};
    struct Student *p;       //定义指向结构体的指针变量
    p = &stu;                //把结构体变量 stu 的地址赋给指针变量 p
    printf("方式 1：学号：%d  姓名：%s  分数：%d\n",stu.id,stu.name,stu.score);
    //使用结构体指针变量的两种方式输出
    printf("方式 2：学号：%d  姓名：%s  分数：%d\n",(*p).id,(*p).name,(*p).score);
    printf("方式 3：学号：%d  姓名：%s  分数：%d\n",p->id,p->name,p->score);
```

```
}
```

程序运行结果如图 8.7 所示。

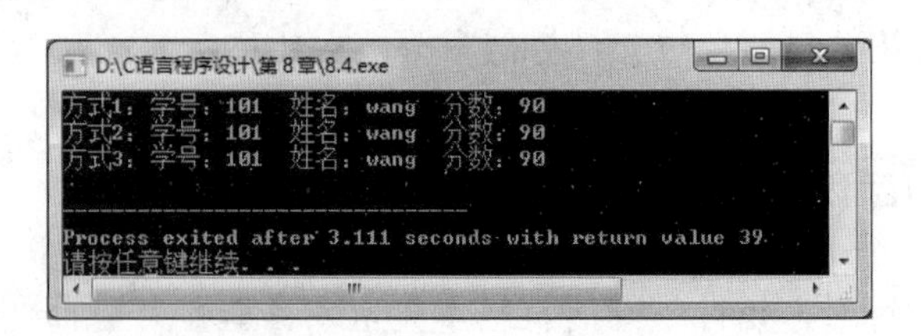

图 8.7 实例 8.4 运行结果

说明：定义结构体类型的变量，并定义一个指针，指向结构体类型的变量，通过指针变量访问结构体类型变量中的值。struct Student *p;中 p 表示指针的名字，*表示是一个指针，struct Student 为指向的空间中存储的值的类型。

8.4.2 指向结构体数组的指针

指针可以指向元素为结构体类型的数组，实际是用指针变量指向结构体数组的首个元素，即将结构体数组的首元素的地址赋值给指针变量。

【实例 8.5】 假设学生信息包括学号、姓名、分数，现有 3 个学生，编写程序，使用指向结构体数组的指针，输出全部的学生信息。

程序代码：

```
#include<stdio.h>
struct Student
{    int id;                    //学号
     char name[20];             //姓名
     int score;                 //分数
};

void main()
{
     struct Student stus[3]  = {{101,"liu",85},{102,"wang",88},{103,"zhao",
95}} ;
     struct Student *p;
     printf("学号\t 姓名\t 分数\t\n");
     for (p=stus;p<stus+3;p++)
         printf("%ld\t%s\t%d\n",p->id,p->name,p->score);
}
```

程序运行结果如图 8.8 所示。

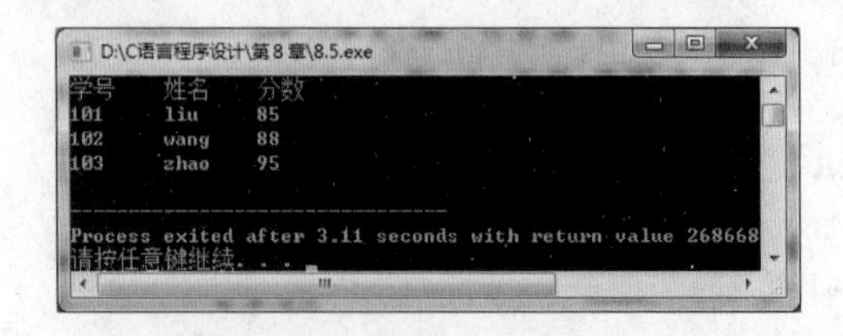

图 8.8 实例 8.5 运行结果

说明： 定义指针指向结构体类型的数组，其实就是将数组的首地址赋给指针变量，使指针指向数组的首地址。

微课

8.5 共用体

结构体类型定义的变量所占用的内存长度是所包含的成员的长度之和。但对于一些特殊的应用，由于内存容量的限制有时需要在同一段内存单元中存放不同类型的变量，这种允许多个不同的变量共享同一块内存的结构就是本节要讲的共用体类型。

8.5.1 定义共用体类型

共用体类型和结构体类型都属于构造类型，这两种类型的定义十分相似。共用体类型的定义语法格式如下：

```
union 共用体类型的名称
{    数据类型  成员名 1;
     数据类型  成员名 2;
     ...
     数据类型  成员名 n;
};
```

说明： 共用体类型定义使用 union 关键字开头，并且不能省略，后面为对应的共用体类型的名称，以及大括号中的成员列表。

例如：

```
union Data
{    int i;
     char c;
     float f;
};
```

说明 1： 定义一个名为 Data 的共用体类型，成员列表包含 3 个不同类型的成员。在定义之后就可以使用 union Data 去定义变量或者数组了。

说明 2： 因为使用的是 union 关键字定义的共用体，因此在使用该类型定义变量的时候，所占内存空间不是所有变量之和，而是占用内存最长的那个变量或者数组所占的空间。

8.5.2 共用体变量的定义

共用体变量和结构体变量在定义上很相似，需要先定义类型，才可以用共用体类型定义变量，定义共用体变量的三种方式如下。

1. 先定义共用体类型，再定义共用体变量

在定义好共用体类型后，再定义共用体变量，语法格式如下：

union 共用体类型的名称 共用体变量名的列表;

例如：

```
union Data d1,d2;
```

2. 在定义共用体类型的同时定义共用体变量

该方式就是在定义共用体类型的大括号后面紧跟共用体的变量名列表。

例如：

```
union Data
{    int i;
     char c;
     float f;
} d1,d2;
```

3. 直接定义共用体变量

与前两种方式不同的是，这里不需要指定共用体类型的名称。

例如：

```
union
{    int i;
     char c;
     float f;
} d1,d2;
```

说明：在定义共用体变量后，系统会分配一块连续的内存单元存放数据，占用空间为成员列表占用内存最长的长度。例如上面代码中定义的共用体变量 d1 和 d2 在内存中占用空间为最长的 float 类型所需的 4 个字节。

8.5.3 共用体变量的初始化与引用

共用体变量使用同一块内存存放几种不同的数据类型的成员，但在每一个瞬间只能存放其中的一个成员，而不同于结构体变量同时存放几个成员，即存储空间内在某一时刻只能有唯一的内容，只能存放一个值。共用体变量初始化有以下两种方式。

1. 共用体变量定义的同时初始化

共用体变量定义的同时，只能为第一个成员进行初始化。

例如：

```
union Data d1={10};//尽管只能为第一个成员赋值，但必须用大括号括起来
```

2. 共用体变量定义后，再对某个成员进行初始化

例如：

```
union Data
{    int i;
     char c;
     float f;
} d1;
d1.c='a';
```

【实例 8.6】 定义包含三种数据类型的共用体类型，并定义变量、初始化和引用。

```
#include<stdio.h>
union Data{
    int i;
    char c;
    float f;
};
void main()
{
```

```
    union Data d={10};                    //变量定义的同时为第一个成员赋值
    printf("%d\n",d.i);
    printf("但使用成员 f 时: %f\n",d.f);     //使用不对应的成员，无法输出正确的值

    d.f = 20;     //共用体变量存放的是最后的浮点型数据 20，原来的整型数据 10 被覆盖了
    printf("%f\n",d.f);
    printf("但使用成员 i 时: %d",d.i);
}
```

程序运行结果如图 8.9 所示。

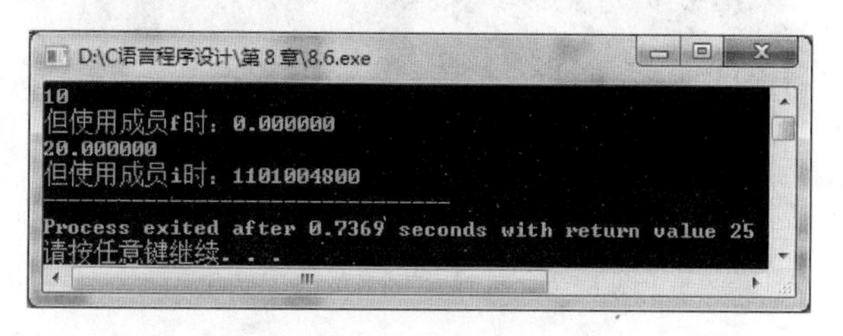

图 8.9　实例 8.6 运行结果

说明：共用体变量在每一个瞬间只能存放其中的一个成员，因此只有该成员的数据类型所需字节数的内存单元存放的数据是正确的，剩余的内存单元的数据是不可知的，此刻使用其他成员时，输出是不正确的。

8.6　程序案例

【程序案例 8.1】 候选人投票选举：有 3 个候选人，每个选民只能选一人后投一次票，编写程序实现输入候选人名称实现投票过程，最后输出各位候选人的得票结果。

程序代码：

```
#include<stdio.h>
#define N 7
struct Candidate                                        //定义结构体类型
{    char name[20];
     int count;
}cands[3]={{"wang",0},{"zhang",0},{"li",0}};         //声明结构体数组
void main()
{ int i , j ;                                           //声明变量
  char ctname[20];                                      //声明数组
  for(i=1;i<=N;i++){
    scanf("%s",&ctname);                                //进行 10 次投票
    for(j=0;j<3;j++){
       if(strcmp(ctname,cands[j].name)==0)             //字符串的比较
       cands[j].count++;                                //相应候选人票数加 1
    }
  }
  printf("票选结果: \n");
  for(i=0;i<3;i++)
```

```
    printf("%s:%d\n",cands[i].name,cands[i].count);  //输出投票结果
}
```

输出结果：如图 8.10 所示。

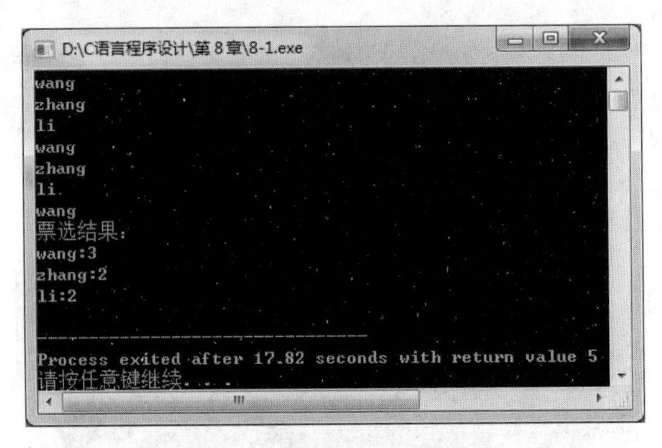

图 8.10　程序案例 8.1 输出结果

说明：定义一个结构体类型，由姓名和票数构成，并使用该类型定义了一个数组，为该数组进行了赋值。3 个候选人的初始票数均为 0。使用了一个双重循环，外循环来控制 10 次投票，内循环用来完成字符串的比对，也就是投票给了谁，并进行统计。

【程序案例 8.2】 输入一组数字后，编写程序在输出数字的同时，输出当前数字在这一组数字中的大小顺序。

程序代码：

```
#include <stdio.h>
#define N 5                                  //定义常量
struct order{                                //定义结构体
    int num;
    int con;
}a[N];                                       //定义结构体数组
void main()
{   int i,j;
    for(i=0;i<N;i++){
        scanf("%d",&a[i].num);               //输入要进行排序的 5 个数字
        a[i].con=0;                          //初始化位置都为 0
    }
    for(i = N-1 ; i>=1;i--)
        for(j = i-1 ; j>=0;j--)
            if(a[i].num<a[j].num)            //对数组中每个元素和其他元素进行比较
                a[j].con++;                  //排序号
            else
                a[i].con++;
    printf("各数的顺序是：\n");
    for(i=0;i<N;i++)
        printf("%3d%3d\n",a[i].num,a[i].con);    //将数据及序号输出
}
```

输出结果：如图 8.11 所示。

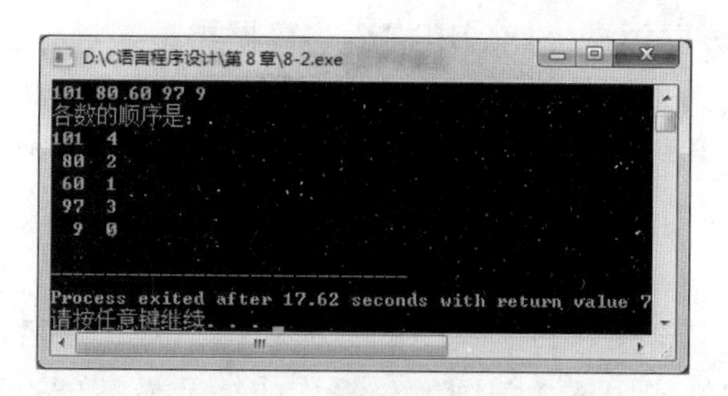

图 8.11　程序案例 8.2 输出结果

8.7 本章小结

- 结构体类型和共用体类型是程序开发者自定义的构造数据类型。
- 结构体需要先定义结构体类型，然后进行结构体变量的定义、初始化和引用。
- 结构体类型和结构体变量是两个不同的概念，不能混淆。
- 结构体变量的定义有 3 种方式：①先定义结构体类型，再定义结构体变量；②在定义结构体类型的同时定义结构体变量；③直接使用匿名结构体定义结构体变量。
- 结构体变量的初始化有 2 种方式：①定义好结构体类型后，定义结构体变量时初始化；②在定义结构体类型和定义结构体变量的同时，进行初始化。
- 结构体变量的引用是使用结构体变量的成员，以及“结构体变量名.成员名”完成对成员变量的访问及输入和输出。
- 结构体数组的每个数组元素都是结构体类型，它们包含多个成员项。
- 指针可以指向结构体变量和结构体数组。当指针变量指向结构体变量时，引用该结构体变量的成员有 3 种等价用法：①结构体变量名.成员名；②(*指针变量名).成员名；③指针变量名->成员名。
- 结构体变量所占用的内存长度是所包含的所有成员的长度之和，而共用体变量所占用的内存长度为成员列表占用内存最长的长度。
- 共用体变量使用同一块内存存放几种不同的数据类型的成员，但在每一个瞬间只能存放其中的一个成员。

实训任务八　结构体和共用体

1. 实训目的

- 掌握结构体的定义。
- 掌握结构体的使用。
- 掌握共用体的定义。
- 掌握共用体的使用。

2. 项目背景

随着时间的推移，刻苦勤奋的小菜又取得了不小的进步，但在不断的编程实践中小菜发现要处理的有些数据有内在联系且成组出现，小菜一直在使用基本数据类型定义变量和数组，他发现使用这种方法难以反映变量之间的内在联系，无法编写程序。小菜很苦恼，再次带着疑惑向大鸟老师请教。大鸟老师跟小菜说：“要处理一些关系密切的数据时，C 语言允许用户自定义新的数据类型，然后用构造的数据类型来进行变量或者数组的定义、初始化和引用。”在得到大鸟老师的指导后，小菜掌握了结构体和共用体两种新的数据类型，还研究了结构体数组，清楚了指针还可以指向结构体变量和结构体数组。于是，小菜决定实践结构体和共用体的应用。

3. 实训内容

任务 1：某班有 10 名学生，每名学生的数据包括学号、姓名、3 门课成绩，从键盘输入 10 名学生数据，要求打印出这 3 门课的总平均成绩及最高分的学生数据（包括学号、姓名、3 门课成绩和平均成绩）。

任务 2：小区里某单元各用户用电使用情况如表 8.1 所示，每度电的单价为 0.5 元，编写程序，计算每户应交电费。

表 8.1 各用户用电使用情况

房间号	1-101	1-102	1-201	1-202	1-301	1-302
上月表数	55	67	88	101	77	93
本月表数	80	100	128	130	108	125
应交电费						

任务 3：某院校信息工程系现有 3 个专业的学生，如表 8.2 所示。编写程序，定义合适的结构体类型，计算该系各专业的总人数和各年级的总人数。

表 8.2 信息工程系各专业人数

	电子商务专业人数	软件工程专业人数	计算机网络专业人数	各年级人数
14 级	166	208	170	
15 级	202	256	189	
16 级	298	230	198	
各专业人数				

任务 4：利用结构体编写程序，求任意两复数的和。具体实验步骤与要求如下。

（1）定义表示复数的结构体类型。

（2）定义函数 Add，求两复数的和。

（3）任意两复数及其和并在主函数中输入、输出。

习题 8

一、选择题

1. 在 C 语言中，系统为一个结构体变量分配的内存是（　　）。

   A. 各成员所需的内存大小的总和

   B. 结构体第一个成员所需的内存大小

   C. 成员中占内存最大的成员所需的内存大小

   D. 结构体中最后一个成员所需要的内存大小

2. 下面程序的输出结果是（　　）。

```
struct abc{  int a,b,c;  };
void main()
{
    struct abc s[2]={{1,2,3},{4,5,6}};
    int t;
    t=s[0].a+s[1].b;
    printf("%d\n",t);
}
```

A．5　　B．6　　C．7　　D．8

3．若有以下结构体类型和结构体变量：

```
struct person{char name[9]; int age;};
struct person pers[4]={{"Johu",17},{"Paul",19},{"Mary",18},{"Adam", 16}};
```

能输出字母M的语句是（　　）。

A．printf("%c\n",pers[3].name);　　B．printf("%c\n",pers[3].name[1]);

C．printf("%c\n",pers[2].name[1]);　　D．printf("%c\n",pers[2].name[0]);

4．设有变量定义为struct Student{int age; int num;}stu={20,30},*p=&stu;，以下能够正确引用结构体stu的成员age的表达式是（　　）。

A．stu->age　　B．*stu->age　　C．*p.age　　D．(*p).age14

5．有下面程序：

```
struct st{ int x; int *y;} *pt;
int a[]={1,2},b[]={3,4};
struct st c[2]={10,a,20,b};
pt=c;
```

以下选项中表达式的值为11的是（　　）。

A．*pt->y　　B．pt->x　　C．++pt->x　　D．(pt++)->x

6．下面程序的输出结果是（　　）。

```
struct {int x;int y;} com[2]={{1,3},{2,7}};
printf("%d\n",com[0].y/com[0].x*com[1].x);
```

A．0　　B．1　　C．3　　D．6

7．C语言中，共用体类型变量在程序执行期间（　　）。

A．所有成员已经驻留在内存中　　B．只有一个成员驻留在内存中

C．部分成员驻留在内存中　　D．没有成员驻留在内存中

二、填空题

下面程序的功能是：输入结构体变量中各成员的值后进行输出，并使用指针引用变量的成员，请填空。

```
#include<stdio.h>
struct Data
{
    char name[20];
    float f;
};
void main()
{___(1)___ d, *p;
    scanf("%f",&d.f);
```

```
    scanf("%s", __(2)__);
    printf("%s %f\n", __(3)__ , d.f);
    __(4)__ ;
    printf("%s %f", __(5)__ , (*p).f);
}
```

三、编程题

1．某班有 20 名学生，每名学生的数据包括学号、姓名、英语成绩和数学成绩，统计英语和数学成绩均及格的学生人数。

2．13 个人围成一圈，从第 1 个人开始按顺序报号 1，2，3。凡报到 3 者退出圈子，找到最后留在圈子中人的原来序号。

3．某班有 10 名学生，每名学生的数据包括学号、姓名、3 门课成绩，从键盘输入 10 名学生数据，要求将学生记录按总分由低到高的顺序排序。（提示：使用结构体数组，并结合数组的排序，比如冒泡排序。）

第 9 章　优化程序设计——预处理

预处理是指在 C 语言源程序进行正式编译之前的处理。ANSI C 规定可以在 C 语言源程序中加入一些预处理命令，以改进程序设计环境，提高编程效率，预处理命令是由 ANSI C 统一规定的，但它不是 C 语言本身的组成部分，不能直接对它们进行编译。预处理是 C 语言的一个重要功能，由预处理程序负责完成。合理地使用预处理功能，将有利于程序的阅读、修改、调试和移植，也有利于程序的模块化设计。

在对 C 语言源程序进行编译之前，预处理程序对源程序中的某些特定命令进行预处理，并将预处理的结果和源程序一起进行编译，产生目标代码。C 提供的预处理命令有三种：宏定义、文件包含和条件编译。分别用宏定义命令、文件包含命令、条件编译命令来实现，为了与一般 C 语句相区别，这些命令以符号“#”开头。本章将对这三种预处理命令进行详细的讲解。

本章将学习：①不带参数的宏定义的应用；②带参数的宏定义的应用；③文件包含的应用；④条件编译的应用。

9.1 宏定义

微课

9.1.1 不带参数的宏定义

不带参数的宏定义是指用一个指定的标识符（即名字）来代表一个字符串。

一般形式为：#define 宏名 字符串

例如：#define PI 3.1415926

说明 1：“#”表示这是一条预处理命令；“define”为宏定义命令；“宏名”是一个合法的标识符；字符串可以是常数、表达式和语句。

说明 2：整个语句的作用是用标识符 PI 来代替 3.1415926 这个字符串，在编译预处理时，将程序中在该命令以后出现的所有的 PI 都替代为 3.1415926。这种方法能够让程序员以一个简单明了的名称代替复杂的数值串，因此把这个名字称为宏名。

（1）宏名一般习惯用大写字母表示，以便与变量名相区别，但这并非规定，也可以用小写。

（2）使用宏名代替一个字符串，可以减少程序中重复书写某些“字符串”的工作量。

例如：

```
#define array_length 100
int aray[array_ length];
```

说明：如果要改变数组大小只要修改宏定义，使用宏定义可以提高程序的通用性。

（3）宏定义是用宏名代替字符串，也就是做简单的置换，不做正确性检查。

例如：#define PI 2.71828

说明：可能有读者要说，这里 PI 的值不是 2.71828，编者写错了，其实不然，宏定义不保证定义的数值和实际意义吻合，只是将定义的值代入到程序而已。要保证宏定义与现实意义相吻合，需要程序员自己去设置与检查，宏定义不会做逻辑检查。

（4）宏定义不是 C 语句，不能在行末加分号，如果加了分号，宏定义会将分号作为“字符串”的一部分。

例如：

```
#define PI 3.1415926;
area = PI * r * r;
```

当宏定义被替换后变成

```
area = 3.1415926; * r * r;
```

说明：很显然一句话中出现了两个分号，这样的用法是错误的，因此宏定义不能加分号。如果希望使用这种看似不合法的预处理命令可以将 area = PI * r * r 修改为 area = r * r* PI，这里请读者注意 area = r * r* PI 后没有分号，其原因读者仔细分析自然会清楚，因为 PI 的预处理的定义上已经有了一个分号。

（5）#define 命令出现在程序中函数的外部，宏名的有效范围为从定义命令开始，一直到本源文件结束，通常#define 命令写在文件开头，也就是函数之前，作为文件一部分，因此该定义在文件整个范围内有效。

（6）一个定义的#define 的宏名，在程序中可以用#undef 命令终止宏定义的作用域。

【实例 9.1】 预处理的作用域——求圆的面积。

程序代码：

```
#include "stdio.h"
#define PI 3.14
void main()
{
  double d_r,d_area;
  printf("请输入圆的半径\n");
  scanf("%lf",&d_r);
  d_area=calarea(d_r);
  printf("圆的面积为：%lf\n",d_area);
  }
#undef PI
double calarea(double r)
{
   return PI*r*r;
}
```

程序编译结果如图 9.1 所示。

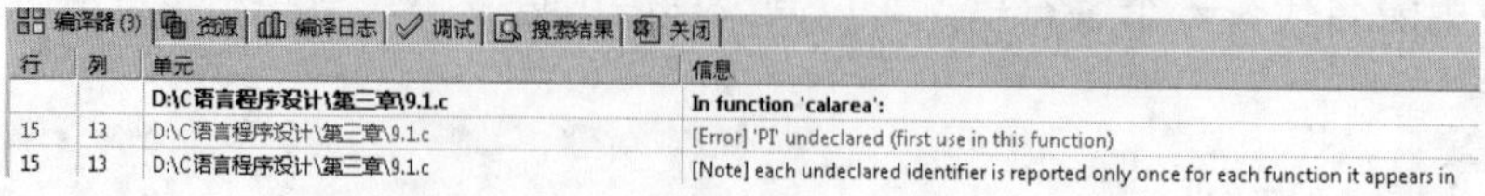

编译器 (3) | 资源 | 编译日志 | 调试 | 搜索结果 | 关闭

行	列	单元	信息
		D:\C语言程序设计\第三章\9.1.c	**In function 'calarea':**
15	13	D:\C语言程序设计\第三章\9.1.c	[Error] 'PI' undeclared (first use in this function)
15	13	D:\C语言程序设计\第三章\9.1.c	[Note] each undeclared identifier is reported only once for each function it appears in

图 9.1　实例 9.1 编译结果

说明 1： 这里产生的结果都是由于在 double calarea(double r)中的 PI 无法识别引起的。但是我们看到在程序的开头已经有#define PI 3.14 语句对 PI 进行了预处理定义，但是为什么在 double calarea(double r)中无法识别呢？这是因为#undef PI 终止了 PI 的作用域，因此在 double calarea(double r)函数中 PI 不再生效，如果使用将会报错。

说明 2： #define 的有效范围从使用#define 定义开始，到#undef 结束，之间的部分称为#define 的作用域。

（7）宏定义允许嵌套，在宏定义的字符串中可以使用已经定义的宏名。在宏展开时由预处理程序层层代换。

例如：

```
#define PI 3.1415926
#define S PI*y*y          /* PI 是已定义的宏名*/
```

语句 printf("%f",S);，在宏代换后变为：printf("%f",3.1415926*y*y);。

（8）“输出格式”作宏定义，可以减少书写麻烦。

【实例 9.2】 使用预处理简化代码输入。

程序代码：

```
//预处理相关
#include "stdio.h"
#define P printf
#define D "%d\n"
#define F "%f\n"
void main()//主函数
{
  //变量定义与赋值
  int a=5, c=8, e=11;
  float b=3.8, d=9.7, f=21.08;
  //程序逻辑与输出
  P(D F,a,b);
  P(D F,c,d);
  P(D F,e,f);
}
```

说明： 这个案例的功能主要体现在能够使用预处理定义格式输出，并且还能代替函数的名称，从而简化了代码。有些大型公司为了统一化管理，往往使用预处理定义一套带有自己公司特色的宏。

程序运行结果如图 9.2 所示。

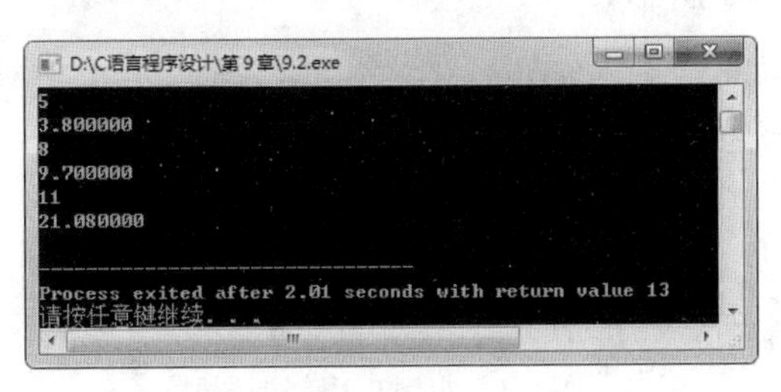

图 9.2　实例 9.2 运行结果

9.1.2 带参数的宏定义

微课

宏定义除了允许定义符号常量外，还可以定义带参数的宏。

定义格式为：#define 宏名(参数列表) 字符串

说明：宏定义中的参数称为形式参数（形参），它只有参数名，没有具体的数据类型，参数名必须是合法的标识符，在宏调用中的参数称为实际参数（实参），也就是真正意义上的值。

例如：#define SUM(x,y) x+y

说明：SUM 为带参数的宏，x 与 y 为形式参数，定义宏后，程序中就可以使用 SUM 来代替两个变量相加的运算。

在主程序中有如下语句：

```
double sum;
sum=SUM(20,16);
```

其中第二个语句就相当于 sum=20+16;

说明：带参数的宏定义通过替换参与程序运行，在编译预处理时，程序中凡是带实参的宏，均按照#define 命令行中指定的字符串从左到右进行置换，如果串中包含宏中的形参（如 x,y）则将程序语句中相应的实参（可以是常量、变量或表达式）代替形参，若宏定义中的字符不是参数字符则保留不变。

【实例 9.3】 使用带参数的宏比较两个数的大小，输出大数。

程序代码：

```
//预处理相关
#include "stdio.h"
#define PR printf
#define MAX(x,y)  (x>y)?x:y
void main()                          //主函数
{   //变量定义
    int a,b;
    //变量赋值
    printf("请输入两个整数，中间用逗号隔开\n");
    scanf("%d,%d",&a,&b);
    //算法逻辑与输出
    PR("最大值为：%d\n",MAX(a,b));
}
```

程序运行结果如图 9.3 所示。

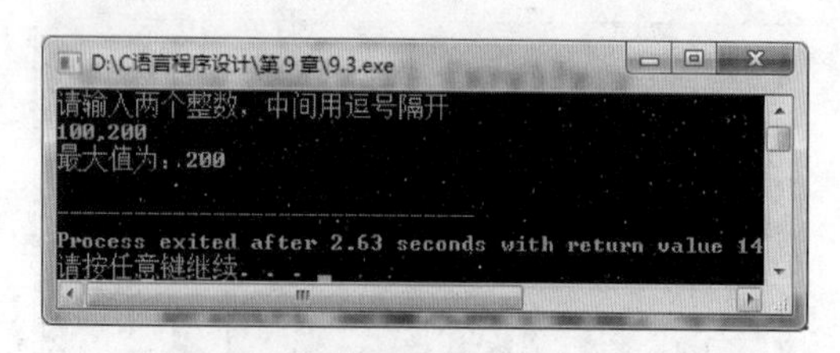

图 9.3 实例 9.3 运行结果

说明 1：上面的程序段中同时使用了不带参数与带参数的两种宏定义。当程序进行宏替换后 PR 被替换为 printf，而 PR("最大值为：%d\n",MAX(a,b));被替换为 printf("最大值为%d\n", (x>y)?x:y);，形参 x、y 被实参 a、b 替代，其他保持不变。

说明 2：在宏定义中，宏名与左括号间不能有空格，否则将会把宏名后的所有数据都当做字符串的一部分。

说明 3：在定义带参数的宏时，为了避免出错，一般情况下需要将字符串中的形参用括号括起来。

带参数的宏与函数的区别如下。

（1）宏定义后的字符串使用宏次数多时，宏替换后源程序变长，因为每替换一次都使程序增长；而函数调用不使源程序变长（函数调用采用的是参数的传递）。

（2）宏替换不占运行时间，只占编译时间，而函数调用则占用运行时间。一般情况下，当要完成的功能比较简单时可以使用带参数的宏定义，如：#define MAX(x, y) (x>y)?x:y。

（3）函数调用发生在程序运行时，需要分配临时的内存单元；宏替换是在编译时进行的，不分配内存单元，不进行值的传递处理，也没有返回值的概念。

（4）函数在调用时先求出实参表达式的值，然后传入形参；使用带参数的宏只是进行简单的字符替换。

（5）函数中的实参与形参均需定义类型，且类型必须一致；宏定义不存在此问题，宏名无类型，其参数也无类型，宏定义时字符串可以是任何类型的数据。

例如：

```
#define NAME seashorewang
#define NUM 20101120
```

9.2 文件包含

微课

文件包含是指一个源程序文件将另外一个源程序文件的全部内容包含进来，将另外的文件包含到本文件之中。在 C 语言中使用预处理命令#include 来实现。

文件包含的预处理语句一般形式为：#include "文件名" 或 #include <文件名>

说明：二者的区别，用尖括弧时，系统到存放 C 库函数头文件所在目录寻找要包含的文件，这称为标准方式；用双引号时，系统先在用户当前目录中寻找要包含的文件，若找不到，再按标准方式查找。一般来说，如果要调用库函数就使用尖括号以节省查找时间，如果要包含的是用户自己编写的文件，一般用双引号。

文件包含命令非常有用，它可以节省程序设计人员的重复劳动。下面对文件包含命令的使用进行简单的说明。

（1）一个 include 命令只能指定一个被包含的文件，如果要包含 n 个文件，要用 n 个 include 命令。

例如：在程序中同时使用输入输出和数学函数，则需要同时包含“stdio.h”与“math.h”。

```
#include "stdio.h"
#include "math.h"
```

（2）如果文件 1 包含文件 2，而文件 2 中要用到文件 3 的内容，则可以在文件 1 中用两个 include 命令分别包含文件 2 和文件 3，而且文件 3 应出现在文件 2 前，即在 file1.c 中直接使用：

```
#include "file3.c"
#include "file2.c"
```

说明：这样 file1 和 file2 文件都可以用 file3 文件的内容，在 file2 文件中不必再写#include <file3.c>。

（3）在一个被包含文件中又可以包含另一个被包含文件，即文件包含是可以嵌套的。

（4）在 #include 命令中，文件名可以用双引号或尖括号括起来。

例如：#include <file2.c> 或 #include "file2.c"。

（5）被包含文件（file2.c）与使用该文件的源文件 file1.c，在预编译后将成为同一个文件，而不是两个文件，因此如果 file2.c 中包含全局静态变量，在 file1.c 文件中也可以正常使用，不必用 extern 声明。

在 C 语言中使用#include 语句，相当于将其后“”（双引号）中的内容全部写到当前位置。下面利用上述（2）中的例子，来解读文件包含的含义，具体操作如图 9.4 所示。

file1.c	file2.c	file3.c	预编译后的file1.c
#include “file3.c” #include “file2.c” ……（file1语句）	…… （file2语句）	…… （file3语句）	（file3语句） （file2语句） （file1语句） ……

图 9.4 文件包含示意图

【实例 9.4】 文件包含实例。

程序代码：

```
【9.4.1.c】
//该文件中只有预处理定义
#include "stdio.h"
#define PI 3.14
#define PR printf
#define SC scanf
【9.4.c】
#include "stdio.h"
#include "9.4.1.c"              //包含 9.4.1.c 文件
//定义计算面积的函数
double calarea(double r)
{
    return PI*r*r;
}
void main()
{
  double r,area;
  PR("请输入圆的半径\n");         //提示输入半径信息
  SC("%lf",&r);                 //输入半径
  area=calarea(r);              //调用函数计算面积
```

```
    PR("圆的面积为：%lf\n",area);
}
```

程序运行结果如图 9.5 所示。

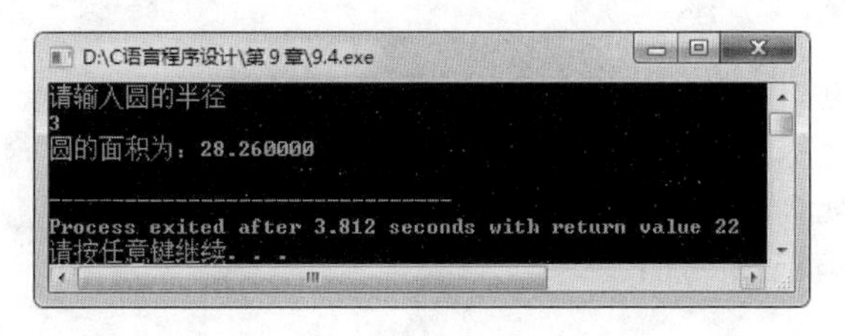

图 9.5　实例 9.4 运行结果

说明 1：该程序分为两个部分，在 9.4.1.c 中定义了 3 个预处理命令，9.4.c 文件中使用这些预处理命令，需要包含 9.4.1.c 文件，因此在 9.4.c 文件的开头使用了#include "9.4.1.c "。

说明 2：有些读者可能有这样的疑问，为什么要这样包含，直接将 9.4.1.c 文件中的代码复制到 9.4.c 文件中不就可以解决了吗？这里笔者举个简单的例子：某软件公司为了保障公司机密并且程序员编写方便，将 C 语言的库函数和公司自定义的函数进行了预处理，统一保存在公司的某个文件（company.c）之中，只要公司的程序员用到这些函数，直接包含 company.c 就可以方便地使用已经定义的预处理，在这种情况下是极其方便的，如果每个程序员在写程序前都把 company.c 中的东西复制到自己的文件中，且不说麻烦，公司保障信息安全的目的也无从实现。

说明 3：double calarea(double r)为自定义函数，前面函数的章节已经讲解过，只需调用传值即可使用。

说明 4：如果被包含的文件与包含的文件不在同一路径下，需要在#include 中写上文件所在的路径及文件名称。比如 9.4.1.c 文件保存在“D:\c progarm\9.4.1.c”路径下，那么需要在 9.4.c 文件中写上#include " D:\c progarm\9.4.1.c "。

微课

9.3 条件编译

条件编译命令的作用是实现对源程序进行有选择的编译。一般情况下，源程序中所有代码都参加编译，但是有时希望对其中一部分内容只在满足一定条件才进行编译，也就是对一部分内容指定编译的条件，这就是条件编译。条件编译时，在处理源程序编译之前的预处理时，根据给定的条件，决定编译源程序的哪个部分。条件编译和前面讲过的分支结构在程序的流程上一样，也就是当满足条件时对一组语句进行编译，而当条件不满足时则编译另一组语句。

1. 语法格式 1

```
#ifdef 标识符
程序段 1
#else
程序段 2
#endif
```

说明：该程序段的功能是：如果标识符#define 命令定义过，则在程序编译阶段只编译程序段 1，否则编译程序段 2，其中#else 部分可以没有。

即：

```
#ifdef 标识符
程序段 1
#endif
```

说明：这里的程序段可以是多条语句，也可以是命令行，这种条件编译对于提高 C 源程序的通用性很有好处。

【实例 9.5】 条件编译示例 1。

程序代码：

```
//预处理相关
#include "stdio.h"
#define NAME wang
void main()//主函数
{
    #ifdef NAME            //如果 NAME 在宏定义中已经定义
        printf("执行程序段 1\n");
    #else                  //如果 NAME 在宏定义中没定义
        printf("执行程序段 2\n");
    #endif
    printf("C 语言是所有程序设计语言的基础！ \n");
}
```

程序运行结果如图 9.6 所示。

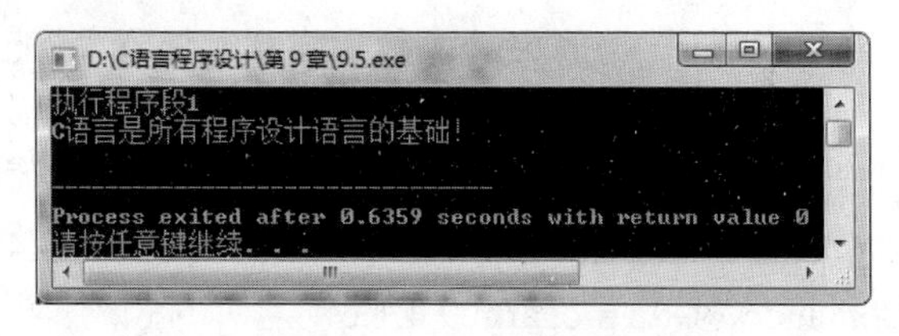

图 9.6　实例 9.5 运行结果

说明 1：定义一个宏名为 NAME 的符号常量。#ifdef 不关心该宏名的值，只关心是否定义，因此宏定义中宏的值无所谓。

说明 2：如果在程序之前定义了宏 NAME 则输出“执行程序段 1，否则输出“执行程序段 2”，最后一句话的输出和条件编译没关系，因此一定会输出。

2. 语法格式 2

#ifndef 标识符

程序段 1

#else

程序段 2

#endif

说明：#ifndef 中的 n 是 no 的意思，和语法格式 1 中相反，#ifndef 的作用是若标识符没有被定义过则编译程序段 1，否则编译程序段 2，这种形式与第一种形式的作用相反。

3. 语法格式 3

#if 表达式

程序段 1

#else
程序段 2
#endif

说明：作用是当指定的表达式值为真时，编译程序段 1，否则就编译程序段 2。可以事先给定一个条件，使程序在不同的条件下执行不同的功能。

【实例 9.6】 条件编译示例 2。

程序代码：

```
//预处理相关
#include "stdio.h"
#define FLAG 0
void main()
{
    #if FLAG
    {
        printf("执行程序段 1\n");    //FLAG 值非 0 则执行
    }
    #else
    {
        printf("执行程序段 2\n");    //FLAG 值为 0 则执行
    }
    #endif
}
```

程序运行结果如图 9.7 所示。

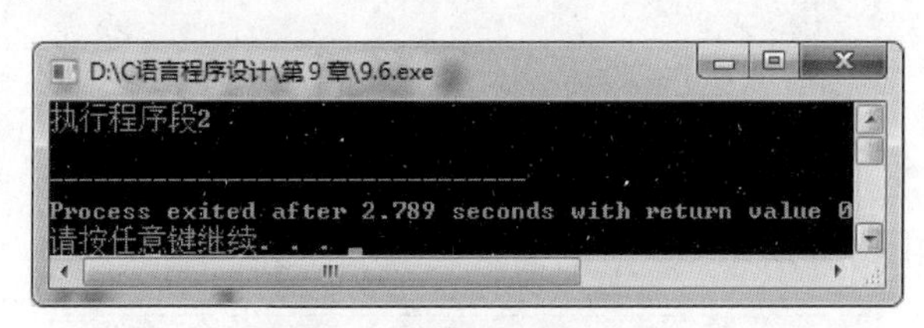

图 9.7　实例 9.6 运行结果

说明：以上程序的执行取决于 FLAG 所代表的字符串，如果 FLAG 代表的字符串值非 0 则输出执行程序段 1，否则输出执行程序段 2。

9.4 程序案例

【程序案例 9.1】 采用条件编译，实现给定字符串转换为大写或者小写。

程序代码：

```
//预处理相关
#include "stdio.h"
#define FLAG 1
void main()        //主函数
{
    //存储定义
```

```
    int i;
    char str[20];
    char c;
    //数据输入
    printf("请输入一个字符串！\n");
    gets(str);
    //算法逻辑，使用循环处理字符串
    for(i=0;(c=str[i])!='\0';i++)
    {
       #if FLAG
        {
            if(c>='a'&&c<='z')
            {
                c=c-32;          //小写转大写
            }
        }
        #else
        {
            if(c>='A'&&c<='Z')
            {
                c=c+32;          //大写转小写
            }
        }
       #endif
       //结果输出
        printf("%c",c);
    }
}
```

程序运行结果如图 9.8 所示。

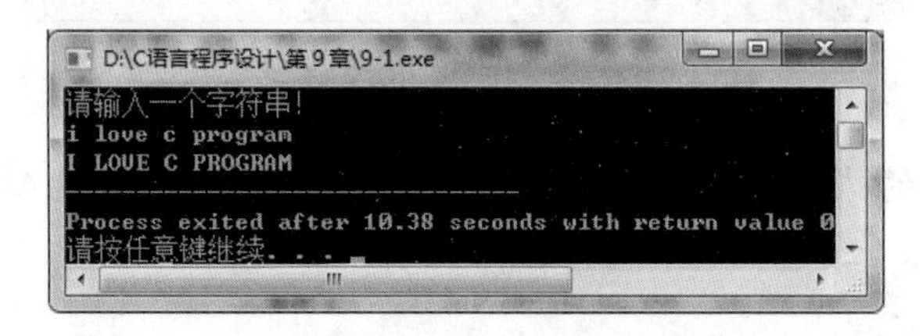

图 9.8　程序案例 9.1 输出结果

说明：#define FLAG 1 中的 FLAG 为 1 执行将小写字母转换为大写字母，FLAG 为 0 执行将大写转换为小写。

【程序案例 9.2】 使用带参数的宏定义示例。

程序代码：

```
//预处理相关
#include "stdio.h"
#define MESSAGE(a, b)  \
    printf(#a " 和 " #b ": 是好朋友!\n")
```

```
void main()
{
   MESSAGE(小张, 小王);
}
```

程序运行结果如图 9.9 所示。

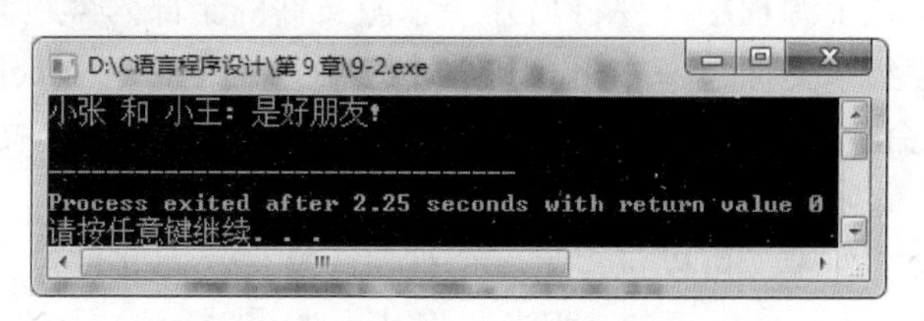

图 9.9　程序案例 9.2 输出结果

说明： 带参数的预处理如果过长一行放不下，使用“\”换行。前面讲过带参数的预处理不是函数调用，而是用来执行原样替换的。

9.5 本章小结

- 预处理是指在 C 语言源程序进行正式编译之前的处理。
- 预处理命令是由 ANSI C 统一规定的，但它不是 C 语言本身的组成部分，不能直接对它们进行编译。
- C 提供 3 种预处理命令：宏定义、文件包含和条件编译。
- “#”表示这是一条预处理命令；“define”为宏定义命令；“宏名”是一个合法的标识符；字符串可以是常数、表达式和语句。
- 宏名一般习惯用大写字母表示，以便与变量名相区别，但这并非规定，也可以用小写。
- 使用宏名代替一个字符串，可以减少程序中重复书写某些“字符串”的工作量。
- 宏定义是用宏名代替字符串，只做简单的置换，不做正确性检查。
- 宏定义不是 C 语句，不能在行末加分号，如果加了分号，宏定义会将分号作为“字符串”的一部分。
- #define 命令出现在程序中函数的外部，宏名的有效范围为从定义命令开始，一直到本源文件结束，通常#define 命令写在文件开头，也就是函数之前，作为文件一部分，因此该定义在文件整个范围内有效。
- 一个通过#define 定义的宏名，在程序中可以用#undef 命令终止宏定义的作用域。
- 宏定义除了允许定义符号常量外，还可以定义带参数的宏。
- 宏定义中的参数称为形式参数（形参），它只有参数名，没有具体的数据类型，参数名必须是合法的标识符，在宏调用中的参数称为实际参数（实参），也就是真正意义上的值。
- 带参数的宏定义通过替换参与程序运行，在编译预处理时，程序中凡是带实参的宏，均按照#define 命令行中指定的字符串从左到右进行置换，如果串中包含宏中的形参（如 x,y）则将程序语句中的相应实参（可以是常量、变量或表达式）代替形参，若宏定义中的字符不是参数字符则保留不变。

- 在宏定义中，宏名与左括号间不能有空格，否则将会把宏名后的所有数据都当做字符串的一部分。
- 在定义带参数的宏时，为了避免出错，一般情况下需要将字符串中的形参用括号括起来。
- 文件包含是指一个源程序文件将另外一个源文件的全部内容包含进来，也就是将另外的文件包含到本文件之中。在 C 语言中使用预处理命令 #include 来实现。
- 一个 include 命令只能指定一个被包含的文件，如果要包含 *n* 个文件，要用 *n* 个 include 命令。
- 在一个被包含文件中又可以包含另一个被包含文件，即文件包含是可以嵌套的。
- 在 C 语言中使用#include 语句，相当于将其后""（双括号）中的内容全部都写到当前位置。
- 条件编译命令的作用是实现对源程序进行有选择的编译。
- 一般情况下，源程序中所有代码都参加编译，但是有时希望对其中一部分内容在满足一定条件时才进行编译，也就是对一部分内容指定编译的条件，这就是条件编译。

实训任务九　预处理命令的使用

1. 实训目的

- 了解预处理的概念。
- 掌握预处理的三种类型。
- 学会三种预处理的使用。
- 熟练掌握不带参数的预处理与文件包含。

2. 项目背景

小菜学习编程序有一段时间了，对 C 语言程序设计有了基本的认知，也可以进行简单的编程。小菜是个非常努力的学生，经常自己看一些别人写好的代码，其中有些以“#”开头的代码段，小菜虽然知道是预处理，但不是太清楚，因此在大鸟老师的帮助下小菜决定深入研究一下 C 语言中的预处理命令。

3. 实训内容

任务 1：使用宏定义完成输入 3 个数，求这 3 个数的最大值。

任务 2：使用宏定义完成输入一个字符串，统计该字符串中大写字母、小写字母、空格、数字的个数。

任务 3：使用宏定义完成求一个数的绝对值。

任务 4：编写程序，使用宏定义完成选择性编译，通过输入不同的值，编译不同的模块，得到不同的结果。

习题 9

一、选择题

1. 以下叙述中正确的是（　　）。

   A. 预处理命令行必须位于源文件的开头

   B. 在源文件的一行上可以有多条预处理命令

C．宏名必须用大写字母表示

D．宏替换不占用程序的运行时间

2．以下叙述中正确的是（　　）。

A．预处理命令行必须位于 C 源程序的起始位置

B．在 C 语言中，预处理命令行都以“#”开头

C．每个 C 语言程序必须在开头包括预处理命令行：#include

D．C 语言的预处理不能实现宏定义和条件编译的功能

3．以下叙述中正确的是（　　）。

A．可以把 define 和 if 定义为用户标识符

B．可以把 define 定义为用户标识符，但不能把 if 定义为用户标识符

C．可以把 if 定义为用户标识符，但不能把 define 定义为用户标识符

D．define 和 if 都不能定义为用户标识符

4．以下叙述中正确的是（　　）。

A．带参数的宏定义中，参数是没有类型的

B．宏展开将占用程序的运行时间

C．宏定义命令是 C 语言中的一种特殊语句

D．使用#include 命令包含的头文件必须以分号结尾

5．以下叙述中正确的是（　　）。

A．用#include 包含的头文件的后缀不可以是“.a”

B．若一些源程序中包含某个头文件，当该头文件有错时，只需对该头文件进行修改，包含此头文件所有源程序不必重新进行编译

C．宏命令行可以看作是一行 C 语句

D．C 编译中的预处理是在编译之前进行的

6．以下描述正确的是（　　）。

A．C 语言的预处理功能是指完成宏替换和包含文件的调用还有条件编译

B．预处理指令只能位于 C 源程序文件的首部

C．凡是 C 源程序中行首以“#”标识的控制行都是预处理指令

D．C 语言的编译预处理就是对源程序进行初步的语法检查

7．在文件包含的预处理语句的使用形式中，当#include 后面的文件名用< >（尖括号）括起时，找寻被包含文件的方式是（　　）。

A．仅仅搜索当前目录

B．仅仅搜索源程序所在目录

C．直接按系统设定的标准方式搜索目录

D．先在源程序所在目录搜索，再按照系统设定的标准方式搜索

8．以下关于文件包含的说法中错误的是（　　）。

A．文件包含是指一个源文件可以将另一个源文件的全部内容包含进来

B．文件包含处理命令的格式为#include“包含文件名”或#include <包含文件名>

C．一条包含命令可以指定多个被包含文件

D．文件包含可以嵌套，即被包含文件中又包含另一个文件

9．以下叙述中正确的是（　　）。

A．#define 和 printf 都是 C 语句　　B．#define 是 C 语句，而 printf 不是

C．printf 是 C 语句，但#define 不是　　D．#define 和 printf 都不是 C 语句

10．下面程序的功能是通过带参数的宏定义求圆的面积，在横线上应该填上的内容是（　　）。

```
#define PI 3.1415926
#define AREA(r)________
main()
{
    float r=5;
    printf("%f",AREA(r));
}
```

A．PI*(r)*(r)　　B．PI*(r)　　C．r*r　　D．PI*r*r

二、看程序写结果

1．以下程序运行后的输出结果是（　　）。

```
#include <studio.h>
#define P 3
#define F(x) p*(x)*(x)
main()
{
    printf("%d ",F(3+5));
}
```

2．以下程序运行后的输出结果是（　　）。

```
#define f(x) (x*x)
main()
{
    int i1, i2;
    i1=f(8)/f(4) ; i2=f(4+4)/f(2+2) ;
    printf("%d, %d\n",i1,i2);
}
```

3．有一个名为 init.txt 的文件，内容如下：

```
#define HDY(A,B) A/B
# define PRINT(Y) printf( “y=%d\n.,Y)
```

有以下程序：

```
#include “init.txt”
main()
{
   int a=1,b=2,c=3,d=4,k;
   K=HDY(a+c, b+d);
   PRINT(K);
}
```

该程序是否正确？如果正确请写出结果，如果错误请说明原因。

4．以下程序的输出结果是（　　）。

```
#define MAX(x,y) (x)>(y)?(x):(y)
main()
{
```

```
    int a=5,b=2,c=3,d=3,t;
    t=MAX(a+b,c+d)*10;
    printf("%d\n",t);
}
```

5. 以下程序的输出结果是（　　）。

```
#define PI 3.14
#define R 5.0
#define S PI*R*R
main()
{
  printf("%f",S);
}
```

三、编写程序

1. 使用宏定义编写程序，求圆的周长和面积。

2. 使用宏定义编写简单的计算器，实现计算两个数的和差积商。

第10章 数据永久存储——文件操作

程序是运行在 CPU 中的，数据是存储在计算机内存中的。但不管变量、常量还是数组对数据的存储都是临时性的，计算机断电或者程序运行结束之后，数据会丢失，再也找不到。为了永久地存储大量数据，C 语言提供了文件的操作。

对于已经熟悉计算机的读者，“文件”这个名字并不陌生，我们听的本地音乐、手机或照相机拍的照片、收发的电子邮件、在互联网上下载的视频，以及为了解决工作或者生活中的某些问题而编写的 Word、Excel、TXT 文档都可以称为“文件”。

前面学过的 C 语言程序设计中也有很多地方使用过文件。例如，源程序文件、目标文件、可执行文件、库文件（头文件）等。甚至很多操作系统管理的理念是“计算机之内一切皆为文件”，文件的作用主要是保存数据。程序中经常需要对文件进行操作，比如打开文件、读写文件、关闭文件等。

本章将学习：①文件的认知；②文件的指针；③文件的打开、关闭与读写；④文件中字符、字符串与数据块的读写。

10.1 文件的认知

微课

所谓“文件”是指存储在某种长期储存设备上的一组相关数据的数据流，这个数据流的名称，称作文件名，文件通常存储在外部设备之上，使用时才调入内存。操作系统是以文件为单位对数据进行管理的。

在操作系统中，不但软件以文件形式进行管理，硬件也是如此。为了统一对各种硬件进行管理，简化应用接口，操作系统将不同的硬件设备也和软件一样当做文件管理。例如，通常把显示器称为标准输出文件 stdout，printf()、putchar()就是向这个文件输出，把键盘称为标准输入文件 stdin，scanf()、getchar() 就是从这个文件获取数据。在 C 语言中硬件设备可以看成文件，有些输入输出函数不需要指明到底读写哪个文件，系统已经为它们设置了默认的文件，当然该设置是可更改的。

按数据的组织形式文件分为文本文件和二进制文件两大类。文本文件也称为 ASCII 文件，把数据中每个字符都转换为 ASCII 码值后存储，由磁盘向内存中加载时，需要反向转换。二进制文件把数据在内存中存储的形式原样存储到磁盘上。在 C 语言中字符型数据全部以 ASCII 码形式存储，数值型数据既可以用 ASCII 码形式存储，也可以用二进制形式存储，不需要进行数据转换，因此效率相对文本文件较高。

例如：数值 520 在内存中的存储有文本形式和二进制形式两种。其文本形式如图 10.1 所示，二进制形式如图 10.2 所示。

00110101	00110010	00110000

图 10.1　数值 520 的文本存储形式

00000010	00001000

图 10.2　数值 520 的二进制存储形式

说明 1： 数值 520 采用文本文件形式存储，存储的是对应字符的 ASCII 码值，因此将整数 520 拆分为 3 个字符'5'、'2'、'0'，对应 ASCII 码值为 53、50、48，图 10.1 呈现的就是 3 个字符 ASCII 码值对应的二进制。

说明 2： 二进制存储就是将数值 520 转换为二进制，并直接存储。

10.1.1　C 语言中的数据流

前面介绍过“文件”是指存储在永久介质上的一组数据流。数据流将整个文件内的数据看作一串连续的字符，且没有记录的限制。数据的输入与输出都依托计算机的外围设备，不同的外围设备对于数据输入与输出的格式和方法有不同的处理方式，这就增加了编写文件访问程序的困难程度，而且很容易产生外围设备彼此不兼容的问题。C 语言引入数据流来解决不同输入输出设备之间传输数据的问题。

所有的保存在磁盘上的文件都要载入内存才能处理，所有的数据必须写入磁盘中的文件才不会丢失。数据在文件和内存之间传递的过程叫做文件流，类似水从一个地方流动到另一个地方。数据从文件复制到内存的过程叫做输入流，从内存保存到文件的过程叫做输出流。

数据流从字面意义解读指的是数据的流向，在一个传输通道内数据像水流一样，按照顺序流动。在 C 语言中无论程序一次读写一个字符、一行文字或者一个指定的数据区域，都以逻辑数据流的形式集中处理。作为流的使用者，无须关心太多的细节，与具体的设备无关。

在 C 标准中引入“文件的缓冲区”处理数据文件。系统自动在内存中为程序中每个正在使用的文件开辟一块缓冲区。输出流首先将数据存入内存的缓冲区，当缓冲区装满后才会集中存储到磁盘。输入流则是将磁盘上读取的批量数据输入到内存缓冲区，并等待程序调用。文件与内存的交互如图 10.3 所示。

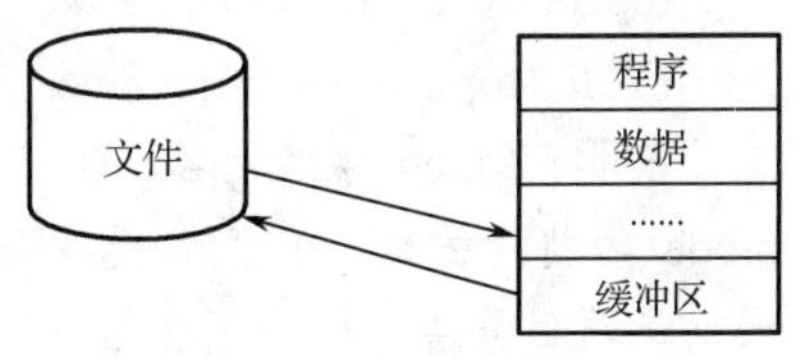

图 10.3　文件、数据流、缓冲区

10.1.2　文件指针

数据流借助文件指针的移动来访问数据，文件指针目前所指的位置即是要处理的数据，经过访问后文件指针会自动向后移动。每个数据文件后面都有一个文件结束符号（EOF），用来告知该数据文件到此结束，若文件指针指到 EOF 便表示数据已访问完毕。

在程序运行过程中，每个需要使用的文件都会在内存中开辟一块文件的信息区域，存储文件的基本信息。C 语言程序中将文件的相关信息（文件名、状态、当前位置）保存到一个结构体变量之中，该结构体由系统声明，取名为 FILE。对于基本应用型的读者，我们不需要过于细致地掌握结构体内的信息，只需要掌握其基本应用即可。

C 语言中文件的访问就是通过 FILE 类型的指针变量对它所指向的文件进行操作的。通俗来讲，文件指针就是指向文件相关信息结构体变量的指针。

文件指针定义的格式为：FILE *fp;

说明 1：fp 为指针变量的名字，必须满足用户标识符的基本规则。

说明 2：FILE 必须大写，FILE 是一个结构体类型，系统已经定义，并包含在文件“stdio.h”中，因此要使用文件指针必须在源程序的开头包含“stdio.h”头文件。

说明 3：fp 是指向 FILE 结构的指针变量，通过 fp 即可找出存放某个文件信息的结构体变量，然后按结构体变量提供的信息找到该文件，实施对文件的操作。

说明 4：fp 必须初始化后才有意义。文件指针 fp 是初始化后指向一个文件的指针，确切地讲，是指向用文件这个结构体定义的对象的起始地址。文件指针的移动是指在文件之间的移动。

C 语言中除了使用文件指针来指向具体的文件信息外，还提供了文件位置指针，来对文件进行读写控制操作。系统为每个文件设置了一个文件位置指针，用来标志文件当前读写的位置。这里要注意文件指针和文件位置指针的区别。

10.2 文件的打开与关闭

微课

C 语言中文件的操作是通过库函数来完成的。就像自来水的使用一样，用水前要打开水龙头，用完要关闭。文件在读写操作前要先打开，使用完毕要关闭。打开文件就是建立文件的各种有关信息，并使文件指针指向该文件，以便进行其他操作。关闭文件则断开指针与文件之间的联系，禁止再对该文件进行其他操作。

10.2.1 文件的打开

文件使用前必须先打开，fopen() 函数用来打开一个文件，其返回值为一个文件指针。

fopen()函数的原型如下：

FILE *fopen(char *filename, char *mode);

说明：fopen 为函数名，该函数有两个参数，其中 filename 为文件名（包括文件路径），mode 为打开方式，它们都是字符串。fopen() 会获取文件信息，包括文件名、文件状态、当前读写位置等，并将这些信息保存到一个 FILE 类型的结构体变量中，然后将该变量的地址返回。

如果希望接收 fopen() 的返回值，就需要定义一个 FILE 类型的指针。

例如：

```
FILE *fp = fopen("D:\\C 语言程序设计\\第 10 章\\computer.txt", "r");
```

说明：表示以“只读”方式打开 D 盘“C 语言程序设计”文件夹下的“第 10 章”文件夹下的 computer.txt 文件（如果没有写路径默认为当前目录），并使 fp 指向该文件，这样就可以通过指针 fp 来操作 computer.txt 文件。

文件操作中的打开方式如表 10.1 所示。

表 10.1 文件的打开方式

文件类型	使用方式	处理方式	文件存在时	文件不存在时
文本文件	r	只读	正常打开	出错
	w	只写	文件原有内容丢失	建立新文件

续表

文件类型	使用方式	处理方式	文件存在时	文件不存在时
文本文件	a	追加	在原内容末尾追加	建立新文件
	r+	读写	正常打开	出错
	w+	读写	文件原有内容丢失	建立新文件
	a+	读写	在原内容末尾追加	建立新文件
二进制文件	rb	只读	正常打开	出错
	wb	只写	文件原有内容丢失	建立新文件
	ab	追加	在原内容末尾追加	建立新文件
	rb+	读写	正常打开	出错
	wb+	读写	文件原有内容丢失	建立新文件
	ab+	读写	在文件末尾追加	建立新文件

说明 1：“r”、“w”、“a” 是三种基本的文件操作方式，分别表示读、写、追加。“+” 表示可读可写。

说明 2：表 10.1 中文件的打开方式按照文本文件和二进制文件分两部分列出，这样更加清晰，但如果仔细分析，其实二进制的读写在这个表中只不过是在原来的读写方式上加了一个 “b” 而已。

说明 3：用 “r” 打开一个文件时，该文件必须已经存在，且只能从该文件读出；用 “w” 打开的文件只能向该文件写入，若打开的文件不存在，则以指定的文件名建立该文件，若打开的文件已经存在，则将该文件删去，重建一个新文件；若要向一个已存在的文件追加新的信息，只能用 “a” 方式打开文件。

说明 4：把一个文本文件读入内存时，要将 ASCII 码转换成二进制码，而把文件以文本方式写入磁盘时，也要把二进制码转换成 ASCII 码，因此文本文件的读写要花费较多的转换时间。对二进制文件的读写不存在这种转换。

说明 5：在打开一个文件时，如果出错，fopen 将返回一个空指针值 NULL。在程序中可以用这一信息来判别是否完成打开文件的工作，并作相应的处理。

说明 6：在读写文本文件的时候，经常在 r、w、a 后面加个 t，这和 r、w、a 本身含义一样，只是更加清晰地表示读写的是文本文件。

【实例 10.1】 利用空指针判断文件打开的完成。

程序代码：

```
#include "stdio.h"                    //预处理
void main()                           //主函数
{   //定义文件指针
    FILE *fp;
    if((fp=fopen("C:\\a.txt","rb")==NULL))
    {//如果文件指针的返回值为null代表文件不存在
      printf("C盘的根目录下不存在a.txt");
    }
}
```

程序运行结果如图 10.4 所示。

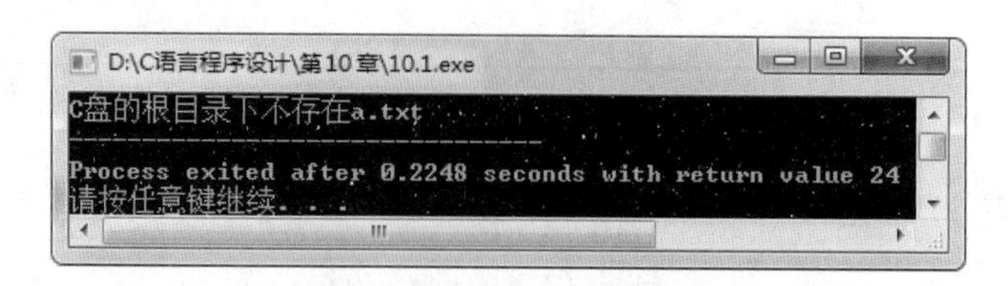

图 10.4　实例 10.1 运行结果

说明：本例充分利用了在打开文件指针时如果出错，则返回值为 NULL 进行程序设计。

10.2.2　文件的关闭

文件使用完毕及时关闭是一名合格程序员的基本素质。因为文件使用完毕如果没有及时关闭不但无法释放其占用的资源，还有可能被其他程序段误用，造成数据被篡改的现象。文件关闭使用 fclose()函数。

fclose()函数的原型为：

int fclose(FILE *fp);

说明：fclose 为函数名称，fp 为文件指针。

例如：fclose(fp);

说明 1：整个函数是用来关闭 fp 所指向的文件的，所谓关闭文件指针其实就是使 fp 指向的资源释放。fp 必须有具体的指向才有意义，否则会报错。

说明 2：文件正常关闭时，fclose()的返回值为 0，如果返回非 0 值则表示有错误发生。

说明 3：虽然在程序中读取完数据后没有及时关闭文件指针不会有语法的错误，但是就程序的效率及数据的安全性考虑，建议读者养成好的习惯，及时关闭打开的资源，不止是文件指针，其他不能自动释放的资源也一样。

10.3　文件的顺序读写

微课

文件的打开是为了给文件的读写做准备，文件的读写是最常用的文件操作。对于文件的顺序写入，先写入的数据存储到文件的最前面，后写入的数据存放在文件的后面。文件的顺序读也是按照先后顺序进行的。文件的顺序读写取决于数据在文件的存储位置。在 C 语言中文件的读写通过函数完成，C 语言提供了多种文件读写的函数。

10.3.1　字符数据的读写

字符数据的读写是以 ASCII 码进行的，是对文本文件的读写。以字符形式读写文件每次可以从文件读出或者向文件写入一个字符，主要使用两个函数：fgetc()和 fputc()。

1．字符读取函数 fgetc()

fgetc()函数的功能是从指定的文件中读取一个字符。fgetc 是英文 file get char 的缩写，其含义也是从指定的文件中得到一个字符。

fgetc()的函数原型为：

int fgetc (FILE *fp);

说明 1：fgetc 为函数名，该函数有 1 个参数，fp 为文件指针，意思是从 fp 指针指向的文件读入一个字符。

说明 2： fgetc()函数调用前必须保证文件是以读或者读写的方式打开的。

说明 3： fgetc()读取成功时返回读取到的字符，读取到文件末尾或读取失败时返回 EOF。EOF 是英文 end of file 的缩写。

说明 4： fgetc()函数返回值为 int 型主要是为了包含文件末尾或者失败返回的 EOF，EOF 在很多编译器中用-1 表示。

说明 5： 前面讲到过文件位置指针，在文件打开时该指针是指向第一个字节的，每次使用 fgetc()函数后，该位置指针会向后移动一个字节。因此可使用 fgetc()函数读取多个字符。

说明 6： 文件指针是指向整个文件的，须在程序中定义说明，只要不重新赋值，文件指针的值是不变的。文件内部的位置指针用于指向文件内部的当前读写位置，每读写一次，该指针均向后移动一个字符的位置，它不需要在程序中定义说明，而是由系统自动设置的。

【实例 10.2】 读取 D 盘根目录下文件名为 test.txt 文件的内容，并输出到屏幕上。

程序代码：

```
#include "stdio.h"                        //预处理
void main()                               //主函数
{   //定义文件指针
    FILE *fp;
    char ch;
    fp=fopen("d:\\test.txt","r");
    if(fp==NULL)
    {//如果文件指针的返回值为 null 则代表文件不存在
      printf("该文件不存在");
      return;                             //如果文件不存在或错误退出
    }
    ch=fgetc(fp);                         //得到一个字符
    while(ch!=EOF)                        //循环结束条件是读到最后
    {
        putchar(ch);                      //输出字符
        ch=fgetc(fp);                     //向后继续读入一个字符
    }
    fclose(fp);                           //关闭文件指针
}
```

程序所要读取的文件的内容如图 10.5 所示，运行结果如图 10.6 所示。

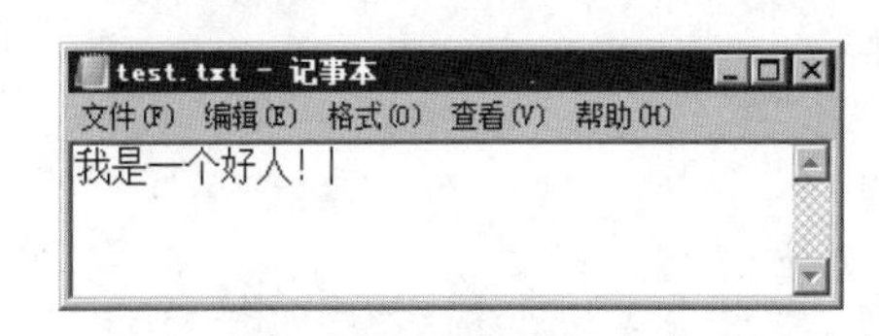

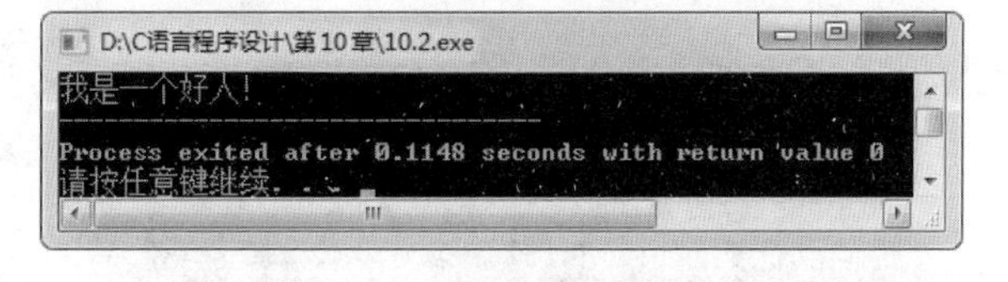

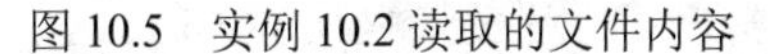

图 10.5　实例 10.2 读取的文件内容

图 10.6　实例 10.2 运行结果

说明 1： 本例充分利用了在打开文件指针时如果出错，则表示文件读取出错或者不存在，当遇到这种情况时则返回值为 NULL 进行程序设计。

说明 2：使用 while 循环，将 EOF 文件末尾作为结束条件，如果没有读取到文件的末尾，就一直读取文件中的数据，直到最后的 EOF 为止。

说明 3：ch=fgetc(fp);每次只能获得一个字符，因此在判断该字符不是结束标记 EOF 后，输出该字符，并且再次使用 ch=fgetc(fp);获取下一个字符，并重新进行判断。

2. 字符写入函数 fputc()

fputc()函数的功能是向文件写入一个字符。fputc 是英文 file put char 的缩写，其含义也是向文件写入一个字符。

fputc()的函数原型为：

int fputc (char ch,FILE *fp);

说明 1：fputc 为函数名，ch 为要向文件写入的内容，fp 表示文件指针，每次使用 fputc()函数后，位置指针也会向后移动一个字节，因此借助循环输出，可以将批量字符输出到文件之中。

说明 2：int 为返回值类型，如果写入字符成功则返回写入的字符，否则返回 EOF，一般可以使用不等于 EOF 来判断写入字符的成功。

说明 3：使用 fputc()函数写入字符，要求在打开被写入文件时必须包含写、读写或者追加的权限，当然使用 3 种权限在写入字符时对应效果不一样，详见表 10.1。

【实例 10.3】 从键盘输入一行字符，将其写入 D 盘根目录下名为“test1.txt”的文件。

程序代码：

```
#include "stdio.h"                       //预处理
void main()                              //主函数
{   //定义文件指针
    FILE *fp;
    char ch;
    fp=fopen("d:\\test1.txt","w+");
    if(fp==NULL)
    {//如果文件指针的返回值为 null 则代表文件不存在
      printf("该文件不存在");
      return;                            //如果文件不存在或错误退出
    }
    printf("请输入一个字符串!\n");
    ch=getchar();                        //得到一个字符
    while(ch!='\n')                      //循环结束条件是读到最后
    {
        fputc(ch,fp);                    //将字符输出到文件
        ch=getchar();                    //向后继续读入一个字符
    }
    fclose(fp);                          //关闭文件指针
}
```

程序运行结果如图 10.7 所示，存储后文件的内容如图 10.8 所示。

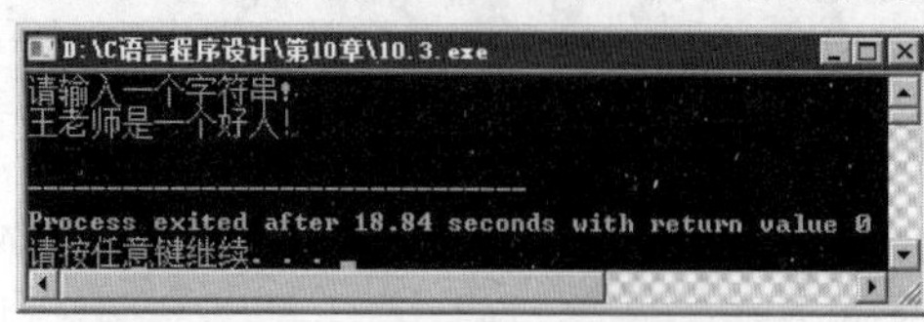

图 10.7 实例 10.3 运行结果

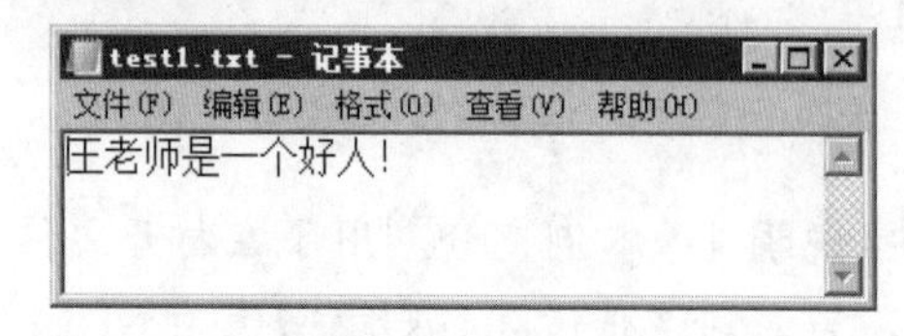

图 10.8 实例 10.3 运行后输出的文件内容

说明 1： 因为要对文件进行写入，因此以读写方式打开，本例中 D 盘根目录下本身不存在 test1.txt 文件，使用了 w+如果文件不存在则创建该文件的特性。

说明 2： while 循环使用了 ch!='\n'作为循环条件，意思是如果获得的字符不是回车，则继续接收字符。因为 fputc()函数每次只能向文件输出一个字符，因此，使用 getchar()每次得到一个字符，得到一个字符向文件输出一个字符。

【实例 10.4】 统计文件中大写字母的个数。

程序代码：

```
#include "stdio.h"                    //预处理
void main()//主函数
{
    FILE *fp;                         //定义文件指针
    int count=0;                      //用来存储大写字母个数
    char filename[100];               //存储输入的文件路径
    char ch;
    printf("请输入你要统计的文件的路径\n");
    scanf("%s",filename);             //输入统计的路径
    fp=fopen(filename,"r");           //以只读方式打开
    if(fp==NULL)
    {//如果文件指针的返回值为 null 则代表文件不存在
      printf("该文件不存在");
      return;                         //如果文件不存在或错误退出
    }
    ch=fgetc(fp);                     //得到一个字符
    while(ch!=EOF)                    //循环结束条件是读到最后
    {
        if(ch>='A'&&ch<='Z')
        {
            count++;                  //如果是大写字母则统计数字加 1
        }
        ch=fgetc(fp);                 //向后继续读入一个字符
    }
    printf("文件信息统计完毕\n");
    fclose(fp);                       //关闭文件指针
    printf("该文件中大写字母的个数为:%d\n",count);
    }
```

程序运行结果如图 10.9 所示，存储后文件的内容如图 10.10 所示。

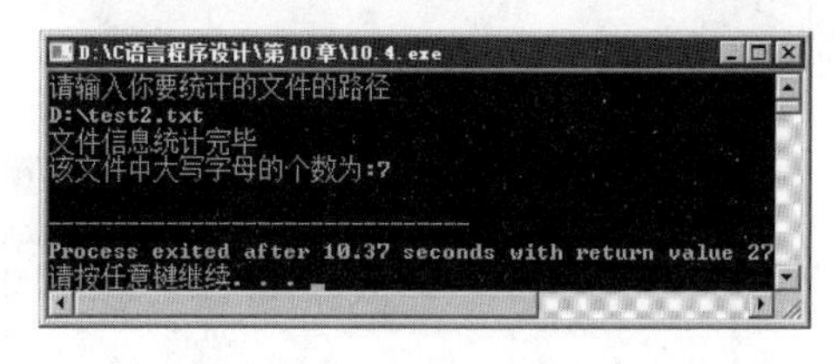

图 10.9　实例 10.4 运行结果

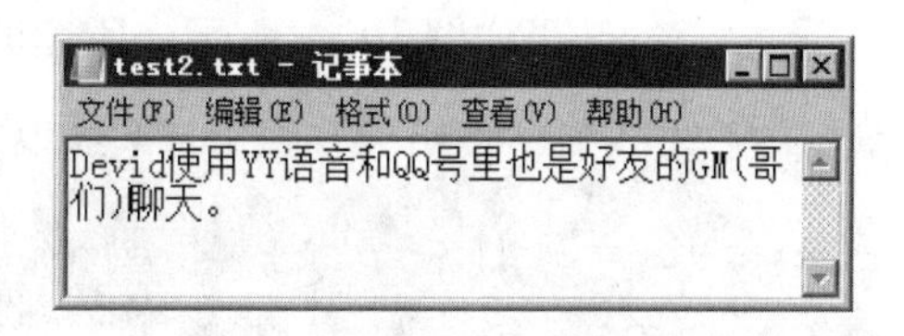

图 10.10　实例 10.4 所统计的文件内容

说明 1： 因为只需要统计输入路径下文件中大写字母的个数，因此只需要以只读方式

打开文件即可。

说明 2：通过 while 循环，并将 ch!=EOF 作为循环条件，判断如果文件没有读到最后则继续循环体。

说明 3：if(ch>='A'&&ch<='Z')用来判断大写字母，在分支结构中进行统计，这里需要重点指出的是，用于进行字符统计的变量，必须赋初值。

10.3.2 字符串数据的读写

1. 字符串读取函数 fgets()

fgets()函数的功能是从指定文件中读取一个字符串到字符缓冲区。

fgets()函数的原型为：

char *fgets(char *str, int n, FILE *fp)

说明 1：从 fp 指向的文件中读取 n-1 个字符，并把它们存放到有 str 指针指向的字符数组中，最后加上字符串结束符'\0'。

说明 2：str 表示接受字符串的内存地址，可以是数组名，也可以是指针；n 表示要读取的字符个数，这里注意实际读取的长度是 n-1，因为要留 1 个字节长度存储字符串结束标记'\0'；fp 是文件指针，指向要读取的文件。

说明 3：fgets()函数的返回值是一个地址。如果正常返回，则返回字符串的内存首地址，即 str 的值。如果产生异常则返回 NULL。这种情况应当用 feof()或 ferror()函数来判别是读取到了文件尾，还是发生了错误。

【实例 10.5】 从 test3.txt 文件中读入一个长度为 17 个字符的字符串。

程序代码：

```
#include "stdio.h"                      //预处理
void main()
{
   FILE *fp;                            //定义文件指针
   char str[18];                        //存储读入的字符串
   char ch;
     fp=fopen("d:\\test3.txt","r"); //打开文件
     if((fp==NULL))
     {//如果文件指针的返回值为 null 则代表文件不存在
       printf("该文件不存在");
       return;                          //如果文件不存在或错误退出
   }
  fgets(str,17,fp);                     //读取字符
  printf("%s\n",str);
  fclose(fp);
}
```

程序运行结果如图 10.11 所示，所读取的文件内容如图 10.12 所示

图 10.11 实例 10.5 运行结果

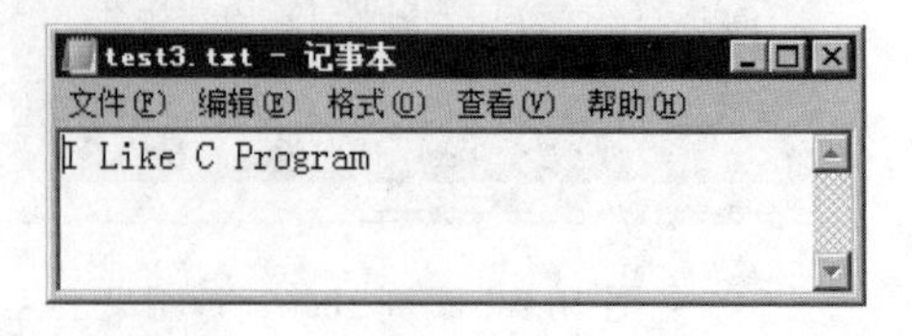

图 10.12 实例 10.5 所读取的文件内容

说明：文件 test3.txt 中的字符长度为 17，定义的字符数组长度为 18，是要存储一个字符结束标记。

【**实例 10.6**】 从文件 test4.txt 中读入多行数据。

程序代码：

```
#include "stdio.h"                          //预处理
#define N 1000
void main()                                 //主函数
{
   FILE *fp;                                //定义文件指针
char str[N+1];                              //存储读入的字符串
char ch;
     fp=fopen("d:\\test4.txt","r"); //打开文件
   if((fp==NULL))
   {//如果文件指针的返回值为 null 则代表文件不存在
     printf("该文件不存在");
     return;                                //如果文件不存在或错误退出
   }
   //如果没有读到最后或出错则循环输出
   while(fgets(str,N,fp)!=NULL)
   {
       printf("%s",str);
   }
       fclose(fp);
}
```

程序运行结果如图 10.13 所示，所读取的文件内容如图 10.14 所示。

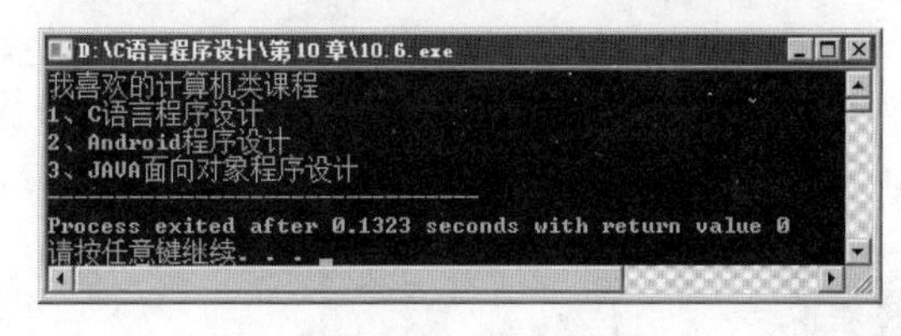

图 10.13　实例 10.6 运行结果

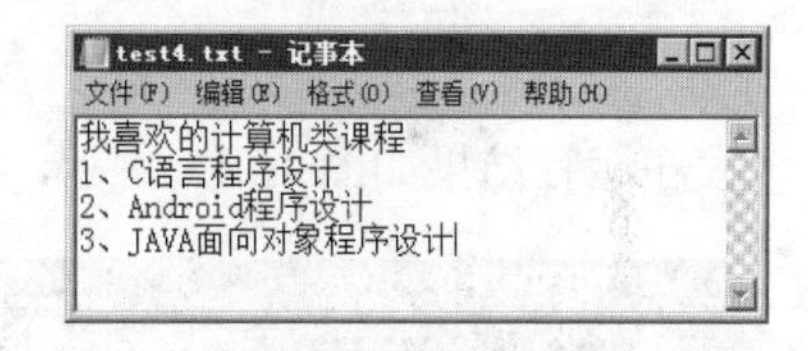

图 10.14　实例 10.6 所读取的文件内容

说明 1：fgets()函数如果遇到了换行符则换一行显示字符串。本例中的输出语句没有使用换行符，但是输出结果与文本文件中显示的内容一致。

说明 2：使用 while 循环并将 fgets(str,N,fp)!=NULL 作为循环结束条件，从 fp 指向的文件，读入 N 个字符，存储到 str 数组之中。

2. 字符串写入函数 fputs()

fputs()函数的功能是向指定的文件写入一个字符串。

fputs ()函数的原型为：

int fputs(char *str, FILE *fp);

说明 1：fputs 为函数名，将 str 指向的字符串，写入 fp 指向的文件中。

说明 2：str 是要写入的字符串，fp 为文件指针。写入成功返回非负数，失败则返回 EOF。

【**实例 10.7**】向 test1.txt 文件中追加一个字符串，内容是“王老师的学生也都是好人！”。

程序代码：

```
#include "stdio.h"                      //预处理
#include "string.h"
#define N 1000
void main()                             //主函数
{
    FILE *fp;                           //定义文件指针
    char ch, str[30]="王老师的学生也都是好人！";

    fp=fopen("d:\\test1.txt","a+");  //打开文件
    if((fp==NULL))
    {//如果文件指针的返回值为 null 则代表文件不存在
      printf("该文件不存在");
      return;                           //如果文件不存在或错误退出
    }
    strcat(str,"\n");                   //在字符串末尾加上换行
    fputs(str,fp);                      //将 str 数组的数据写入文件
    rewind(fp);                         //移动文件指针到文件开头
    //利用 fgetc()函数输出最终的文件内容
    ch=fgetc(fp);
    printf("追加完毕，文件的内容为：\n");
    while(ch!=EOF)
    {
        putchar(ch);
        ch=fgetc(fp);
    }
    fclose(fp);
}
```

程序运行结果如图 10.15 所示，test1.txt 文件内容如图 10.16 所示。

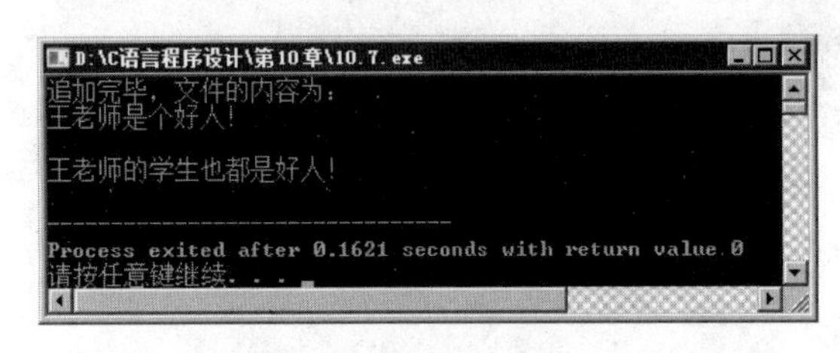

图 10.15　实例 10.7 运行结果

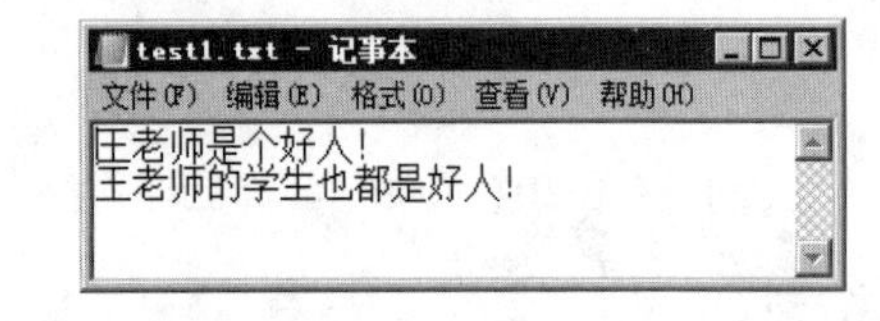

图 10.16　执行实例 10.7 后的 test1.txt 文件内容

说明：要在文件末尾追加内容，因此使用“a+”方式打开相应文件，函数 rewind(fp); 的作用是将文件指针 fp 移到文件的最前面。

10.3.3　二进制数据的读写

除了按照字符或字符串进行文件的读写之外，C 语言还提供了按照二进制形式对数据读写的函数，可以用来读写一组数据。

1. 数据块读出函数 fread()

fread()函数的功能是以二进制形式读取文件数据。

fread()函数的原型为：

int fread(void *buffer,unsigned size,unsigned count,FILE *fp)

说明 1：从 fp 指向的文件中，按二进制形式将 size*count 个数据读到由 buffer 指定的缓冲区。

说明 2：buffer 是一个 void 型指针，指定要将读入数据存放区域的首地址；size 是一个数据块的字节数，通俗来讲就是数据块的大小尺寸；count 指一次读入多少个数据块 size; fp 是要读取的文件的文件指针。

说明 3：函数返回值为整型，正常返回 count 数，异常返回 0。

2. 数据块写入函数 fwrite()

fwrite()函数的功能是以二进制形式写数据到文件中。

fwrite()函数的原型为：

int fwrite(void *buffer, unsigned size, unsigned count,FILE *fp)

说明 1：按二进制形式，将由 buffer 指定的数据缓冲区内的 size*count 个数据写入 fp 指向的文件中。

说明 2：其他参数与返回值和 fread()函数一样，不再赘述。

fread()和 fwrite()用于读写记录，这里的记录是指一串固定长度的字节，比如一个 int、一个结构体或者一个定长数组。

【实例 10.8】 从键盘输入两个学生信息，将其写入 D 盘根目录下的 test5.txt，并同时显示到屏幕上。

程序代码：

```
#include "stdio.h"                    //预处理
//定义结构体描述学生信息
struct student
{
   char name[20];                     //姓名
   int num;                           //学号
   int age;                           //年龄
   char address[30];                  //地址
}stu1[2],stu2[2],*p,*q;               //定义两个结构体类型数组和两个指针
void main()                           //主函数
{
   FILE *fp;                          //定义文件指针
   char ch;
   int i;
   p=stu1;                            //让指针 p 指向 stu1
   q=stu2;                            //让指针 q 指向 stu2
   fp=fopen("d:\\test5.txt","ab+");//以二进制可追加形式打开
   if((fp==NULL))
   {//如果文件指针的返回值为 null 则代表文件不存在或打开错误
     printf("该文件不存在");
```

```
        return;                                   //如果文件不存在或错误退出
    }
    printf("请输入学生信息\n");
    //给 stu1 数组赋值
    for(i=0;i<2;i++)
    {
        scanf("%s%d%d%s",p[i].name,&p[i].num,&p[i].age,p[i].address);

    }
    p=stu1;
    fwrite(p,sizeof(struct student),2,fp);//将 stu1 的值写入 fp 指向的文件
    rewind(fp);                                        //文件指针回到最前面
    fread(q,sizeof(struct student),2,fp);              //读取刚写入的文件到 stu2
    printf("下面把读取的数据输出到屏幕\n");
    printf("姓名  学号   年龄   地址\n");
    for(i=0;i<2;i++)                                   //将读取到的数据输出
    {
        printf("%s  %d  %d  %s\n",q[i].name,q[i].num,q[i].age,q[i].address);
    }
    fclose(fp);                                        //关闭文件指针
}
```

程序运行结果如图 10.17 所示，test5.txt 文件内容如图 10.18 所示。

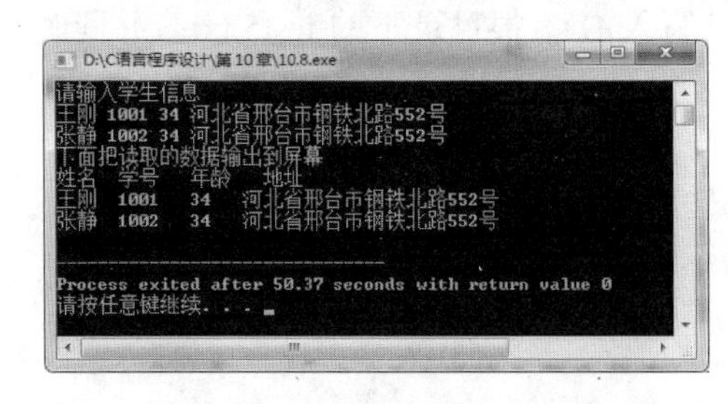

图 10.17　实例 10.8 运行结果

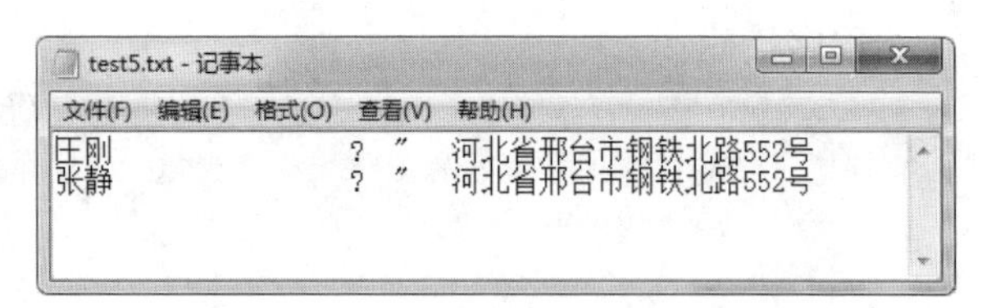

图 10.18　实例 10.8 写入文件内容效果

说明 1： 本例中为了存储学生信息，引入了结构体，并定义了两个结构体数组和两个结构体类型的指针，并将 p 指向 stu1，q 指向 stu2。接下来利用 fwrite ()函数将 stu1 的值写入文件 text5.txt，使用 fread ()函数将 text5.txt 的值读出到 stu2，并将其信息输出。

说明 2： 需要注意的是，在使用 scanf()函数为 stu1 数组输入数据时，采用指针的方式访问数组元素，在访问的元素是字符数组时不需要加“&”符号。但要使用指针访问数值类型时需要加“&”符号，这一点在指针章节和结构体章节都有讲到，但这里还是希望读者注意，不然无法得到想要的结果。

说明 3： 因为按照二进制形式读写，且没有格式化内容，因此 test5.txt 存在部分乱码。

10.3.4　数据的格式化读写

C 语言中提供了 fscanf()函数和 fprintf()函数对文件进行格式化的读写。看到这两个函数很多读者自然地就想到了 scanf()函数和 printf()函数。但是这两种函数的操作对象不同，前者操作对象是磁盘文件，后者操作对象是输入输出设备。

1. 格式化写入函数 fprintf()

fprintf()函数的功能是向文件中格式化写入数据。

fprintf()函数的原型为：

int fprintf(FILE *fp,char *format,arg_list)

说明 1：将变量表列（arg_list）中的数据，按照 format 指定的格式，写入由 fp 指定的文件。

说明 2：fprintf()函数与 printf()函数的功能相同，只是 printf()函数是将数据写入屏幕文件（stdout），而 fprintf()函数将数据写入磁盘文件。

说明 3：fp 是文件指针指向要写入数据的文件；format 是指向格式化字符串的字符串指针，格式化规则与 printf()函数相同；arg_list 是指要写入文件的变量表列，各变量之间用逗号分隔。

2. 格式化读出函数 fscanf()

fscanf()函数的功能是从文件格式化读出数据。

fscanf()函数的原型为：

int fscanf(FILE *fp, char *format, arg_list);

说明 1：fscanf()函数的功能是从文件指针 fp 指向的文件中连续读取能够匹配 format 格式的字符到参数列表 arg_list 中对应的变量里。

说明 2：参数含义和 fprintf()函数相同。

【实例 10.9】 将实例 10.8 中的输入输出使用格式化输入输出完成。

程序代码：

```
#include "stdio.h"                          //预处理
//定义结构体描述学生信息
struct student
{   char name[20];                          //姓名
    int num;                                //学号
    int age;                                //年龄
    char address[30];                       //地址
}stu1[2],stu2[2],*p,*q;                     //定义两个结构体类型数组和两个指针
void main()                                 //主函数
{   FILE *fp;                               //定义文件指针
    char ch;
    int i;
    p=stu1;                                 //让指针 p 指向 stu1
    q=stu2;                                 //让指针 q 指向 stu2
    fp=fopen("d:\\test5.txt","ab+"); //以二进制可追加形式打开
    if((fp==NULL))
    {//如果文件指针的返回值为 null 则代表文件不存在或打开错误
      printf("该文件不存在");
      return;                               //如果文件不存在或错误退出
    }
    printf("请输入学生信息\n");
    //给 stu1 数组赋值
    for(i=0;i<2;i++)
```

```
        {scanf("%s%d%d%s",p[i].name,&p[i].num,&p[i].age,p[i].address);
        }
        p=stu1;
        for(i=0;i<2;i++)
        {  fprintf(fp,"%s   %d    %d    %s\n",p[i].name,p[i].num,p[i].age,p[i].
address);
        }
        rewind(fp);                      //文件指针回到最前面
        for(i=0;i<2;i++)
        { fscanf(fp,"%s  %d   %d   %s\n",q[i].name,&q[i].num,&q[i].age,q[i].
address);
        }
        q=stu2;
        printf("下面把读取的数据输出到屏幕\n");
        printf("姓名  学号   年龄   地址\n");
        for(i=0;i<2;i++)                 //将读取到的数据输出
        {printf("%s   %d    %d    %s\n",q[i].name,q[i].num,q[i].age,q[i].
address);
        }
        fclose(fp);                      //关闭文件指针
    }
```

程序运行结果如图 10.19 所示，格式化写入后文件内容如图 10.20 所示。

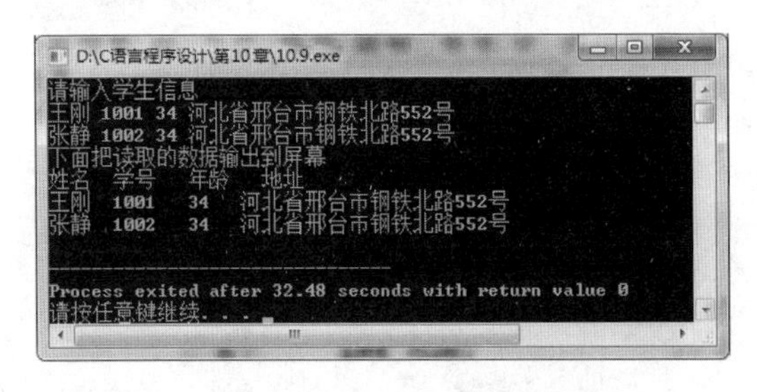

图 10.19 实例 10.9 运行结果

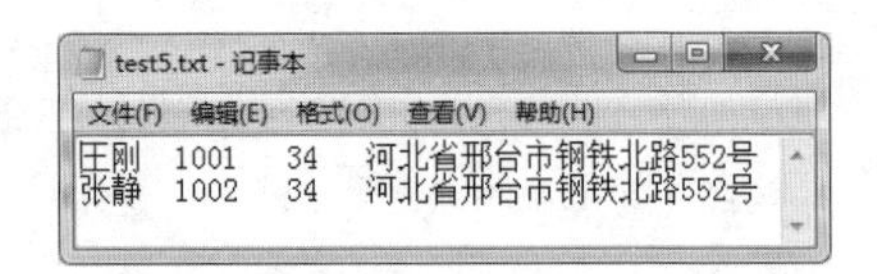

图 10.20 实例 10.9 格式化写入数据

说明：本例和实例 10.8 最大的区别在于对文件的格式化输入输出，仔细观察图 10.18 和图 10.20 可以明显看出采用对文件格式化输入输出的区别。

10.4 文件的随机读写

微课

文件的顺序读写可以得到文件的数据，当文件的容量非常大的时候，顺序读写就暴露出其缺点——效率太低。比如要读取一个 10000 条数据的最后一行，则需要将整个文件从头到尾读取一遍，这显然是不合理的。C 语言中提供了随机函数，不是根据文件的物理位置，而是通过移动文件内部的文件位置指针对任何位置上的数据进行访问，这种读写方式称为随机读写。

文件定位是通过移动文件内部的位置指针来完成的。移动文件内部位置指针的函数主要有两个，即 rewind()和 fseek()。

1. rewind()函数

rewind()函数的功能是将文件位置指针移动到开头。这个函数前面多次用到，用来将文件指针移动到开头。

rewind()函数的原型为：

void rewind (FILE *fp);

说明：将 fp 指向的文件的内部位置指针移动到文件的开头。

2. fseek()函数

fseek()函数的功能是将文件位置指针移动到任意位置。

fseek()函数的原型为：

int fseek(FILE *fp, long offset, int begin);

说明：将 fp 指向的被移动文件，从 begin 开始，移动偏移量大小为 offset。其中 begin 表示的起始点常用值如表 10.2 所示。

表 10.2　fseek()函数起始点常量

起 始 点	常 量 名	常 量 值
文件开头	SEEK_SET	0
当前位置	SEEK_CUR	1
文件末尾	SEEK_END	2

3. ftell()函数

ftell()函数的功能是获取文件位置指针的当前位置。

ftell()函数的原型为：

long int ftell(FILE *fp);

说明：返回值为 long 型，表示当前写位置偏离文件头部的字节数。

【实例 10.10】 从键盘输入三组学生信息，保存到文件 test6.txt 中，然后读取第二个学生的信息。

程序代码：

```
#include "stdio.h"                       //预处理
//定义结构体描述学生信息
struct student
{
    char name[20];                       //姓名
    int num;                             //学号
    int age;                             //年龄
    float score;                         //分数
}stu[3],*p,stus;                         //定义结构体类型数组、指针、变量
void main()                              //主函数
{
    FILE *fp;                            //定义文件指针
    int i;
    p=stu;                               //让指针 p 指向 stu
    fp=fopen("d:\\test6.txt","wb+"); //以二进制可追加形式打开
```

```
    if((fp==NULL))
    {//如果文件指针的返回值为 null 代表文件不存在或打开错误
      printf("该文件不存在");
      return;                          //如果文件不存在或错误退出
    }
    printf("请输入学生信息\n");
    //给 stu 数组赋值
    for(i=0;i<3;i++)
    {
        scanf("%s %d %d %f",p[i].name,&p[i].num,&p[i].age,&p[i].score);
    }
    fwrite(stu,sizeof(struct student),3,fp);     //将 stu 的值写入 fp 指向的文件
    fseek(fp, sizeof(struct student), SEEK_SET);     //移动位置指针
    fread(&stus, sizeof(struct student), 1, fp);     //读取一条学生信息
    printf("取出的第二条数据为: \n");
    printf("%s  %d  %d  %f\n",stus.name,stus.num,stus.age,stus.score);
    fclose(fp);//关闭文件指针
}
```

程序运行结果如图 10.21 所示。

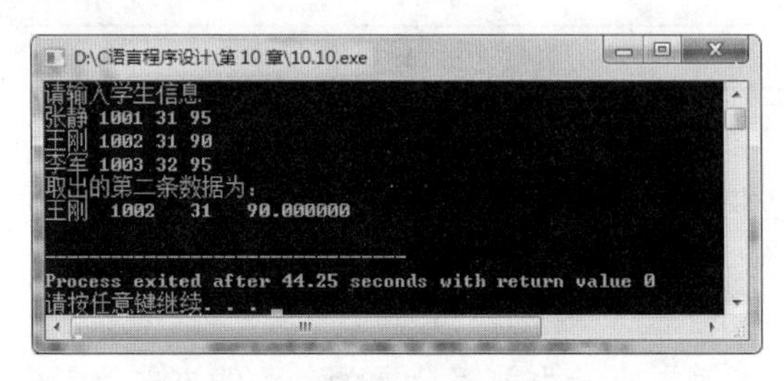

图 10.21　实例 10.10 运行结果

说明 1：fread(&stus, sizeof(struct student), 1, fp);表示读取 fp 指向的文件的当前数据到 stus 变量所对应的内存空间。

说明 2：fseek(fp, sizeof(struct student), SEEK_SET);表示从文件头开始向后移动 1 个 struct student 的长度。SEEK_SET 详见表 10.2。

说明 3：fseek()函数一般应用于二进制文件，读写文本文件位置要进行转换，可能产生错误。

10.5 文件读写的出错检测

在对文件的各种操作过程中，可能会遇到文件操作结束或者出错的情况。C 语言中提供了文件检测函数。

1. 文件结束检测 feof()函数

feof()函数的原型为：

int feof(FILE *fp);

说明：feof()函数用来检测是否读取到了文件末尾，如果已到文件尾则返回非 0 值，否

则返回 0。

2. 读写文件出错检测 ferror()函数

ferror()函数的原型为：

int ferror(FILE *fp);

说明 1： 如果设置了与流关联的错误标识符，则该函数返回一个非 0 值，否则返回 0。

说明 2： 在调用各种输入输出函数时，如 putc()、getc()、fread()、fwrite()等，如果出现错误，除了函数返回值有所反应外，还可以用 ferror()函数进行检查。它的一般调用形式为 ferror(fp);，如果 ferror()函数的返回值为 0，表示未出错，否则表示出错。

说明 3： 对同一个文件，每一次调用输入输出函数，均产生一个新的 ferror()函数值，因此，应当在调用一个输入输出函数后立即检测 ferror()函数的值，否则信息会丢失。

3. 文件出错和文件结束标志 clearerr()函数

clearerr()函数的原型为：

void clearerr(FILE *fp);

说明 1： 表示复位错误标志。也就是将 fp 所指向的文件错误标志和文件结束标志置为 0，使文件恢复正常。

说明 2： 一般情况下 ferror()函数与 clearerr()函数配合使用。

10.6 程序案例

【程序案例 10.1】 读取 D 盘根目录下的 demo1.txt 文件，并显示到屏幕上。

程序代码：

```
#include "stdio.h"
#include <stdlib.h>
int main() {
    FILE *fp;
    char ch;
    if((fp=fopen("d:\\demo1.txt","r"))==NULL) {
        printf("文件不存在或打不开\n");
        exit(1);
    }
    while((ch=fgetc(fp))!=EOF)
    fputc(ch,stdout);
    fclose(fp);
}
```

程序运行结果如图 10.22 所示，读取的文件内容如图 10.23 所示。

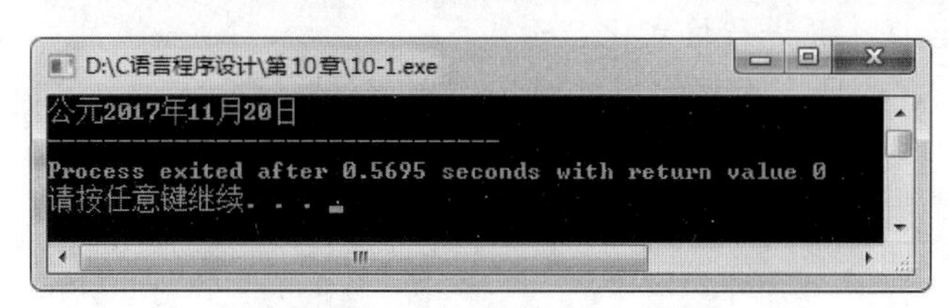

图 10.22　程序案例 10.1 运行结果

图 10.23　程序案例 10.1 读取的文件内容

说明：本例有两个地方在前面没有讲过，一是 fputc(ch,stdout);，其中的 stdout 表示标准输出设备，也就是屏幕，意思是将 ch 字符数据输出到屏幕之上。二是 exit(1);，表示退出进程的返回值为 1。

【程序案例 10.2】 从文件 demo2.txt 中格式化读出数据，并显示到屏幕上。

程序代码：

```
#include <stdio.h>                    //预处理
void main()                           //主函数
{
    int num;                          //学号
    char name[20];                    //姓名
    double height;                    //身高
    FILE *fp;                         //文件指针
    fp = fopen("d:\\demo2.txt", "r+");   // “r+” 表示以可读写方式打开文件
    if (fp == NULL)
    {
     printf("该文件不存在");
      return;                         //如果文件不存在或错误退出
    }
    printf("学号\t 姓名\t 身高\n");
    while (!feof(fp))                 //判断是否结束
    {
        fscanf(fp, "%d%s%lf", &num, name, &height);//格式化读出
        printf("%d\t%s\t%g", num, name, height);
    }
    printf("\n");
    fclose(fp);                       //关闭文件指针
}
```

程序运行结果如图 10.24 所示，读取的文件内容如图 10.25 所示。

图 10.24 程序案例 10.2 运行结果

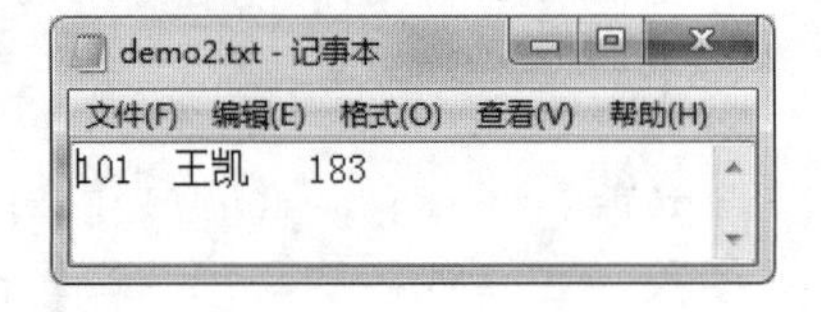

图 10.25 程序案例 10.2 读取的文件数据

说明：feof(fp)表示判断 fp 指向的文件是否已经到了末尾。如果没有到末尾则继续循环，并且按照指定格式，从文件读取一行数据，并进行格式化显示。

【程序案例 10.3】 将文件 demo3.txt 中所有大写字母转换为小写字母。

程序代码：

```
//预处理
#include "stdio.h"
#include <stdlib.h>
void main() {
```

```
    FILE *fp;                   //文件指针
    char str[100];              //字符数组
    int i=0;
    if((fp=fopen("d:\\demo3.txt","w"))==NULL) {
        printf("文件不存在或打不开\n");
        exit(0);
    }
    printf("请输入一行数据:\n");
    gets(str);                  //获取字符串
    //大写转换为小写
    while(str[i]!='\0')
    {
        if(str[i]>='A'&&str[i]<='Z')
        {
            str[i]=str[i]+32;
        }
        fputc(str[i],fp);//存入 fp 指向的文件
        i++;
    }
    fclose(fp);
    fp=fopen("d:\\demo3.txt","r");          //以只读方式打开文件
    fgets(str,strlen(str)+1,fp);           //读取文件内容
    printf("输出数据为\n%s\n",str);         //数据输出
    fclose(fp);
}
```

程序运行结果如图 10.26 所示，读取的文件内容如图 10.27 所示。

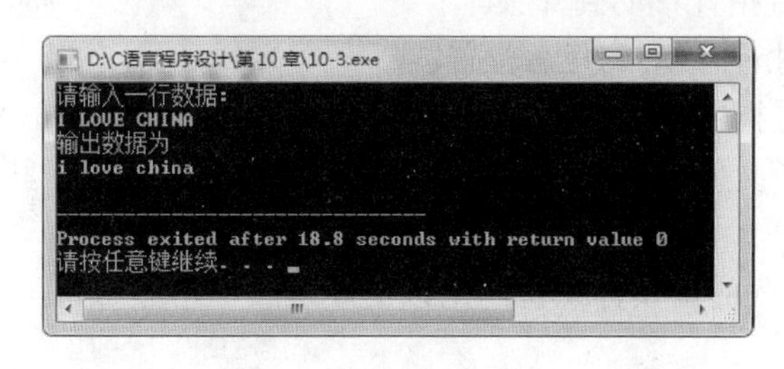

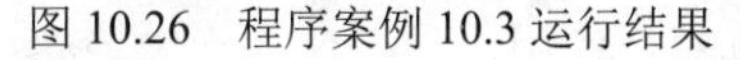
图 10.26　程序案例 10.3 运行结果

图 10.27　程序案例 10.3 读取的文件内容

说明：使用 while 循环，将 str[i]!='\0'作为循环条件，如果数组中的字符不是结束标记，则进行比对与转换。

10.7　本章小结

- 所谓“文件”是指存储在某种长期储存设备上的一组相关数据的数据流，这个数据流的名称，称作文件名。
- 在操作系统中，不但软件以文件形式进行管理，硬件也是如此。为了统一对各种硬件统一管理，操作系统将不同的硬件设备和软件一样当做文件管理。

- 按数据的组织形式文件分为文本文件和二进制文件两大类。
- 文本文件也称为 ASCII 文件，把数据中每个字符转换为 ASCII 码值后存储，由磁盘向内存中加载时，需要反向转换。
- 二进制文件把数据在内存中存储的形式原样存储到磁盘上。
- 数据在文件和内存之间传递的过程叫做文件流，类似水从一个地方流动到另一个地方。数据从文件复制到内存的过程叫做输入流，从内存保存到文件的过程叫做输出流。
- C 语言中文件的访问就是通过 FILE 类型的指针变量对它所指向的文件进行操作的。通俗来讲，文件指针就是指向文件相关信息结构体变量的指针。
- C 语言中除了使用文件指针来指向具体的文件信息外，还提供了文件位置指针，来对文件进行读写控制操作。
- fopen()函数用来打开一个文件，其返回值为一个文件指针。
- fclose()函数是用来关闭 fp 所指向的文件，所谓关闭文件指针其实就是使 fp 指向的位置置空。当然 fp 必须有具体的指向才有意义，否则会报错。
- fgetc()函数的功能是从指定的文件中读取一个字符。
- fputc()函数的功能是向文件写入一个字符。
- fgets()函数的功能是从指定文件中读取一个字符串。
- fputs()函数的功能是向指定的文件写入一个字符串。
- fread()函数的功能是以二进制形式读取文件数据。
- fwrite()函数的功能是以二进制形式写数据到文件中。
- fprintf()函数的功能是向文件中格式化写入数据。
- fscanf()函数的功能是从文件格式化读出数据。
- rewind()函数的功能是将文件位置指针移动到开头。
- fseek()函数的功能是将文件位置指针移动到任意位置。
- ftell()函数的功能是获取文件位置指针的当前位置。
- feof()函数用来检测是否读取到了文件末尾，如果已到文件尾则返回非 0 值，其他情况则返回 0。
- ferror()函数，如果设置了与流关联的错误标识符，则该函数返回一个非 0 值，否则返回 0。
- 一般情况下，ferror()函数与 clearerr()函数配合使用。

实训任务十　文本的相关操作

1. 实训目的

- 了解文件、缓冲区、数据流、文件指针、位置指针的概念。
- 熟练掌握文件的打开、读入、输出、格式化读写等操作。
- 掌握文本文件与二进制文件的读写。

2. 项目背景

小菜是个非常努力的学生，一学期以来始终对“C 语言程序设计”这门课程兴趣浓厚，也确实下了很大功夫。到目前为止小菜已经可以编写程序解决基本的问题了。但是小菜还是有个疑惑，因为大鸟老师讲过程序运行在 CPU 中，数据存储在内存之中，虽然现在学习了很多数据类型，可以处理数据了，但是数据始终无法永久保存下来。在请示了大鸟老师之后，小菜明白 C 语言可以使用文件进行数据的永久存储，于是开始做下面的实验。

3. 实训内容

任务 1：编写程序，将输入批量学生成绩判断等级的结果保存到文件之中。

任务 2：编写程序，读出文本文件中的内容，统计其中数字的个数。

任务 3：编写程序，从键盘输入一行字符串，实现其中大写变为小写、小写变为大写的转换，并采用格式化输出的方式存储到文件中。

任务 4：编写程序，从键盘输入三个学生的信息（包括学号、姓名、年龄、成绩），将所有学生的信息存储到文件中，然后采用格式化读出的方式显示到屏幕上。

任务 5：编写程序，编写函数实现单词的查找，对于已打开的文本文件，统计其中包含某单词的个数。

任务 6：编写程序，实现两个文本文件的读取与合并。

习题 10

一、选择题

1．系统的标准输入文件是指（　　）。

A．键盘　　B．显示器　　C．U 盘　　D．硬盘

2．若要用 fopen()函数打开一个新的二进制文件，该文件要既能读也能写，则打开方式字符串应是（　　）。

A．"ab+"　　B．"wb+"　　C．"rb+"　　D．"ab"

3．fscanf()函数的正确调用形式是（　　）。

A．fscanf(fp,格式字符串,输出表列)

B．fscanf(格式字符串,输出表列,fp);

C．fscanf(格式字符串,文件指针,输出表列);

D．fscanf(文件指针,格式字符串,输入表列);

4．fseek()函数的正确调用形式是（　　）。

A．fseek(文件指针，起始点，位移量) ;　　B．fseek(文件指针，位移量，起始点);

C．fseek(位移量，起始点，文件指针);　　D．fseek(起始点，位移量，文件指针)

5．C 语言中，能识别处理的文件为（　　）。

A．文本文件和数据块文件　　B．文本文件和二进制文件

C．流文件和文本文件　　D．数据文件和二进制文件

6．设 fp 为指向某二进制文件的指针，且已读到此文件末尾，则函数 feof(fp)的返回值为（　　）。

A．EOF　　B．非 0 值　　C．0　　D．NULL

7．rewind()函数的作用是（　　）。

A．使位置指针重新返回文件的开头

B．将位置指针指向文件中所要求的特定位置

C．使位置指针指向文件的末尾

D．使位置指针自动移至下一个字符的位置

8．如果需要打开一个已经存在的非空文件“demo.txt”进行修改，下面正确的选项是（　　）。

A．fp=fopen("demo.txt ","r");　　B．fp=fopen("demo.txt ","ab+");

C．p=fopen("demo.txt ","w+");　　D．fp=fopen("demo.txt ","r+");

9．检查由 fp 指定的文件在读写时是否出错的函数是（　　）。

A．feof()　　B．ferror()　　C．clearerr(fp)　　D．ferror(fp)

10．已知函数的调用形式为：fread(buf,size,count,fp),，其中参数 buf 的含义是（　　）。

A．一个整型变量，代表要读入的数据项总数

B．一个文件指针，指向要读的文件

C．一个指针，指向要读入数据的存放地址

D．一个存储区，存放要读的数据项

11．利用 fopen (fname, mode)函数实现的操作，以下不正确的为（　　）。

A．正常返回被打开文件的文件指针，若执行 fopen()函数时发生错误则函数返回 NULL

B．若找不到由 fname 指定的相应文件，则按指定的名字建立一个新文件

C．若找不到由 fname 指定的相应文件，且 mode 规定按读方式打开文件则产生错误

D．为 fname 指定的相应文件开辟一个缓冲区，调用操作系统提供的打开或建立新文件功能

12．利用 fwrite (buffer, sizeof(Student),3, fp)，函数，以下描述不正确的是（　　）。

A．将 3 个学生的数据块按二进制形式写入文件

B．将由 buffer 指定的数据缓冲区内的 3* sizeof(Student)个字节的数据写入指定文件

C．返回实际输出数据块的个数，若返回 0 值表示输出结束或发生了错误

D．若由 fp 指定的文件不存在，则返回 0 值

13．利用 fread (buffer,size,count,fp)函数可实现的操作是（　　）。

A．从 fp 指向的文件中，将 count 个字节的数据读到由 buffer 指出的数据区中

B．从 fp 指向的文件中，将 size*count 个字节的数据读到由 buffer 指出的数据区中

C．以二进制形式读取文件中的数据，返回值是实际从文件读取数据块的个数 count

D．若文件操作出现异常，则返回实际从文件读取数据块的个数

14．函数调用语句 fseek(fp，-10L，2);的含义是（　　）。

A．将文件位置指针从文件末尾处向文件头的方向移动 10 个字节

B．将文件位置指针从当前位置向文件头的方向移动 10 个字节

C．将文件位置指针从当前位置向文件末尾方向移动 10 个字节

D．将文件位置指针移到距离文件头 10 个字节处

15．以下与函数 fseek(fp,0L,SEEK_SET)有相同作用的是（　　）。

A．feof(fp)　　B．ftell(fp)　　C．fgetc(fp)　　D．rewind(fp)

16．以下程序的功能是（　　）。

```
main()
{
    FILE  * fp;
    char  str[]="Beijing  2022";
    fp = fopen("file2","w");
    fputs(str,fp);
    fclose(fp);
}
```

A．在屏幕上显示“Beijing 2022”　　B．把“Beijing 2022”存入 file2 文件中

C．在打印机上打印出“Beijing 2022”　　D．以上都不对

17．有以下程序：

```
#include <stdio.h>
main()
{
   FILE *fp;    int i,a[6]={1,2,3,4,5,6};
   fp=fopen("d2.dat","w");
   fprintf(fp,"%d%d\n",a[0],a[1],a[2]);
   fprintf(fp, "%d%d\n",a[3],a[4],a[5]);
   fclose(fp);
   fp=fopen("d2.dat","r");
   fscanf(fp,"%d%d\n",&k,&n);      printf("%d%d\n",k,n);
   fclose(fp);
}
```

程序运行后的输出结果是（　　）。

A．1　2　　B．1　4　　C．123　4　　D．123　456

18．有以下程序：

```
#include <stdio.h>
main ()
{
   fILE *fp;
   int i,a[6]={1,2,3,4,5,6};
   fp=fopen( "d3.dat" ," w+b" );
   fwrite(a,size(int),6,fp);
   fseek(fp,sizeof(int)*3,SEEK_SET);
   fread(a,sizeof(int),3,fp);
   fclose(fp);
   for(i=0;i<6;i++)
      printf( "%d," ,a[i]);
}
```

程序运行后的输出结果是（　　）。

A．4,5,6,4,5,6,　B．1,2,3,4,5,6,　C．4,5,6,1,2,3,　D．6,5,4,3,2,1,

19．有如下程序：

```
#include "stdio.h"
void WriteStr(char *fn,char *str)
{
   FILE *fp;
   fp=fopen(fn,"W");
   fputs(str,fp);
   fclose(fp);
}
main()
{
   WriteStr ("t1.dat","start");
   WriteStr ("t1.dat","end");
```

```
    }
```

程序运行后，文件 t1.dat 中的内容是（　　）。

A．start　　B．end　　C．startend　　D．endrt

20．有以下程序：

```
#include <stdio.h>
main()
{
    FILE *fp; int a[10]={1,2,3},i,n;
    fp=fopen("d1.dat","w");
    for(i=0;i<3;i++) fprintf(fp,"%d",a[i]);
    fprintf(fp,"\n");
    fclose(fp);
    fp=open("d1.dat","r");
    fscanf(fp,"%d",&n);
    fclose(fp);
    printf("%d\n",n);
}
```

程序的运行结果是（　　）。

A．12300　　B．123　　C．1　　D．321

二、程序相关题

1．以下程序的功能为（　　）。

```
#include <studio.h>
Void fun();
void main()
{
   fun();
   printf("\n");
}
void fun()
{
   char s[80],c;
   int n=0;
   while((c=getchar())!='\n')
   s[n++]=c;
   n--;
   while(n>=0)
   printf("%c",s[n--]);
}
```

2．设有定义：FILE *fw;，请将以下打开文件的语句补充完整，以便可以向文本文件 readme.txt 的最后续写内容。fw=fopen("readme.txt ", "________ ")。

3．有以下程序：

```
#include "stdio.h"
 main()
 {
```

```
    FILE *fp;
    int i;
    char ch[]="abcd",t;
    fp=fopen("abc.dat","wb+");
    for(i=0;i<4;i++)
    fwrite(&ch[i],1,1,fp);
    fseek(fp,-2L,SEEK_END);
    fread(&t,1,1,fp);
    fclose(fp);
    printf("%c\n",t);
}
```

程序执行后的输出结果是（　　）。

三、程序题

在学生成绩管理系统中，一条学生的记录信息包括学号、姓名、成绩和家庭地址等信息。请编写程序实现下面的功能。

1．格式化输入多个学生记录。

2．利用 fwrite()函数将学生信息按二进制方式写到文件中。

3．利用 fread()函数从文件中读出成绩并求平均值。

4．取出文件中的成绩并按降序排序，将成绩单写入文本文件中。

附录 A　标准字符与 ASCII 代码对照表

ASCII	字符	控制字	ASCII	字符	控制字	ASCII	字符	ASCII	字符	ASCII	字符	ASCII	字符
000	null	NUL	022	▬	SYN	044	,	066	B	088	X	110	n
001	☺	SOH	023	↨	ETB	045	-	067	C	089	Y	111	o
002	☻	STX	024	↑	CAN	046	.	068	D	090	Z	112	p
003	♥	ETX	025	↓	EM	047	/	069	E	091	[	113	q
004	♦	EOT	026	→	SUB	048	0	070	F	092	\	114	r
005	♣	END	027	←	ESC	049	1	071	G	093	]	115	s
006	♠	ACK	028	∟	FS	050	2	072	H	094	^	116	t
007	beep	BEL	029	↔	GS	051	3	073	I	095	_	117	u
008	backspace	BS	030	▲	RS	052	4	074	J	096	’	118	v
009	tab	HT	031	▼	US	053	5	075	K	097	a	119	w
010	换行	LF	032	(space)		054	6	076	L	098	b	120	x
011	♂	VT	033	!		055	7	077	M	099	c	121	y
012	♀	FF	034	"		056	8	078	N	100	d	122	z
013	回车	CR	035	#		057	9	079	O	101	e	123	{
014	♫	SO	036	$		058	:	080	P	102	f	124	¦
015	☼	SI	037	%		059	;	081	Q	103	g	125	}
016	►	DLE	038	&		060	<	082	R	104	h	126	~
017	◄	DC1	039	'		061	=	083	S	105	i	127	⌂
018	↕	DC2	040	(		062	>	084	T	106	j		
019	!!	DC3	041	)		063	?	085	U	107	k		
020	¶	DC4	042	*		064	@	086	V	108	l		
021	§	NAK	043	+		065	A	087	W	109	m		

附录 B　C 语言常用库函数

1. 常用数学函数

使用这些常用的数学函数，需要在程序中包含“math.h”头函数，下表只给出了常用的数学函数。

函数名	函数原型	功能	返回值	说明
abs	int abs(int x)	求整数 x 的绝对值	计算结果	
fabs	double fabs(double x)	求双精度实数 x 的绝对值	计算结果	
acos	double acos(double x)	计算 $\cos^{-1}$ (x)的值	计算结果	x 在-1～1 范围内
asin	double asin(double x)	计算 $\sin^{-1}$ (x)的值	计算结果	x 在-1～1 范围内
atan	double atan(double x)	计算 $\tan^{-1}$ (x)的值	计算结果	
cos	double cos(double x)	计算 cos(x)的值	计算结果	x 的单位为弧度
exp	double exp(double x)	求 e^x 的值	计算结果	
floor	double floor(double x)	求不大于 x 的最大整数	计算结果	
fmod	double fmod(double x,double y)	求 x/y 整除后的余数	计算结果	
log	double log(double x)	log 以 e 为底则为ln x	计算结果	x>0
log10	double log10(double x)	求 log10x	计算结果	x>0
pow	double pow(double x,double y)	计算 x^y 的值	计算结果	
sin	double sin(double x)	计算 sin(x)的值	计算结果	x 的单位为弧度
sqrt	double sqrt(double x)	计算 x 的开方	计算结果	x>=0
tan	double tan(double x)	计算 tan(x)	计算结果	

2. 字符函数

使用字符函数需要在程序中包含“ctype.h”头文件。

函数名	函数原型	功能	返回值
isalnum	int isalnum(int ch)	检查 ch 是否为字母或数字	是，返回 1；否，则返回 0
isalpha	int isalpha(int ch)	检查 ch 是否为字母	是，返回 1；否，则返回 0
iscntrl	int iscntrl(int ch)	检查 ch 是否为控制字符	是，返回 1；否，则返回 0

续表

函数名	函数原型	功能	返回值
isdigit	int isdigit(int ch)	检查 ch 是否为数字	是，返回 1；否，则返回 0
isgraph	int isgraph(int ch)	检查 ch 是否为 ASCII 码值在 ox21 到 ox7e 的可打印字符，不包含空格	是，返回 1；否，则返回 0
islower	int islower(int ch)	检查 ch 是否为小写字母	是，返回 1；否，则返回 0
isprint	int isprint(int ch)	检查 ch 是否为包含空格符在内的可打印字符	是，返回 1；否，则返回 0
ispunct	int ispunct(int ch)	检查 ch 是否为除了空格、字母、数字之外的可打印字符	是，返回 1；否，则返回 0
isspace	int isspace(int ch)	检查 ch 是否为空格、制表或换行符	是，返回 1；否，则返回 0
isupper	int isupper(int ch)	检查 ch 是否为大写字母	是，返回 1；否，则返回 0
isxdigit	int isxdigit(int ch)	检查 ch 是否为十六进制数	是，返回 1；否，则返回 0
tolower	int tolower(int ch)	把 ch 中的字母转换成小写字母	返回对应的小写字母
toupper	int toupper(int ch)	把 ch 中的字母转换成大写字母	返回对应的大写字母

3. 字符串函数

使用字符串函数需要在程序中包含“string.h”头文件。

函数名	函数原型	功能	返回值
strcat	char *strcat(char *s1,char *s2)	把字符串 s2 连接到 s1 后面	s1 地址
strchr	char *strchr(char *s,int ch)	在 s 所指字符串中，找出第一次出现字符 ch 的位置	返回找到字符的地址，找不到则返回 NULL
strcmp	int strcmp(char *s1,char *s2)	对 s1 和 s2 所指字符串进行比较	s1<s2，返回负数；s1==s2，返回 0；s1>s2，返回正数
strcpy	char *strcpy(char *s1,char *s2)	把 s2 指向的字符串复制到 s1 指向的空间	s1 地址
strlen	unsigned strlen(char *s)	统计字符串 s 的长度	返回除最后的'\0'之外字符个数
strstr	char *strstr(char *s1,char *s2)	在字符串 s1 中，找出字符串 s2 第一次出现的位置	返回找到字符串的地址，找不到则返回 NULL

4. 输入输出函数

使用输入输出函数需要在程序中包含“stdio.h”头文件。

函数名	函数原型	功能	返回值
clearerr	void clearerr(FILE *fp)	清除与文件指针 fp 有关的所有出错信息	无
fclose	int fclose(FILE *fp)	关闭 fp 所指的文件，释放文件缓冲区	出错返回非 0，正常返回 0
feof	int feof(FILE *fp)	检查文件是否结束	若遇文件结束返回非 0，否则返回 0

续表

函数名	函数原型	功能	返回值
fgetc	int fgetc(FILE *fp)	从 fp 所指的文件中获取下一个字符	返回得到的字符，出错则返回 EOF
fgets	char *fgets(char *buf,int n,FILE *fp)	从 fp 所指的文件中读取一个长度为 n-1 的字符串，将其存入 buf 所指存储区	返回地址 buf，若遇文件结束或出错则返回 NULL
fopen	FILE *fopen(char *filename,char *mode)	以 mode 指定的方式打开名为 filename 的文件	成功，返回文件起始地址，否则返回 NULL
fprintf	int fprintf(FILE *fp, char *format, arglist)	把 arglist 的值以 format 指定的格式输出到 fp 指定的文件中	实际输出的字符数
fputc	int fputc(char ch, FILE *fp)	把字符 ch 输出到 fp 指定的文件中	成功返回该字符，否则返回 EOF
fputs	int fputs(char *str, FILE *fp)	把 str 所指字符串输出到 fp 所指文件	成功返回非负整数，否则返回-1（EOF）
fread	int fread(char *pt,unsigned size, unsigned n, FILE *fp)	从 fp 所指文件中读取长度为 size 的 n 个数据项存到 pt 所指文件	读取的数据项个数
fscanf	int fscanf (FILE *fp, char *format, arglist)	从 fp 所指的文件中按 format 指定的格式把输入数据存入 arglist 所指的内存中	已输入的数据个数，若遇文件结束或出错返回 0
fseek	int fseek (FILE *fp,long offer,int base)	移动 fp 所指文件的位置指针	成功返回当前位置，否则返回非 0
ftell	long ftell (FILE *fp)	求出 fp 所指文件当前的读写位置	读写位置，出错则返回 -1L
fwrite	int fwrite(char *pt,unsigned size, unsigned n, FILE *fp)	把 pt 所指向的 n*size 个字节输入到 fp 所指文件	输出的数据项个数
getc	int getc (FILE *fp)	从 fp 所指文件中读取一个字符	返回所读字符，若出错或文件结束则返回 EOF
getchar	int getchar(void)	从标准输入设备读取下一个字符	返回所读字符，若出错或文件结束则返回-1
gets	char *gets(char *s)	从标准设备读取一行字符串放入 s 所指存储区，用'\0'替换读入的换行符	返回 s，若出错则返回 NULL
printf	int printf(char *format, arglist)	把 arglist 的值以 format 指定的格式输出到标准输出设备	输出字符的个数
putc	int putc (int ch, FILE *fp)	同 fputc	同 fputc
putchar	int putchar(char ch)	把字符 ch 输出到标准输出设备	返回输出的字符，若出错则返回 EOF
puts	int puts(char *str)	把 str 所指字符串输出到标准设备，将'\0'转成回车换行符	返回换行符，若出错则返回 EOF
rename	int rename(char *oldname,char *newname)	把 oldname 所指文件名改为 newname 所指文件名	成功返回 0，出错返回-1
rewind	void rewind(FILE *fp)	将文件位置指针置于文件开头	无
scanf	int scanf(char *format, arglist)	从标准输入设备按 format 格式把数据存到 arglist 所指的内存中	已输入的数据的个数

5. 动态存储分配函数

使用动态存储分配函数需要在程序中包含“stdlib.h”头文件。

函数名	函数原型	功能	返回值
calloc	void *calloc(unsigned n,unsigned size)	分配 n*size 长的连续内存空间	如分配成功则返回地址，否则返回 0
free	void *free(void *p)	释放 p 所指的内存区	无
malloc	void *malloc(unsigned size)	分配 size 个字节的存储空间	如分配成功则返回地址，否则返回 0
realloc	void *realloc(void *p,unsigned size)	把 p 所指内存区的大小改为 size 个字节	如分配成功则返回地址，否则返回 0
rand	int rand(void)	产生 0～32767 的随机整数	返回一个随机整数
exit	void exit(int state)	结束程序，state 为 0 正常终止，非 0 非正常终止	无

参 考 文 献

[1] 谭浩强. C 语言程序设计（第四版）. 北京：清华大学出版社，2010.
[2] 周雅静. C 语言程序设计项目化教程. 北京：电子工业出版社，2014.
[3] 传智播客高教产品研发部. C 语言开发入门教程. 北京：人民邮电出版社，2014.
[4] 刘新铭. C 语言程序设计教程. 北京：机械工业出版社，2007.
[5] 路俊维. C 语言程序设计. 北京：中国铁道出版社，2009.
[6] 陈东方. C 语言程序设计基础. 北京：清华大学出版社，2010.
[7] 朱春鹤. C 语言程序设计基础. 北京：电子工业出版社，2011.
[8] 赵志成. C 语言项目式教程. 北京：人民邮电出版社，2014.
[9] 明日科技. C 语言经典编程 282 例. 北京：清华大学出版社，2012.